U0174006

学术引领系列

地球科学学科前沿丛书

生态水文学

夏 军 左其亭 王根绪等 著

科学出版社

北 京

内 容 简 介

生态水文学是人类面对全球环境变化和可持续发展需求，从地球系统科学发展角度，聚集多尺度水文学与生态学相交叉的一门新兴的分支学科体系。生态水文学探索和揭示不同尺度生态系统格局和过程变化的水文学机理，也是一门将自然过程作为管理工具、加强生态服务的综合交叉学科，是我国生态文明建设和环境保护与绿色发展的重要需求。

本书系统分析了国内外生态水文学的发展历程，总结了学科的战略地位、学科体系的发展及其分支学科的联系，前瞻性地分析了生态水文学学科发展态势，凝练出学科前沿的重大科学技术问题和重大战略研究方向，提出了近期和中长期学科发展的战略布局与建议。本书适合高层次的战略和管理专家、相关领域的高等院校师生、研究机构的科研人员阅读与参考，也为社会公众了解生态水文学学科发展提供帮助。

图书在版编目（CIP）数据

生态水文学 / 夏军等著 . —北京：科学出版社，2020.6
（地球科学学科前沿丛书）
ISBN 978-7-03-064551-7

Ⅰ. ①生⋯　Ⅱ. ①夏⋯　Ⅲ. ①水环境－生态平衡－研究　Ⅳ. ① P33

中国版本图书馆 CIP 数据核字（2020）第 034213 号

责任编辑：朱萍萍　程雷星 / 责任校对：贾伟娟
责任印制：徐晓晨 / 封面设计：有道文化

科 学 出 版 社 出版
北京东黄城根北街16号
邮政编码：100717
http://www.sciencep.com

北京虎彩文化传播有限公司 印刷
科学出版社发行　各地新华书店经销
*
2020 年 6 月第 一 版　开本：720×1000　1/16
2021 年 3 月第二次印刷　印张：20 1/2
字数：338 000
定价：158.00 元
（如有印装质量问题，我社负责调换）

地球科学学科前沿丛书·生态水文学

项 目 组

组　　长：夏　军

咨 询 组：刘昌明　傅伯杰　袁道先　林学钰　陆大道
　　　　　崔　鹏　夏　军　邵明安

工 作 组（以姓氏汉语拼音为序）：
　　　　　蔡庆华　常剑波　陈求稳　崔保山　刘　敏
　　　　　卢宏玮　莫兴国　穆兴民　秦伯强　秦华鹏
　　　　　邱国玉　沈彦俊　宋进喜　王根绪　王彦辉
　　　　　魏晓华　徐宪立　于澎涛　张　翔　张明芳
　　　　　张永勇　章光新　赵长森　赵广举　周国逸
　　　　　朱广伟　左其亭

学术秘书：龚剑明　洪　思　佘敦先　邹　磊

撰 写 组

组　　长：夏　军　左其亭　王根绪

成　　员（以姓氏汉语拼音为序）：

蔡庆华　常剑波　陈求稳　崔保山　高　光

高红凯　龚志军　韩春辉　洪　思　胡　实

李　枫　李小雁　林忠辉　刘　敏　刘梅先

刘雪梅　卢宏玮　莫兴国　穆兴民　彭　凯

秦伯强　秦华鹏　邱国玉　佘敦先　沈彦俊

宋进喜　童春富　王　丽　王彦辉　魏晓华

吴燕锋　武　瑶　徐宪立　杨胜天　姚小龙

于澎涛　张　翔　张明芳　张晓楠　张永勇

章光新　赵长森　赵广举　周国逸　朱广伟

邹　磊

丛 书 序

随着经济社会以及地球科学自身的快速发展，社会发展对地球科学的需求越来越强烈，地球科学研究的组织化、规模化、系统化、数据化程度不断提高，研究越来越依赖于技术手段的更新和研究平台的进步，地球科学的发展日益与经济社会的强烈需求紧密结合。深入开展地球科学的学科发展战略研究与规划，引导地球科学在认识地球的起源和演化以及支撑社会经济发展中发挥更大的作用，已成为国际地学界推动地球科学发展的重要途径。

我国地理环境多样、地质条件复杂，地球科学在我国经济社会发展中发挥着日益重要的作用，妥善应对我国经济社会快速发展中面临的能源问题、气候变化问题、环境问题、生态问题、灾害问题、城镇化问题等的一系列挑战，无一不需要地球科学的发展来加以解决。大力促进地球科学的创新发展，充分发挥地球科学在解决我国经济社会发展中面临的一系列挑战，是我国地球科学界责无旁贷的义务。而要实现我国从地球科学研究大国向地球科学强国的转变，必须深入研究地球科学的学科发展战略，加强地球科学的发展规划，明确地球科学发展的重点突破与跨越方向，推动地球科学的某些领域率先进入国际一流水平，更好地解决我国经济社会发展中的资源环境和灾害等问题。

中国科学院地学部常委会始终将地球科学的长远发展作为学科战略研究的工作重点。20世纪90年代，地学部即成立了由孙枢、苏纪兰、马宗晋、陈运泰、汪品先和周秀骥等院士组成的"中国地球科学发展战略"研究组，针对我国地球科学整体发展战略定期开展研讨，并在1998年5月经地学部常委会审议通过了《中国地球科学发展战略的若干问题——从地学大国走向地学强国》

研究报告，报告不仅对我国地球科学相关学科的发展进行了全面系统的梳理和回顾，深入分析了面临的问题和挑战，而且提出了 21 世纪我国地球科学发展的战略和从"地学大国"走向"地学强国"的目标。

"21 世纪是地学最激动人心的世纪"，正如国际地质科学联合会前主席 Brett, R 在 1996 年预测的那样，随着现代基础科学和关键技术的突破，极大地推动了地球科学的发展，使得地球科学焕发出新的魅力。不仅使人类"上天、入地、下海"的梦想变为现实，而且诸如生命的起源、地球形成与演化等一些长期困扰科学家的问题极有可能得到答案，地球科学各个学科正以前所未有的速度发展。

为了更好地前瞻分析学科中长期发展趋势，提炼学科前沿的重大科学问题，探索学科的未来发展方向，自 2010 年开始，中国科学院学部在以往开展的学科发展战略研究的基础上，在一些领域和方向上重点部署了若干学科发展战略研究项目，持续深入地开展相关学科发展战略研究。根据总体要求，中国科学院地学部常委会先后研究部署了 20 余项战略研究项目，内容涉及大气、海洋、地质、地理、水文、地震、环境、土壤、矿产、油气、空间等多个领域，先后出版了《地球生物学》《海洋科学》《海岸海洋科学》《土壤生物学》《大气科学》《环境科学》《板块构造与大陆动力学》等学科发展战略研究报告。这些战略研究报告深刻分析了相关学科的发展态势和发展现状，提出了相应学科领域未来发展的若干重大科学问题，规划了相应学科未来十年的优先发展领域和发展布局，取得了较好的研究成果。

为了进一步加强学科发展战略研究工作，2012 年 8 月，中国科学院地学部十五届常委会二次会议决定，成立由傅伯杰、焦念志、穆穆、杨元喜、翟明国、刘丛强、周忠和等 7 位院士组成的地学部学术工作研究小组，在地学部常委会领导下，小组定期开展学科研讨，系统梳理学科发展战略研究成果，推动地球科学的研究和发展。根据地学部常委会的工作安排，自 2013 年起，在继续出版学科发展战略研究报告的同时，每年从常委会自主部署的学科发展战略项目中选择 1~2 个关注地球科学学科前沿的战略研究成果，以"地球科学学科前沿丛书"形式公开出版。这些公开出版的学科战略研究报告，重点聚焦于一些蓬勃发展的前沿领域，从 21 世纪国际地球科学发展的大背景和大趋势出发，从我国地球科学发展的国家战略需求着眼，深刻洞察国际上本学科发展的特点与前沿趋势，特别关注相应学科领域和其他学科领域的交叉融合，规划提出学科发展的前沿方向和我国相应学科跨越发展的布局建议，有力推动未来我国相应学科的深入发展。截至 2016 年年底，《土壤生物学前沿》《大气科学和全球气候变化研究进展与前沿》《矿产资源形成之谜与需求挑战》等"地球科学学科前沿丛书"已正式出版，及时将国际最新学科发展前沿态势介绍给国内同行，为国内地球科学研究人员跟踪国际同行研究进展提供了学习和交流平台，得到了地球科学界的一致好评。

2016 年 8 月，在十六届常委会二次会议上，新一届地学部常委会为继续秉承地学部各届常委会的优良传统，持续关注地球科学的发展前沿，进一步加强对地球科学学科发展战略系统研究，成立了由焦念志、陈发虎、陈晓非、龚健雅、刘丛强、沈树忠 6 位院士组成的学科发展战略工作研究小组和由郭正堂、崔鹏、舒德干、万卫星、王会军、郑永飞 6 位院士组成的论坛与期刊工作研究小组。两个小组积极开展工作，在学科调研和成果出版方面做出了大量贡献。

地学部常委会期望通过地球科学家们的不断努力，通过学科发展战略研究，对我国地球科学未来 10～20 年的创新发展方向起到引领作用，推动我国地球科学相关领域跻身于国际前列。同时期望"地球科学学科前沿丛书"的出版，对广大科技工作者触摸和了解科学前沿、认识和把握学科规律、传承和发展科学文化、促进和激发学科创新有所裨益，共同促进我国的科学发展和科技创新。

中国科学院地学部主任　傅伯杰

2017 年 1 月

前　言

　　我国是一个人口众多、资源与环境矛盾较大、水与生态问题十分突出的发展中国家。随着全球变化和人类高强度的开发，河道断流、湖泊萎缩、湿地退化等生态环境问题日趋严峻。党的十八大以来，习近平总书记高度重视并提出了生态文明建设新理念与行动指南，其中水与生态的关系成为生态文明建设最核心的制约因素。

　　国际上，研究水与生态关系、探索与揭示形成生态格局和过程的水文学机制的一门学科被称为生态水文学。生态水文学是研究水文学与生物系作用机理，应用自然过程作为管理工具加强广义景观等生态服务的一门综合交叉学科。自 20 世纪 90 年代生态水文学诞生以来，国内外学者做了大量相关研究，取得了丰硕的成果。生态水文学从不同尺度（全球、区域、流域等）研究和揭示了生态水文多要素之间的相互作用关系、形成和制约生态系统格局及其过程变化的水文学机理，研究范围涉及地圈、生物圈、岩石圈、水圈、大气圈、人类圈及它们之间的相互作用，是全人类共同面临的重大科学问题和支撑可持续发展的重大战略问题之一。

　　生态水文学一直都是国际地学的前沿和发展比较快的热点学科。但是作为一门新兴学科，其学科体系、理论与方法有待进一步完善。在我国生态文明建设新的需求形势下，亟须从战略的高度分析、研究及布局我国生态水文学的重点领域和发展目标，引导生态水文学学科的发展方向；明确学科发展需求和战略地位，制定学科发展规划与中长期战略布局，走出一条具有中国特色的学科发展道路，推进国际生态水文学的发展。该项工作不仅是中国生态水文学学科发展的未来大计，也是实现中华民族伟大复兴和美丽中国梦的一个重要环节。

中国科学院地学部立项开展"中国生态水文学学科发展战略"研究,以期发挥学部对我国科学技术前沿和未来创新发展的引领作用,推动我国生态水文学学科的发展。本项目在 2016 年由夏军向中国科学院学部提出申请,2016 年 11 月 23 日向中国科学院学部常委会议汇报后获批立项实施。这是中国科学院学部首次部署生态水文学领域的学科发展战略研究项目。项目研究期间,项目组和工作组先后多次到西北、华北、东北、长江、黄河等八大流域现场考察调研,收集和分析了大量基础资料,并前往波兰参加国际生态水文学大会,与联合国教育、科学及文化组织 – 国际水文计划等国际组织合作主持了国际生态水文学研讨会等。在项目工作过程中,邀请到刘昌明、袁道先、林学钰、陆大道、傅伯杰、崔鹏、邵明安等多位院士和专家提供咨询,来自中国科学院、水利部、加拿大不列颠哥伦比亚大学、北京大学等相关科研单位的 60 余位专家与项目组成员参与了本书的撰写。

本书分为五章,编制工作采用分章负责人制度,同时注重加强各章之间内容的衔接。各章撰写负责人如下:摘要为夏军、王根绪;第一章为王根绪、夏军、魏晓华、赵长森;第二章为徐宪立、左其亭、韩春辉、夏军、刘梅先;第三章为夏军、张翔、左其亭、徐宪立、韩春辉;第四章,第一节为王彦辉、张明芳、于澎涛、周国逸、夏军,第二节为王根绪、李小雁、夏军,第三节为章光新、崔保山、武瑶、吴燕锋、刘雪梅、夏军,第四节为陈求稳、赵长森、王丽、夏军,第五节为秦伯强、高光、朱广伟、龚志军、彭凯、姚小龙、李枫,第六节为刘敏、童春富、高红凯、夏军,第七节为莫兴国、沈彦俊、林忠辉、胡实,第八节为邱国玉、秦华鹏、夏军、张翔、张晓楠,第九节为穆兴民、宋进喜、杨胜天、赵广举、夏军;第五章为夏军、左其亭、赵长森、韩春辉、张永勇、洪思。夏军、左其亭和王根绪负责全书统稿,夏军负责审查与定稿。韩春辉参与统稿和图件清绘、文字校对工作。

本书是在向中国科学院提交的学科发展战略研究报告的基础上修改、完善而成的。全书旨在明确生态水文学学科发展的需求及战略地位,系统梳理和总结生态水文学的发展历程与态势,提出生态水文学学科体系及理论方法。在此基础上,从分支学科的角度分析生态水文学未来若干年发展的主导方向,提炼出中国生态水文学发展的主要优势和特点、未来若干年的重点研究领域及今后学科发展的战略布局。

本书遵循有所为有所不为的原则，力图展现生态水文学学科发展战略研究的前沿性、国家和社会需求的紧迫性，从而助力地球科学学科前沿的创新与发展；力求简明扼要、通俗易懂，便于从事生态水文学领域研究、教学和生产的科技人员、研究生查询与参阅。

在项目研究过程中，得到了由傅伯杰院士担任主任的中国科学院地学部常委们的关心和指导，得到众多同行的大力支持和无私帮助。项目组先后组织召开了多次工作组研讨会，咨询组刘昌明院士、傅伯杰院士等对项目战略研究报告的修改提出很多宝贵的意见和建议，在此向他们表示诚挚感谢！

由于本书从立项到完成的时间不足两年，而生态水文学又是一门多学科交叉的新兴学科，涵盖面较大，加上作者水平有限，书中缺漏之处在所难免，敬请读者批评指正。

作 者

2019 年 12 月

摘　要

生态水文学是在淡水资源短缺、水质恶化和生物多样性减少等全球环境问题的背景下，为寻求一种环境友好、经济可行和有效的淡水资源可持续利用方式的实践中形成的一门水文学与生态学交叉应用学科。它很好地融合了当前人类社会可持续发展中面临的诸多生态安全、环境安全、水安全等方面的学科需求，近年来迅速发展并在多种生态、气候和地貌类型区域开展了应用研究。

一、生态水文学学科地位及研究现状

生态水文学研究的核心在于陆地生态系统和水的关系，包括四方面内容，即生态系统变化对水文过程的影响、水文过程变化对生态系统的作用、水－生态－社会耦合与流域水管理、陆－气耦合与反馈中的生态水文过程。当前，随着人类对生态环境问题的不断重视，生态水文学发展迎来了机遇，但同时也面临着新的挑战。从研究现状来看，生态水文学学科发展仍需要解决下列几方面的难题，包括生态水文学理论体系与学科范式的发展需求问题、水文与生态变化的互馈作用问题、水与生态系统相互关系的尺度匹配问题、流域水资源管理与可持续利用决策问题。

作为一门应用面广、研究内容较丰富的学科，生态水文学学科发展有着长期发展的水文学和生态学的理论基础和人类发展实践的需求，具有重要的价值和意义。它不仅为水文学、生态学、全球变化及地质灾害防治研究的理论与方法的发展发挥着日益增强的支撑作用，同时也为实现我国生态文明建设的战略目标及构建可持续发展保障体系产生着重要的科学影响。

生态水文学虽然是一门新兴学科，但是已经有几十年的发展史。本书以生态水文学学科发展的关键历史事件为节点，将生态水文学的发展历程划分为五个阶段，并对各个发展阶段的代表性事件与特征进行了归纳与总结。五个阶段分别为生态水文学萌芽期（1960~1986年）、生态水文学术语提出与初步探索期（1987~1991年）、生态水文学学科建立与初步发展期（1992~1995年）、生态水文学学科快速发展期（1996~2007年）和生态水文学学科完善期（2008年至今）。

目前，生态水文学研究的主题是植被、水分、水质、气候变化、人类活动、遥感、模型和尺度，获得了很多重要成果，但仍有很多问题有待于进一步探索和解决。在未来，生态水文研究应该更加重视以下几个方面：多尺度植被－水分的双向耦合机制和模拟研究；陆面与大气边界层的耦合关联；生态水文化学过程；多尺度观测和陆面特征参数获取能力；人类干扰与气候变化的生态水文效应。

二、生态水文学学科体系及理论方法

生态水文学通常被定义为探索和揭示生态系统格局和过程的水文学机理的一门学科。但是，如果从科学基础和生态服务应用的角度，生态水文学被理解为是研究水文学与生物系作用机理，应用自然过程作为管理工具加强广义景观生态服务（如海岸、城市、农村等）的一门综合交叉学科。目的是通过对水资源、生物多样性、生态服务、气候变化弹性和文化等多维管理，增加河湖生态系统的弹性，达到维系生态和人类发展的可持续性的目的。

本书以生态水文学的研究对象为切入点，按照理论－方法－应用－分支学科的逻辑主线，构建了以理论体系－方法论－应用实践为核心内容支撑，以分支学科为导向的生态水文学学科体系框架，回答了生态水文学是什么、如何用、何处用等问题。

在此基础上，本书通过大量文献资料的系统梳理，从生态水文监测技术与实验方法、生态水文过程机理研究、生态水文模型和生态水文的应用基础4个方面分析并展望了生态水文学的主要研究方法和领域。

最后，本书总结了以水－热耦合理论、土壤－植物－大气连续体理论、水文过程－生态过程耦合理论、水－社会经济－生态关联理论为支撑的生态水文学基础理论。

三、生态水文学分支学科

本书按照生态类型选择了生态水文学若干代表性分支学科，包括森林生态水文学、草地生态水文学、湿地生态水文学、河流生态水文学、湖泊水库生态水文学、滨海生态水文学、农田生态水文学、城市生态水文学、西北干旱区生态水文学9个分支，分别对其科学意义与战略价值、关键科学问题、优先发展方向和建议进行了论述。

（一）森林生态水文学

森林生态水文学是以森林生态系统为主要研究对象，重点研究森林生态系统的分布、结构和功能与水的相互作用的过程、机理、效应和应用的学科。本书系统总结了森林生态水文学的国内外发展历程与研究现状，面对理论发展和生产应用的需求，辨识了目前存在的不足和亟待改进的几个方面，即：对森林结构的水文过程影响量化；对坡面上和流域内森林空间分布格局的水文过程影响；对水资源等环境变化条件下森林空间分布与结构动态驱动机制的研究；有关森林植被水文影响的尺度效应和尺度转换理论及林水关系多功能管理技术研发。在此认识的基础上，确定了未来研究的三大关键科学问题，包括水分等环境因子驱动下的森林空间格局和系统结构动态、森林水文影响的时空差异与作用机理和尺度效应、森林生态过程与水文过程的耦合。为了进一步推动森林生态水文学的持续发展，建议未来更加注重如下几个方面的探索：林水相互关系基础理论研究，包括森林植被的水文影响、水分条件对森林植被的影响、森林植被与水资源协调管理；优先发展方向包括森林植被的水量影响与区域差异规律、森林植被的水质影响与调控应用、多尺度森林生态水文机理模型研发、森林水文影响与其他服务的权衡关系和多功能优化管理、基于区域水热背景及集水区各地貌尺度的森林生态水文学对比研究；学科发展包括促进交叉学科研究、设立森林生态水文学科二级学科、改善近期的研究项目布局和重点支持方向等。

（二）草地生态水文学

草地生态水文学是以草地生态系统为研究对象，重点研究草地生态系统过程与水文过程相互作用关系的学科。目标是在维持草地生态系统生物多样性、保证生态系统水资源的数量和质量的前提下，提供一个生态环境健康稳定、经济-社会可持续发展的草地生态系统管理模式。本书系统总结了草地生态水文学的国内外发展历程与研究现状，提出了现阶段草地生态水文学的 5 个关键科学问题，包括草地生态系统对极端降水事件的响应及其适应策略与机理、流域径流形成与演化过程中的草地生态系统作用与模拟、草地生态系统水功能与生物多样性及其他服务间的权衡、草地生态系统水碳氮耦合循环过程与机理、变化环境下草地生态水文响应过程与草地生态系统保护。基于对草地生态水文学研究热点及科学前沿的分析，提出了未来优先发展方向：草地生态系统对变化环境响应的区域能水循环反馈与水文过程模拟；草地生态系统的界面水碳氮耦合循环过程与碳管理；不同区域草地恢复重建的生态水文机理与模式；基于生态水文学理论的草地生态系统服务持续维持与提升途径和对策；多尺度实验观测网络体系构建和生态水文模型发展。

（三）湿地生态水文学

湿地生态水文学是以湿地生态系统为研究对象，重点研究湿地水文过程与生态过程的相互作用机理及反馈机制的学科，是解决湿地生态系统水危机和生态退化等日益严峻问题的重要而有效的工具，对湿地生态保护与修复、水资源综合管理和应对气候变化等具有极其重要的意义。本书系统总结了湿地生态水文学的国内外发展历程，重点阐述了湿地生态水文学研究热点及其研究现状与发展趋势，研究热点包括湿地生态水文过程与模型、湿地生态需水理论方法与应用、湿地生态水文调控与生态补水、流域湿地水文功能与水资源综合管理、气候变化对湿地生态水文的影响机理与评估预测等。基于对国际湿地生态水文学研究热点及科学前沿的分析，提出了基于"多要素、多过程、多尺度"的湿地生态水文相互作用机理及耦合机制、气候变化下湿地生态水文响应机理及适应性调控、湿地"水文-生态-社会"耦合系统的互作机理及互馈机制、基于湿地生态需水与水文服务的流域水资源综合管理四大关键科学问题。以国家重大需求为导向，提出了未来中国湿地生态水文学优先发展方向，包括：湿地生态水文学研究理论方法与技术创新；大江大河流域湿地水文功能演变与水资源综合管理；气候变化对我国湿地生态水文的影响及适应策略；面向湿地生态保护与恢复的水系连通理论与技术；湿地"水文-生态-社会"系统综合管理研究。

（四）河流生态水文学

河流生态水文学是以河流生态系统为研究对象，重点研究各种水生生物构成的水生态系统结构功能变化、河流水文水质变化及两者的相互反馈与影响关系的学科，是河流生态保护的重要理论基础和技术支撑，重点在于协调河流开发与河流生态系统保护之间的矛盾。河流生态水文学的研究内容可以概括为三个层次（识别并量化影响河流生态系统结构和功能的主要水文特征、揭示影响河流生态系统的水文机制、发展建立调控生态水文特性的方法）、四个方面（气候变化对河流水文生态的影响规律、水利工程的长期生态学效应、河道生态需水量及关键生物生态水文（力）过程、河流生态健康与流域层面水利水电规划的生态环境影响）。本书系统总结了河流生态水文学发展中的四大关键科学问题，包括河流物质循环和生态过程对水文过程的响应机制、河流生态-水文-经济过程动态耦合机理、河流生态流量或生态水位的确定、河流健康评价理论与面向河流健康的多目标调控。针对研究现状和国家战略需求，建议未来优先发展方向为：河流生态系统健康评价指标体系；影响河流生态系统结构和功能的关键水文要素；河流生态水文过程量化研究新方法；气候变化下河流特征水文过程调控理论与技术研究。

（五）湖泊水库生态水文学

湖泊水库生态水文学是以湖泊水库生态系统为研究对象，重点研究湖泊水库中水文要素及其变化过程对生态系统的影响及其反馈，包括水量、水位、湖流、波浪、光照和温度等对生态系统的直接和间接影响及生态系统的反馈过程。科学意义与战略价值：生物多样性和生物栖息地保护的理论依据；饮用水供应安全保障技术支撑；优质渔业可持续发展的科学保障；休闲旅游生态服务功能的长效维护。书中系统总结了湖泊水库生态水文学的国内外发展历程与研究现状，结合国内自身发展态势，认为需要探索和改进的不足的方面有：对营养盐循环的认识不足，对水华暴发机理的研究仍有待深入；对湖泊水库水生生物的关注远远不够，科学而又可行的保护策略亟待提出并付诸实践；有毒有害物质在湖库水体中的迁移转换及污染水体的修复等研究有待加强；湖库水环境改善与生态修复中的水文学方法及技术有待进一步完善。围绕湖泊水库生态系统与水文要素之间的相互作用过程，从人类活动导致的水文要素与过程改变对湖泊水库生态系统的影响机制、全球变化条件下湖泊水库生态系统的响应机理、水文要素变化与环境污染对湖泊水库生态系统的耦合作用3个方面提出了湖泊水库生态水文学的关键科学问题。针对学科研究现状，结合学科发展需求，未来优先发展方向为：多学科融合发展的湖泊水库水文生态学理论；湖泊水库生态系统对气候变化及极端气候的响应；湖泊水库生态过程数值模拟与预测；湖泊水库生态系统调控和生态修复。

（六）滨海生态水文学

滨海生态水文学是以滨海生态系统为研究对象，重点研究滨海地区生态水文过程与生物类群的相互作用和反馈机制的学科。滨海生态水文学的发展，从水文学角度为解决滨海区域的生态与环境问题提供了新的视角和技术方法。全流域生物群落的管理和水文过程的调节对滨海地区经济社会的可持续发展至关重要。本书系统地总结了滨海生态水文学的国内外发展历程与研究现状，认为当前滨海生态水文学的研究焦点是滨海地区营养物质及重金属的运输转化过程、滨海地区的有机污染物及生物污染物、滨海地区生物类群对水文过程的反馈机制、水文过程对滨海地区生态系统服务功能的影响、海洋酸化、近岸及流域土地利用变化对滨海生态水文过程的影响等方面。基于对滨海生态水文学研究热点及科学前沿的分析，提出了未来研究的4大关键科学问题，包括：重要物质的输运、转化特征；水文过程与生物类群的相互作用；水文过程对滨海生态系统服务功能的影响；全球变化与滨海生态水文过程。结合当前滨海生态水文学的研究内容和发展态势，提出学科研究战略布局和优先发展方向：滨海生态水文过程立体监测网络建设；滨海关键带生态系统服务功能恢复与提升；全球变化与滨海生态水文过程。

（七）农田生态水文学

农田生态水文学是以农田生态系统为对象，重点研究农田生态水文过程的相互作用和反馈机制、环境变化对农田生态过程的影响及作物耗水和产量响应的学科。在全球变化和人类活动全方位干预的背景下，地下水－土壤－作物－大气系统物质和能量传输与转化过程的机理和定量化模拟是农田生态水文学研究的核心，其关键过程包括垂向能量和水分的多相态传输转化过程、植被动态、横向降水－径流、沉积物和溶质迁移过程。本书系统总结了农田生态水文学的国内外发展历程与研究现状，认为当前农田生态水文学的研究焦点是农田尺度蒸散发和水分生产力、区域尺度蒸散发和区域农业耗水、农田产流和地下水利用，以及农业面源污染、碳氮循环、气候变化对农田生态水文过程的影响等方面。基于对农田生态水文学研究热点及科学前沿的分析，提出了未来研究的4大关键科学问题，包括：农田尺度蒸散发、水分生产力及其生态调控机制；农田产流机理、土壤侵蚀与农业面源污染调控机制；农田生态水文过程的时空尺度问题；气候变化对农田生态水文过程影响的预测和评估。结合当前农田生态水文学的研究成果、高新技术、模型开发、未来农业发展等方面的表现和发展态势，提出学科研究战略布局建议如下：兼顾资源与环境效益的农田生态系统决策支持平台的开发和应用；大尺度作物水分胁迫、养分胁迫状况的实时准确监测预报；区域农业可持续发展的水资源高效利用与作物种植和灌溉技术；设施农业和非粮食作物生态水文过程的调控机制和技术热点区域及现实问题。优先发展方向为保护性耕作的生态水文及环境效应、气候变化对农田生态水文过程影响的预测与适应、北方地下水超采区的农田生态水文和农业水资源管理、绿洲农业的可持续发展和盐渍防治。

（八）城市生态水文学

城市生态水文学是以城市生态系统为对象，重点研究城市化和气候变化背景下日益突出的水灾害、水环境、水资源等生态水文问题，为人类在城市的安居、乐业和幸福生活服务的应用学科。其研究的背景、内涵和社会需求主要表现为：城市化是社会发展和进步的必然趋势；中国城市化面临的水资源和水环境问题十分严峻；城市宜居环境的恶化和城市热岛问题日趋严峻；全球温暖化的趋势不可逆转；城市化与气候变化的叠加效应引起的城市生态水文灾害频发。本书系统总结了城市环境与城市水文循环的改变对城市生态环境的影响，就城市热岛、城市化与气候变化叠加效应引起的城市生态水文灾害（高温热浪、洪涝灾害和干旱）等开展了深入的讨论。基于对城市生态水文学研究热点及科学前沿的分析，从城市热岛效应及其生态水文调控、城市生态水文模型、基于海绵城市的生态水文过程调控三个方面提出了未来研究的关键科学问题。为了进一步推动城市生态水文学的持续发展，建议未来应该加强以下几个方面的研究与探索：城市生态水文学的学科体系、理论基础和方法体系；城市热岛效应及其生态水文调控；多时空尺度城市生态水文过程观测技术；海绵城市建设的生态水文学理论与方法；城市生态系统水文格局、过程、功能及其社会经济效益。

（九）西北干旱区生态水文学

西北干旱区生态水文学是以西北干旱区生态系统为对象，重点研究西北干旱区生态格局和生态过程变化水文学机制的科学。我国西北干旱区自然地理要素格局迥异，水资源严重短缺与生态脆弱问题共存，不同的自然条件及经济社会要素耦合构成了独特的陆地生态水文系统，是开展生态水文学研究与实践的独特区域。目前，我国干旱地区的生态水文过程研究主要集中在西北地区，研究任务集中在水环境要素特征与水文循环过程及其变化，采用不同时空尺度的模型，模拟评价不同尺度的真实物理界面的生态水文效应，具体表现在如下几个方面：干旱区生态需水理论与方法；干旱区植被对生态水文过程的响应与调控机理；生物土壤结皮的生态水文效应；干旱区天然植被的地下水水文生态响应；基于生态水文学原理的干旱区生态恢复理论、技术与模式。本书系统总结了干旱地区生态水文学的国内外发展历程与研究现状，并着重对国内西北干旱区典型河流生态水文过程、西北干旱区典型流域生态水文过程、黄土高原生态－水文过程演变及相互作用机理方面的研究展开了系统介绍和讨论。在此基础上，进一步总结了该学科发展中的关键科学问题，包括气候变化条件下西北干旱区水资源响应机制、西北干旱区变化环境下地表径流与水量消耗演变机制、西北干旱区生态水文过程与模拟。最后，依据西北地区发展规划和目前亟待解决的问题，结合多学科相关领域理论、技术的突破，建议未来优先发展方向为：资料稀缺干旱区水资源多维协同观测；干旱区生态水文过程长序列模拟；干旱区气候变化条件下水资源利用安全范式。

四、生态水文学发展展望与战略布局

生态水文学各分支学科具有鲜明的特色，各分支学科也存在一些共性的科学和技术问题。为了促进生态水文学学科从基础科学研究到应用研究的协调发展，建议未来生态水文学学科的布局：发展生态水文综合监测技术与方法，完善生态水文系统综合观测；加强生态水文学机理及基础理论研究，开展多尺度融合的机理范式与模型研制；开展陆域和河湖生态水文过程综合研究；开展生态水文与社会科学的集成研究；大力推进全球生态水文学综合性研究。

未来重点的发展方向为：生态水文监测与机理研究，包括生态水文监测与评估、生态水文系统关键要素的格局及其演变特征、生态水文过程驱动机制的尺度差异、关键带生态过程对水资源可持续利用的影响；生态水文过程驱动机制的尺度差异；多尺度生态水文过程定量化模拟，包括陆面生态水文过程模型、河流生态水文过程模型、模型综合集成与不确定性；多学科交融下的生态水文学应用研究，包括生态－水文－经济的集成决策系统研究、气候变化和人类活动协同对生态水文过程的影响、生态水文功能评估和调控。同时，生态水文学还要注重与其他相关学科（如大气科学、土壤学、地理科学、生物地球化学、社会学等）的交融，以及在其他研究领域（如森林和草地领域、农业领域、河湖湿地管理领域、城市领域等）的应用。

面向全球，生态水文学也是当前国际前沿和热点学科，中国生态水文学学科建设在顺应国际发展浪潮的同时，将切实结合自身特点和优势，规划和走出一条具有中国特色的学科发展道路。通过对前面章节的系统梳理和总结，参考不同分支学科未来的研究热点和优先发展方向，从城市生态水文监测网络构建、缺资料区生态水文发展需求、流域生态水文系统健康承载力、生态脆弱区生态需水理论与方法体系、气候变化对农业生态系统生态水文过程的影响机理、气候变化下大江大河湿地水文功能演变与水资源综合管控六个方面对中国生态水文学未来的重点研究领域进行了预判。

最后，从学科整体视角，以全书为基础，结合中国生态水文发展大环境，对中国生态水文学学科的发展布局进行了设计，构建了以科学研究计划、重点研究项目、国家重大需求、学科建设、国际合作五个方面为一体的具有中国特色的生态水文学学科发展战略体系框架。围绕该框架，以问题导向、产学研结合、近远期统筹、国内外兼顾的发展理念为主线，提出了系统的、具体的、切实可行的学科发展建议：组织国家／国际层面的大型科学研究计划，包括生态水文学全国试验观测网与大数据研究计划、全球变化及其区域生态水文响应科学研究计划、脆弱区生态保护与修复研究计划、城市生态水文结构、功能及其管理研究计划、生态水文调控及关键技术研究计划；在基础研究层面部署重点研究项目，包括生态水文过程演变及规律、生态水文模拟的新技术方法、全球变化下的生态水文响应与适应、人类活动与生态水文系统互馈机制及协调发展、水生态系统保护与修复五个方面；在应用研究层面支撑国家重大需求，包括生态文明建设、海绵城市建设、京津冀协同发展、长江经济带发展、"一带一路"倡议等方面；在学科建设方面逐步形成一级学科体系，包括明确学科定位、构建学科队伍、深入科学研究、加快人才培养、建设学科基地、强化学科管理、创建工程技术研究中心、搭建重点实验平台八个方面；通过国际合作提升我国学科地位，包括建立学术合作关系、项目合作与资源共享、学术交流及研讨、长短期培训与学术访问、人才联合培养、引进海外高层次人才。针对上述生态水文学发展战略布局，遵循三项指导思想、四项基本原则，瞄准功能定位，本书提出了中国生态水文学中长期发展规划，包括近期目标（2020～2025年）、中期目标（2026～2030年）、远期目标（2031～2035年）。

本书力图为实现具有中国特色的生态水文学健康发展目标奠定必要的基础，为未来生态水文学的学科理论体系建立和国家科学思想库的地球学科前沿的水与生态的交叉和发展战略研究提供指导与建议，对我国生态文明建设和可持续发展具有重大的现实意义和深远的历史意义。

Ecohydrology

Xia Jun, Zuo Qiting, Wang Genxv, et al.

Ecohydrology is a developed interdiscipline in the context of global environmental problems (e.g. fresh water shortage, water quality deterioration and reduction of biodiversity). It has been formed to support practice for an environmentally friendly, economically feasible and effective way of sustainable use of fresh water resources. Ecohydrology provides a new way to cope with the challenges in ecological security, environmental security, and water security in the sustainable development of human society. Therefore, it has been widely concerned and well developed in recent years, and extensively applied in many research fields, such as hydrology, ecology, climate, and etc.

1. The significance of Ecohydrology as a scientific discipline and research progress

The core of ecohydrology is to investigate the relationship between plants and water in the terrestrial-aquatic ecosystems, including the impacts of changes in ecosystems on hydrological processes, the impacts of changes in hydrological process on ecosystems, the coupling of water-ecology-society and basinwide water management, and ecohydrology processes in atmospheric-hydrological modeling systems. Currently, the increased emphasis on the ecological and environmental issues largely promote development opportunities of ecohydrology, as well as impose challenges. From the current state of research on ecohydrology, four problems still need to be solved: the theoretical development of ecohydrology; the mutual feedback of hydrological and ecological systems; the scale issue between water and ecosystems; the basin water resources management and sustainable development decision issues.

In recent years, ecohydrology not only supports the research on the aspects of hydrology, ecology, global change and geological disaster prevention research, but also has an important scientific impact on the realization of China's strategic goals for social development and the construction of a sustainable development guarantee system at various scales. Ecohydrology is a newly developing discipline, and this book divides its development process into five stages, and has summarized the representative milestones in each stage.

Currently, the core themes of ecohydrology are vegetation, water quantity, water quality, climate change, human activity, remote sensing, ecohydrological models and scales, and so forth. In the future, more attentions should be paid on the following aspects: the bilateral coupling mechanism of vegetation-water in multi-scales; the coupling between land surface and atmospheric boundary layers; eco-hydrochemical processes; strengthening the observation systems and the capability in obtaining land surface parameters; the ecohydrological effects of human activities and climate change.

2. Disciplinary system and theoretical methods of ecohydrology

Ecohydrology can be defined as a discipline that explores and reveals the hydrological mechanism of ecosystems from the scientific perspective. However, from the perspective of application of ecological services, ecohydrology can also be understood as a comprehensive interdisciplinary discipline, which is to study the mechanism of hydrology and biology, and strengthen the general landscape ecological services through the better understanding of nature ecosystems (such as coasts, cities, rural areas and etc).

Through the introduction of theory, method, application and the sub-discipline in ecohydrology, this book constructs the disciplinary-oriented framework of ecohydrology based on the core contents of theoretical system-methodology-application practice. This framework can reasonably answer the questions such as what is ecohydrology, how to use ecohydrology, where to use ecohydrology, and etc. On this basis of literature review, this book presents the research of ecohydrology on four aspects: ecohydrological monitoring technology and experimental methods; research on the mechanism of ecohydrological processes; ecohydrological models; the application of ecohydrology. This book also shows the perspective of future development of ecohydrology. Finally, the book summarizes the basic theories of ecohydrology including the water-heat coupling theory, soil-vegetation-atmosphere theory, coupling between ecological and hydrological processes and water-socioeconomic-ecological connection theory.

3. Sub-disciplines of ecohydrology

This book divides ecohydrology into nine representative branches, including forest ecohydrology, grassland ecohydrology, wetland ecohydrology, river ecohydrology, lake and reservoir ecohydrology, coastal ecohydrology, farmland ecohydrology, urban ecohydrology and ecohydrology in the northwest arid region, and it discusses the significance of ecohydrology in the aspect of scientific significance and strategic value, key scientific issues, priority development directions and suggestions.

3.1 Forest ecohydrology

Forest ecohydrology is a branch that takes the forest ecosystems as the research object, focusing on the processes, mechanisms, effects, and applications of the interactions between distribution, structure, and function of forest ecosystems and water. This book systematically summarizes the development history and research status of forest ecohydrology at home and abroad. Facing the needs of theoretical development and technical application, it has identified four key scientific issues for future research. In order to further promote the sustainable development of forest ecohydrology, it is suggested to pay more attention to three aspects of exploration in the future.

3.2 Grassland ecohydrology

Grassland ecohydrology is a subdiscipline that takes the grassland ecosystems as the research object, focusing on the interaction between grassland ecosystem processes and hydrological processes. This book systematically summarizes the development history and research status of grassland ecohydrology at home and abroad, and puts forward five key scientific issues of grassland ecohydrology at this stage. Based on the analysis of research hotspots and scientific frontiers, the future priority development direction is proposed.

3.3 Wetland ecohydrology

Wetland ecohydrology takes the wetland ecosystems as the research object, focusing on the interaction mechanism and feedback mechanism of wetland hydrological processes and ecological processes. This book systematically summarizes the development history of wetland ecohydrology at home and abroad, focusing on the research hotspots of wetland ecohydrology, research status and development trends. Based on the "multi-element, multi-process, multi-scale" wetland ecohydrological interaction mechanism and coupling mechanism, three key scientific issues are raised. Guided by the major national needs, the future priority development direction of wetland ecohydrology in China is proposed.

3.4 River ecohydrology

River ecohydrology takes the river ecosystems as the research object, and focuses on the structural and functional changes of aquatic organisms composed of various aquatic organisms, changes in river hydrology and water quality, and the mutual feedback and influence. This book systematically summarizes the development history and research status of river ecohydrology at home and abroad, highlights the three important stages and representative achievements and summarizes the important progress of the current domestic and international research on river ecological hydrology from eight aspects. On this basis, four key scientific issues in the development of this subject are further summarized. Finally, according to the current research status and the national strategic needs, the future priority development direction is suggested.

3.5 Lake and reservoir ecohydrology

Lake and reservoir ecohydrology takes the lake and reservoir ecosystems as the research object, focusing on the effects of hydrological elements and their changes in lakes and reservoirs on ecosystems and their feedback, including the direct and indirect effects of water volume, water level, lake flow, waves, light and temperature on the ecosystems and the feedback process. The book systematically summarizes the development history and research status of lake and reservoir ecohydrology at home and abroad. Based on the interaction process between lake and reservoir ecosystems and hydrological elements, the key scientific issues of lake and reservoir ecohydrology are proposed. Finally, according to the current status of disciplinary research and the needs of disciplinary development, the future priority development direction is suggested.

3.6 Coastal ecohydrology

Coastal ecohydrology takes the coastal ecosystems as the research object, focusing on the interactions and feedback mechanisms between ecohydrological processes and biological groups in coastal areas. This book systematically summarizes the development history and research status of coastal ecohydrology at home and abroad. Based on the analysis of research hotspots and scientific frontiers, four key scientific issues for future research are proposed. Finally, based on the current research content and achievements of coastal ecohydrology, the performance and development trend of high-tech and other aspects, strategic layout recommendations and priority development directions is proposed.

3.7 Farmland ecohydrology

Farmland ecohydrology takes the farmland ecosystems as the research object, focusing on the interactions and feedback mechanisms of farmland ecohydrological processes, the impact of environmental changes on farmland ecological processes, and crop water consumption and yield response. This book systematically summarizes the development history and research status of farmland ecohydrology at home and abroad. Based on the analysis of farmland eco-hydrology research hotspots and scientific frontiers, four key scientific issues for future research are proposed. Finally, based on the current research content, achievements and development trends of farmland ecohydrology, high-tech, model development, future agricultural development and other aspects of performance, strategic research proposals and priority development directions are proposed.

3.8 Urban ecohydrology

Urban ecohydrology takes the urban ecosystems as the research object, focusing on the ecological and hydrological issues such as water disasters, water, and water resources that are increasingly prominent in the context of urbanization and climate change. It is an applied discipline that serves human settlement, happiness and life quality in the city. Based on the analysis of urban ecohydrology research hotspots and scientific frontiers, this book proposes key scientific challenges for future research from three aspects: urban heat island effect and its ecohydrological regulation; urban ecohydrological model; ecohydrological process regulation based on development of sponge cities.

3.9 Ecohydrology in the Northwest Arid Region

The ecohydrology in Northwest Arid Region takes the ecosystem of the arid region in Northwest China as the research object, focusing on the science of the hydrological mechanism of ecological pattern and ecological process changes in the arid region of Northwest China. This book systematically summarizes the development history and research status of ecohydrology at home and abroad in arid areas, focusing on the systematic introduction and discussion of the research on the ecohydrological processes of typical rivers in the arid regions of Northwest China, the evolution of the ecohydrological processes on the Loess Plateau, and their interactions. On this basis, three key scientific issues in the development of this subject are further summarized. Finally, according to the development plan of the Northwest region and the problems that need to be solved urgently, combined with the breakthroughs in theories and technologies of related fields in multiple disciplines, the future priority development direction is suggested.

4. The perspective of ecohydrology

Although ecohydroloyg can be divided as various branches, they share common scientific and technical problems in each branch. In order to promote the coordinated development of ecohydrology from basic scientific research to applied research, we suggest that the layout of ecohydrology can be mainly carried out from the following aspects in the future: developing comprehensive ecohydrological monitoring technology and improving comprehensive observation methods for ecohydrological systems; strengthening the research on the mechanism and basic theory of ecohydrology; carrying out comprehensive research on land and river-lake ecohydrological processes; carrying out integrated research on ecohydrology and social sciences; promoting comprehensive research on global ecohydrology.

This book basically discuss the development of ecohydrology in China and presents the perspective of future development of China's ecohydrology. It proposes a framework for further development of ecohydrology in China in five aspects: scientific research plans; key research projects; major national needs; discipline construction; international cooperation. Based on the proposed framework, this book raises the practical suggestions followed the main line of problem-oriented, combination of production, learning and research, near-term and long-term coordination, and domestic and international development.

This book presents the foundation and provides scientific guidance for the sustainable development of ecohydrology with Chinese characteristics, which has great practical implications and profound historical significance for the development of ecohydrology.

目 录

第一章
学科特点与战略地位

以生物圈和水文圈相互作用关系与机理为研究对象的生态水文学，在不同尺度和层次融合了生态学和水文学的理论与方法。现阶段，国际上生态水文学的主要研究领域分为三方面：①流域或区域水文循环中的生物作用，研究陆面生态过程如何影响流域或区域的水文循环过程；②生物（生态）过程的水文作用，包括流域或区域水文过程变化对生态系统分布（格局）与功能的影响；③关注生态系统稳定和安全的水分阈值，研究区域内各种生态系统的水资源需求和水消耗规律。生态水文学学科发展需要解决三方面难题：①围绕生态水文学科学的本质认知、统一的研究技术方法，拓展理论体系与学科范式；②系统解决水文与生态变化的互馈作用，以及水与生态系统相互关系的尺度问题；③充分发挥水资源管理决策中的生态水文学作用。本章主要介绍了现阶段生态水文学的学科特点与主要内容、生态水文学的学科需求、生态水文学学科的战略地位。目前生态水文学学科体系正在蓬勃发展中。作为一门应用性很强的交叉学科，生态水文学学科发展对实现我国社会经济可持续发展战略目标具有广泛而深远的意义与价值。

第一节　生态水文学的学科特点与主要内容

一、生态水文学的内涵与范畴

生态水文学的概念尚未形成统一的界定。Hatton 等（1997）给出的生态水文学定义是指，在一系列环境条件下探讨诸如干旱地区、湿地、森林、河流和湖泊等对象中的生态与水文相互作用过程的科学。联合国环境规划署（United

Nations Environment Programme，UNEP）给出的定义为：生态水文学是生态学和水文学交叉的次一级学科，研究分析水文过程对生态系统分布格局、结构和功能的影响和生物过程对水文循环要素的作用（Zalewski，2003）。从更加广泛的角度来说，生态水文学可以认为是研究有关生物圈与水文圈之间的相互作用及由此产生的水文、生态、环境问题的一门新兴学科。因其内涵和研究思想很好地融合了当前人类社会可持续发展中面临的诸多生态安全、环境安全、水安全等方面的学科需求，近年来迅速发展，在多种生态气候和地貌类型区域开展了应用研究，并在应用中不断完善和发展（王根绪等，2001；夏军等，2003）。

　　由于缺乏对生态水文学范式和结构的统一认定，现阶段大多数研究者认为需要关注下列五点：①重视生态－水文相互作用的双向机制和反馈机制；②强化对基础过程的理解，避免简单建立没有因果关系的函数（或统计学上）关系；③在学科领域方面涵盖全部（自然或受人类影响的）水生、陆生生物及其生境，乃至动植物群落和整个生态系统，关注水、碳循环这两个关键过程对植物个体、群落乃至生态系统的影响研究；④加强水与生态交互作用过程的时空尺度研究，包括水文学和生态学的尺度，但要比水文学和生态学更强调对尺度问题的依赖性；⑤完善跨学科的技术方法研究，进一步集成与发展水文学、生态学、植物学、地理学和环境科学等学科的理论与方法体系（Hannah et al.，2007a）。

　　从学科发展的历程看，生态水文学是生态学和水文学的新兴交叉学科，侧重于研究陆地表层系统生态格局与生态过程变化的水文学机理，揭示陆生环境和水生环境植物与水的相互作用关系，回答与水循环过程相关的生态环境变化的原因与调控机理（Rodríguez-Iturbe，2000）。在淡水资源短缺、水质恶化和生物多样性减少等全球环境问题的背景下，它试图寻求环境友好、经济可行、行之有效的淡水资源可持续利用方式。整体上讲，生态水文学以水文学和生态学为理论基础，包含生态水文过程与生态水资源两个方面，是一个理论与实践相结合的学科体系。因此，其学科体系就有了生态学和水文学两方面兼顾的特色：①依据生态系统分类及其对应的生态水文学问题，生态水文学分为森林、草地、农田、荒漠、湿地、水域等生态类型的生态水文分支学科，如森林生态水文、草地生态水文、农田生态水文和湿地生态水文等；②依据水文学领域的水循环关键水体分类，分为河流、湖泊（水库）、海洋（滨海）、地下水等生态水文学分支学科，如河流生态水文学、湖泊生态水文学、滨海生态水文学及生态水文地质学等；③从水文与水资源利用与管理角度，还有流域生态水文学、生态水力学等分支学科。生态水文学理论在生态学和水文与水资源学科领域的不断渗透,新型交叉边缘的生态水文学分支学科不断涌现,推动着生态水文学学科内涵不断丰富和发展。

因此,综合联合国教育、科学及文化组织(简称联合国教科文组织)-国际水文计划(United Nations Educational, Scientific and Cultural Organization-International Hydrological Programme, UNESCO-IHP)、国际水文科学协会(International Association of Hydrological Sciences, IAHS)及相关国内外学者们的定义与概念认为:生态水文学是一门研究水与生态关系及水生态安全和水管理的应用基础学科,它研究水文与生态系统相互作用关系,揭示生态格局和过程的水文学机理;通过对水、生物多样性、生态服务、气候变化弹性和文化等多维管理,增加全球及陆海生态系统的弹性,达到维系生态和人类发展的可持续性的目的。因此,生态水文学也是一门以自然过程作为管理工具加强广义景观生态服务(如海岸、城市、农村等)的综合交叉学科(夏军等,2018)。

二、生态水文学研究的主要内容

21 世纪以来,国际上生态水文学的研究范畴可以归纳为四个主要方向:①流(区)域水文循环过程中生态与水文相互作用与影响,包括河道内水生态系统及河道外陆地生态系统对河流水文过程的作用;②水文过程变化对生态系统分布(格局)与功能的影响,包括水分条件制约下陆地和水生植物群落的结构、时空格局与功能变化,河流水文情势控制下河湖水生生态系统的结构、格局与功能变化等;③陆面生态水文过程对陆-气耦合关系与大气过程的影响,包括陆气相互作用及陆地系统对气候的改变和气候对陆地系统的改变两个方面;④流域生态水资源管理,包括不同水供给情况下生态水分胁迫的响应机理,关注生态系统稳定和水分安全阈值,以确定生态需水量和生态安全的水分条件为主要内容,是现代流域管理的核心。生态水文学主要研究内容与分支学科如图 1-1 所示。

(一)生态系统变化对水文过程的影响

1. 生态-水相互关系
生态-水相互关系包括植物个体的水分行为(水碳耦合过程、水分利用

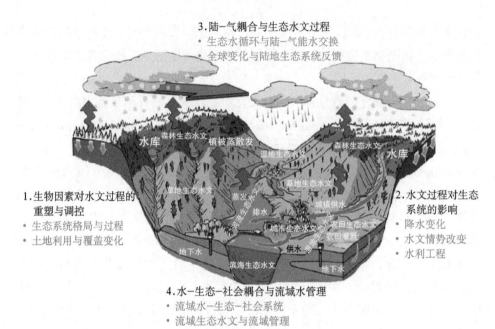

图 1-1　生态水文学主要研究内容与分支学科

据 Turner 等（2006）改绘

策略）、群落尺度的水分分配与利用、生态系统尺度的水碳关系与水循环作用、景观或流域尺度的水文过程影响等。随着人们对大气－植被－土壤系统水分交换和传输过程的深入理解，认识到陆地生态与水循环之间存在复杂的能水交互影响。植被生态系统不仅仅是简单的水分再分配和蒸散发，而是通过影响地表能量物质循环，对气候系统具有反馈作用，并对区域水循环具有一系列连锁作用。随着全球变化研究不断深入，人们逐渐发现陆面－植被－水－大气系统中的反馈互为相关，不仅决定流域、区域能水平衡，还与全球气候系统密切关联，是全球气候变化中不可忽略的重要影响因素。陆面－大气相互作用通过两条错综复杂的途径（生物物理途径和生物地球化学途径）发生。动量、辐射能量和感热代表了生物物理传输，而 CO_2 和多种微量气体则与发生在植物或土壤表面的生物地球化学活动相关联。

2. 陆地生态系统水循环及其流域水文影响

陆地生态系统参与水循环过程的多个方面，在垂直方向上的大气－植被－土壤水分交换过程，如蒸散发和入渗环节，尚未在基于植物水分机理的蒸散发准确量化与模拟方面取得突破，也无法准确识别流域尺度生态系统在降水入渗及其向土壤水和地下水转换中的作用。这是水文学与陆面过程研究前沿领域最具挑战性的难点之一（Jasechko et al.，2013；Coenders-Gerrits et al.，2014）。在流域产汇流过程方面，生态系统对坡面或流域尺度产流和流域汇流过程等的作用，由于其复杂性和高度的时空变异性，始终是流域水文分析、精确预报与模拟的不确定性根源和理论瓶颈（Ivanov et al.，2015）。目前认为森林对水循环的影响因地域、森林类型及森林管理方式等的不同而存在差异，一个地区所得的结果不能作为森林生态系统水文功能的普遍规律应用到其他条件不同的地区。生态-水文互馈作用过程的复杂性，其实质就是如何正确辨析和量化生态系统碳固持量的变化对水循环的影响方式、程度及其动态过程，也就是生态系统关键的水碳耦合循环过程。大多数宏观结果认为，追求过多的生态系统碳储存就促使大范围高效固碳植物的分布和保持或增加木本植物生产力，但这种土地覆盖结果往往导致流域的水供应（产流量）下降。这是一个基于统计得出的规律，全球普遍性尚有待进一步的检验。

3. 土地利用与覆盖变化的水文效应

土地利用与覆盖变化的直接结果是改变了生态空间分布格局，不仅对陆地水循环通量产生较大影响，还改变了水循环路径。同时，这种变化也被认为是导致陆地生态系统营养物质大量流入水体，从而产生水体富营养化的主要因素。城市化形成特殊的城市生态格局与水循环下垫面，产生特殊的自然-人工水循环过程，同时产生城市内涝等不良水文问题，也由此引发了"海绵城市"的城市生态水文理论和实践问题。

（二）水文过程变化对生态系统的作用

大量观测与研究表明，从区域到全球范围，降水都深刻影响着植物群落的空间分布和时间动态。通常降水越丰沛的地带，其物种越丰富，群落组成的空间变异越显著（Hawkins et al.，2003）。沿纬度梯度的水分、热量与物种多样性数据分析表明，水分可利用性是植物物种丰富度的关键驱动因子，其中在热量充足的温暖地区，物种丰富度对水分的依赖尤为显著。而在热量输入较低的寒冷地带，物种丰富度则由水热共同决定（van der Maarel，2012）。在北方荒漠植被带，物种丰富度与降水量和土壤水分呈显著正相关关系，也证实了在水资源限制的生态系统，群落物种组成与多样性对降水的年际变异更为敏感（Jones et al.，2016）。除平均形态（如年均降水量）的变化，降水的季节和年际变率增强、极端降水事件增加等也对生态系统有较大影响（Bai et al.，2008；於琍等，2012）。

河流及河岸带生态系统统称为河道内生态系统，包括淡水湖泊和湿地生态在内，是淡水生态系统的主要组成部分，它们与水文过程的关系最为直接和显著。水文情势决定了河流可以输运泥沙的类型和数量，也决定了河道沉积物的侵蚀或堆积程度，控制着泥沙、有机物及水化学组分在水体中的通量，进一步影响河流、河岸带、河口湿地生态系统的生物类型、丰富程度及生物量生产力。河流的渠道化和裁弯取直工程彻底改变了河流蜿蜒型的基本形态，急流、缓流相间的格局消失，而横断面上的几何规则化，也改变了深潭、浅滩交错的形态，生境异质性降低，水域生态系统的结构与功能随之发生变化，特别是生物群落多样性随之降低，导致流域淡水生态系统退化。过去 30 年间，部分河流本土水生生物种群数量减小甚至消失，缘于大坝修建或大规模引水等人类活动引起的河流水文过程变化。这是生态水文学研究最早涉及的领域。

河流水利工程导致的水文情势及水化学性质变化，是河口湿地生态系统发生显著退化的主要根源之一。我国在 20 世纪 80 年代以前入海泥沙总量年均近 20 亿吨，至 20 世纪末降至不足 10 亿吨，河口三角洲海岸岸滩在新的动力泥沙环境条件下发生新的冲淤演变调整，过去淤涨型河口海岸大多出现淤涨速度减缓或转化成平衡型甚至侵蚀后退型，湿地面积大幅度减少（Li et al.，2009）。流域中上游水资源利用对下游水文过程的剧烈改变，也会导致下游出现区域性生态环境退化，典型案例之一是我国西北干旱区在 20 世纪 70 年代以后出现了重大环境问题：伴随中上游发展，下游天然生态系统持续大幅度退化、土地沙漠化现象加速（陈亚宁等，2003；王根绪等，2005）。

（三）水 – 生态 – 社会耦合与流域水管理

人类活动正在成为或已经成为驱动水循环、水平衡的主要动力，全球范围内已经很难找到不受人类活动影响的流域，传统社会经济发展往往挤占了生态与环境用水，不同程度上引起流域生态系统格局、过程与功能发生变化；自然生态与环境变化反过来对流域人类社会发展产生负反馈。流域水循环与水文过程在量与质两方面，受生态系统过程及其服务、人类社会发展的深刻影响；反过来，流域水文过程是生态系统格局与服务、人类社会发展状态的主导因素（图 1-2）。在流域尺度上，生态安全维持 – 经济社会发展两者间的水关系协调是流域管理的重点。过去把人类生产和经济活动对流域水文过程的影响视作人类活动影响的主体，因而在一段时间内强调了流域水－生态－经济复合体的系统性研究和三者间水资源的综合分析，并认为流域水－生态－经济协调发展的耦合关系以建设流域生态经济带为目标，以协调流域生态建设、经济社会发展、水土资源优化配置为重点（方创琳等，2004）。随着人类社会可持续发展对生态安全的需求不断加强，构建流域水－生态－经济社会耦合与协调发展模式，成为流域管理的基础。流域生态系统功能，特别是其服务功能的实现，取决于生态系统的水文效应或是生态系统的水功能是否得以体现；而流域淡水资源的形成与可持续利用也取决于流域内生态系统的健康和稳定。流域生态水文调控强调系统性（山水林田湖草）、完整性（生态系统）和连续性（河流），其目标是达到流域尺度生态水文系统与经济社会系统协调、健康可持续，人与自然和谐。

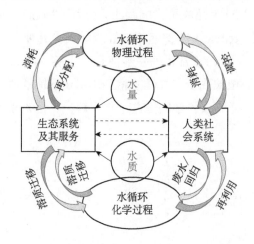

图 1-2　流域尺度水－生态－社会耦合系统与水资源管理

（四）陆－气耦合与反馈中的生态水文过程

陆地系统下垫面与气候的反馈作用是生态水文学学科研究的重要基础与内容，包括陆地系统对气候的改变及气候对陆地系统的改变两个方面。从陆地系统改变影响气候方面，植被的蒸散发会增加大气的湿度、加速大气中水汽的迁移，进而增加当地及顺风方向地区的降水量并最终增加径流量。森林的蒸腾作用（增加大气的水汽）及降温作用（cooling effect）会增加大气的相对湿度，Ellison 等（2012）认为应从降水来源的角度（"供给"或 supply side）来认识蒸散发，而不是把它作为径流量的一种损失（demand side）。然而这种由蒸散发增加的大气水汽，何时、何地、用何方式变成降水就有非常高的不确定性，但普遍认为它们可能与流域大小、地形、风向及风速等因素有关。尽管下垫面的改变与气候的反馈影响产流量，但世界范围内的配对流域实验一致证明森林砍伐会增加径流量，而造林会降低径流量这一结论，说明这种反馈还不足以在小流域尺度上改变水量平衡中各主要项的关系。

相反，从气候改变陆地系统方面来讲，气候也可以改变下垫面植被进而影响水文过程。气候变化使物种向北迁移，植被结构组成、生物多样性改变，林线上移，进而改变了陆地系统的蒸散能力，并最终影响生态水文过程及其时空格局（Koeplin et al.，2013；Duan et al.，2017）。例如，Koeplin 等（2013）在阿尔卑斯山的研究发现，林线的上移增加了森林覆被率，其对蒸发与土壤湿度有季节性的影响，但对年径流量影响很小。然而，Hemp（2005）发现气候变化导致的冰川消融（retreat）的加速能增加森林火灾并使林线下移。针叶林林线的升高会影响水资源及气温并进一步使林线上移（Grace et al.，2002）。总之，有关陆地下垫面植被改变与气候的相互作用及反馈的研究，虽然在近些年来受到更大的关注，但许多科学问题并未得到解决，是未来生态水文的重要研究方向之一。

第二节　生态水文学的学科需求与科学意义

一、生态水文学理论体系与学科范式的发展需求

生态水文学发展所面临的重要挑战在于缺乏一个体系化的理论范式来聚焦学术界的认识（Newman et al.，2006；Wood et al.，2007）。现阶段还缺乏生态学与水文学理论体系的融合与提高，特别是水文学的发展需要更多基于生态学认知的推动。例如，发展基于生态系统碳循环来表征水文过程的量化范式，对于提高水文模型的识别精度是一个值得探索的途径；森林水文学中有关径流影响的问题，部分原因可以归咎于对森林水文循环缺乏系统和全面的认识。水文学家往往从水文学视角来认识并习惯于用水文学已有的理论体系去尝试分析和解释观测到的森林水文现象。推动生态水文学理论体系的发展，并不是简单地把水文学和生态学叠加，而是交叉性学科范式更高层次的凝练。只有形成自

成体系的理论、方法，才能有效地用于解决人类社会发展中面临的诸多生态水文问题。因此，生态水文学所面临的重要发展问题，就是要推动其理论体系和研究范式的形成与发展，这需要一种真正的跨学科（而不是多学科）的研究方式，通过集成生态学和水文学两方面已有的认识和理论体系，围绕生态水文学科学本质的认知和统一的研究技术方法，开展水生态之间相互关系机理的系统研究和综合理论集成。

一些生态水文过程研究存在技术和方法论上的困难，如缺乏陆面生态过程要素中水文关键数据与信息积累，包括植被的结构如何影响其对降雨和降雪的截留作用、土壤水分的有效性和水汽压差如何控制不同植物功能性组分的蒸腾作用、植被－土壤－大气界面水分交换等。另外，还需要面对水文与生态多过程的尺度问题，推进生态水文学学科建设与发展。因此，需要探索和研究以下几方面的难题：①生态系统对水文变化的敏感性和适应性及二者的相互作用与反馈，解决这一相互依赖问题的程度决定着生态过程与水文过程的融合程度；②从群落到全球等不同尺度上水与生态系统的相互关系，将水文过程的尺度依赖性与生态过程的尺度统筹起来，是揭示生态水文学诸多现象本质的重要途径；③生态与水文耦合系统对变化环境（如气候变化、人类活动）的响应及其对生态与水文过程的作用，即识别环境、生态、水文三者间的互馈机制，揭示大气圈、生物圈和水圈间的相互关系；④流域生态水资源管理与区域生态恢复的生态水文学范式，这是生态水文学理论必须要解决的人类圈问题。

二、水文与生态变化的互馈作用

在生态学领域，有关水分胁迫的生态响应问题的研究较多，但是在水分胁迫的脆弱性和适应性机理方面，认知还十分缺乏。水分的生态胁迫具有来自水分运动所产生的随机性和不确定性，具有高度的时空变异性，如何在水分胁迫生态过程中考虑这种作用，是该领域需要关注的关键科学问题之一。响应生态系统变化的水文敏感性，可以视为上述问题的逆过程，是近年来水文学领域非常活跃的方向。在水文学领域，宏观尺度上对于土地利用与土地覆盖变化的水文过程影响研究相对较多，在几乎所有的现代分布式流域水文模型中，对植被覆盖与土地利用情景都给予了参数化表达。但植被覆盖对区域尺度的降水格局是否有影响尚无定论。有一种观点认为，植被退化导致空气湿度减小、反照率增大及可能形成的强风等都会减少降水量（Ryszkowski et al., 1997），长期效应会导致总降水量和降水格局变化。另外也有研究认为，在中低降水量和高温地区，森林植被减少将会导致水循环不稳定，增加干旱和洪水发生频率，还会引起荒漠化和水资源减少（Harper et al.，2008）。

植物的水碳交换是其生理活动最基本和最重要的过程，从植物叶片、植物个体、群落乃至生态系统，不同尺度上的水与生态过程存在十分密切的相互作用关系，这种作用关系的宏观表达决定了区域和流域尺度水文与生态过程的互馈作用（Law et al.，2002；赵风华等，2008），这种关系既奠定了生态水文学的学科理论基础，又存在基于学科体系解决二者复杂互馈关系的迫切需求。准确评估水文过程对生态过程变化的敏感性及其在不同尺度上的反应，既存在时空尺度的限制，也存在不同水文地理和水文气候条件下生态水文作用过程可比性观测数据的限制，同时对大部分生态系统水循环过程尚缺乏相对精确的观测技术手段和数值分析方法。上述问题促使水文及生态学家认识到水文过程与生态过程间存在密切的互馈作用。尤其是辨析水文循环中的生物作用机理，对于推动水文科学理论和精确模型的发展至关重要。

三、水与生态系统相互关系的尺度匹配及意义

尺度问题广泛存在于水文学和生态学领域。为了有效地将水文过程、生态过程及大气过程联结起来，需要对各自的参数、变量的表征尺度进行合理协调，使之能在大致相同的或可以耦合的一种尺度下进行分析。Meisel 等（1998）认为，流域尺度对于生态水文学而言是一个非常重要的协调尺度，流域研究应该提供两种尺度的过程变量或参数及其耦合方式，一种尺度是基于景观尺度以内的生态过程和水文过程变化观测与模拟，如水文过程通常以坡面尺度和集水单元尺度为核心，实现以精准观测为依据的过程模拟和预测；另一种尺度是以流域尺度为基础，用于生态过程和水文过程相集成的观测和模拟，核心在于把景观尺度的耦合过程在流域尺度上进行集成和综合。生态过程特征，大多数情况下可以依据生物个体、群落水平与基于试验样地或样带的生态系统尺度来揭示；而大部分水文过程特征则依赖于样地、坡面、集水区或小流域（亚流域）尺度来识别。因此，基于试验样地的坡面、集水单元或亚流域是连接生态学和水文学研究的理想尺度，是进行生态水文研究可以观测和模拟的尺度范围。问题的关键是如何将基于植物个体甚至叶片尺度的水分行为与生物生理学机制在样地、坡面或亚流域尺度整合（赵风华和于贵瑞，2008；Kool et al.，

2014）。但在更大尺度上，如流域尺度或区域尺度，将水文过程与生态过程进行耦合分析，并与气候变化相关联，缺乏可行的观测手段和模拟方法。采用同位素化学分析方法及基于区域气候模式驱动的大尺度生态模型等，可以近似估算大流域或区域尺度的蒸散发过程，但其存在的较大不确定性限制了其有效性和实用价值（Jasechko et al.，2013；Coenders-Gerrits et al.，2014）。

水文学和生态学的尺度都包括过程尺度、观测尺度和模拟尺度，只有当3种尺度相对应时，生态过程与水文过程才可以在观测和模型中得到理想反映，两者间的耦合关系才能够被准确揭示。现阶段，基于生态或陆面过程模型模拟是在较大尺度上实现生态过程与水文过程耦合分析的唯一可行方法，这种大尺度陆面生态水文过程模型和宏观尺度的天气动力学模型的结合使预测气候变化对区域水文水资源、生态系统的影响成为可能。但如何在流域、区域或全球尺度上把陆-气-生系统间相互作用有效结合起来，发展多尺度融合的陆气和生态水文耦合的模型，成为陆面过程研究、生态及水文学急需解决的关键问题之一。

四、流域水资源管理与可持续利用

在全球范围内，平衡人类和生态环境对水资源的需求是一个非常紧迫的任务。人类对淡水资源的开发利用产生了日益严重的环境和生态问题，如何科学管理淡水资源并维持流域的健康可持续水资源利用与水安全成为人类社会发展面临的重要问题。流域内水文过程控制着流域水文动态、水力情势、生物地球化学循环、沉积物和营养物质的传输与迁移转化等过程，不仅决定了流域河流系统水生生态系统的结构与格局，还主导着河口与洪泛区生态系统的演化过程。只有定量确定流域或区域尺度或流域某一河段范围内生态系统维持其基本健康和安全的水资源最低需求量与适宜水资源配置，才能推进流域水资源在生态、社会和经济等需求间的平衡与可持续管理（Wood et al.，2007；Harper et al.，2008）。

河流系统的生态维护与水资源可持续管理是一个复杂的系统工程。在传统以单一或少数关键物种作为河流生态管理目标的基础上，现阶段人们更加关注以地域特异性为基础的生物群落的高度多样性，并尝试建立多种有价值的河流生境适宜性变化曲线，为流域科学管理提供决策依据（Harper et al.，2008）。流域或区域水资源可持续利用与管理，不仅需要发展流域尺度上可以覆盖大部分生态系统的复杂生态响应模型和更加完整的流域水文模型，还需要将生态过程的物质与能量传输、水文与水环境状态及区域或流域经济社会发展三者有机结合起来。同时，考虑经济社会发展与流域水文生态系统的相互关系，建立水文－生态－经济耦合的流域生态水文响应决策支持系统，是未来流域水资源管理决策领域重要的发展方向（Wood et al.，2007；Harper et al.，2008）。

第三节　生态水文学的学科战略地位

生态水文学涉及多学科融合，是一门联结生态学和水文学的交叉学科，并将环境科学的不同分支联系起来（Eagleson，2002；Rodríguez-Iturbe et al.，2007）。研究范围上，从最开始局限于水生生态系统，逐渐转向陆地生态系统，特别是近几年对于脆弱地区，如干旱地区、高山地区等，生态水文学专家都给予了极大的关注；研究尺度上，生态水文学越来越重视全球变化下的生态水文整合研究；研究对象上，生态水文学逐渐从径流水资源的"蓝"水（"blue"water）研究转向探索生态水文及其蒸散发联系的"绿"水（"green"water）研究，生态需水量的计算越来越受到人们的重视。因此，生态水文学作为日趋完善的独立学科，正在不同尺度上对人类社会发展产生重要的科学影响。

一、生态水文学在水文学发展中的地位与作用

水文循环过程准确认知的关键是对水循环生物圈方面作用机理的深入理解，一切基于物理机制的水文模型面临的最大挑战也在于对水循环生物圈方面过程的定量刻画。水文模型在过去 20 年间得到了迅猛发展，尤其是分布式水文模型的不断发展，为水文科学的准确模拟和预测提供了基础。然而，迄今，水文模型发展中面临两大难题：①植被过程参数化和尺度效应；②陆地植被及其密切相关的土壤性质的空间高度异质性，导致水循环生物圈方面的空间变异性。近来大量研究结果进一步揭示，陆地生态系统与大气间复杂的物质与能量交换，不仅仅是简单的单一物质循环，碳、氮和水在陆－气间存在复杂的耦合作用关系，而且这种关系在很大程度上决定了水循环的基本规律和演变趋势（Zalewski，2003）。明确区域水循环和其他反馈与耦合因素（如植被和碳氮循环）的相互作用机制，以修正水文模型中对于水循环过程驱动机制的描述和驱动要素的进一步完善，这是将来水文模型发展中需要解决的重要问题之一，其

将使传统的水文模型的发展与提高产生革命性的变化。

二、生态水文学在生态学发展中的地位与作用

在植物叶片、个体、群落及生态系统等不同尺度上，存在大致相同的碳-水耦合的基本作用机制（Anderson-Teixeira et al.，2011）。20 世纪 90 年代中期以来，叶片尺度和冠层尺度的大量研究证明了降水、土壤水分对碳吸收的影响（Anderson-Teixeira et al.，2011）。这些研究的一个最显著进展就是认识到陆地生态系统的碳循环和水循环通过土壤-植物-大气系统的一系列能量转化、物质循环和水分传输过程紧密地耦联在一起，制约着土壤和植物与大气系统之间的碳-水交换通量及二者间的平衡关系。受到水分条件（包括土壤水分）的空间高度异质性影响，碳-水耦合关系与作用强度在不同区域的不同生态系统间存在差异（Luo et al.，2008；Hu et al.，2010）。因此，无论是从植物群落、生态系统乃至区域尺度，植被或生态系统生产力与碳循环和水文过程有着十分密切的耦合关系。要解决生态学上的一系列能量、物质形成与循环过程面临的诸多前沿挑战，需要立足于生态水文学理论与方法实现其突破。最近科学研究表明，在群落尺度上，将降水、土壤水、地下水等不同水源利用和物种功能响应指示相结合，可以实现对给定物种群落个体间对气候变化适应性的深入认识。生态系统碳排放的复杂性是由于其具有很多的来源，如树干 CO_2 通量、根际和微生物贡献、凋落物分解、土壤有机碳分解等。但每个环节的共性在于与水分动态的密切关联性（Gamnitzer et al.，2011），如何准确划分和区别不同源的贡献及其随环境变化的响应，是现阶段生态系统碳汇功能形成与维持机制研究所关注的核心问题之一，这同样取决于生态水文学理论的发展。实际上，这些需求既是生态水文学产生与发展的源泉，也是生态学发展的重要方向。

从生态学学科分类的多个子学科体系的发展来看，生态水文学在大部分生态学的亚学科体系中起着重要作用。例如，生态系统生态学中的湿地生态系统生态学、生态学中重要的分支学科水生生态学与湖泊生态学等是生态水文学诞生的学科基础，但生态水文学在多尺度上生态系统-水之间相互作用关系等方面的发展，反过来已经成为推动这些学科发展的重要驱动力。特别是在陆地-水域界面物质与能量传输、变化环境的水生生态系统响应与湖沼生态健康维持等生态水文学理论方面，对于推动这些学科发展起到了重要作用。在生态工程学领域，近年来日趋活跃的污水处理和资源化生态工程、林农综合经营生

态工程、城镇发展生态工程与城市生态工程、海岸带防护与海滩生态工程及荒漠化防治生态工程等，无一例外都是生态水文学中重要物质（如污染物、生源要素、泥沙等）和能量转换理论技术体系的实践应用。同时，生态工程学的发展也不断丰富着生态水文学在生态水力学、生态水环境学等分支学科的理论内涵。在恢复生态学领域，有一个普遍性的生态退化过程负反馈理论：环境变化（自然因素或人为活动）延缓植被覆盖表土结皮损失→降低水分渗透并增加径流→降低土壤可供植物生长的水分和土壤养分→减少植物生产→减少土壤有机物输入→降低土壤肥力和土壤微生物活性→土壤结构退化→增强土壤侵蚀和水土流失→进一步加剧生态系统退化（任海等，2008）。由此可见，生态水文之间的互馈作用贯穿始终。因此，恢复和保存生物多样性、维持或提高生态系统生产力与自然资本，关键在于构建适于稳定生态功能组群的非生物环境条件，这是生态水文学最具优势的领域。总之，生态水文学源于生态学的一些重要学科分支，但在生态学及其多个分支学科发展中具有独特且核心的驱动作用，占据十分重要的地位。

三、生态水文学在全球变化研究中的作用

全球变化研究中涉及气候变化与反馈、大气成分变化与影响、土地利用与覆盖变化、荒漠化等领域，生态水文学理论与方法在其中起到关键的作用。气候变化广泛影响陆地生态系统。一方面，大气降水格局变化直接改变由生态水文耦合关系制约的生态系统结构、分布与时空动态；另一方面，陆地生态系统结构与格局变化通过改变水循环路径（如截留、蒸发等）影响陆地水文过程，并通过改变陆气能量与水分交换而反馈于大气过程。陆地生态系统碳氮循环与水循环紧密关联，共同构成生物地球化学循环的主体。水循环过程的主要环节，如降水、土壤水分动态、径流过程及蒸散发，无一例外主导着陆地系统碳氮磷的循环过程。陆面过程释放的粉尘等也与生态水文过程有关联，干旱与半干旱地区干旱和地表裸露形成的扬尘就是主要途径。因此，生态水文过程是大气成分变化的主要驱动力之一。土地利用与覆盖变化是人类活动的主要表征，也体现着气候变化对陆地植被覆盖的驱动，但土地利用与覆盖变化格局的形成和动态变化与水分供给有关，且同时反作用于水分循环，改变区域或流域尺度的水文过程。

陆地下垫面的变化或土地利用与覆盖变化、气候变化等通常被看作是

影响水资源变化的两个最关键的因子。最近的政府间气候变化专门委员会（Intergovernmental Panel on Climate Change，IPCC）报告中在讨论未来全球变化对水资源的影响时也建议要考虑下垫面改变的影响，而下垫面改变对水文的影响未纳入气候变化对全球水资源的预估中。有研究者综述世界范围内大尺度流域中陆地下垫面改变与气候变异对水资源变化的影响，发现两者的相对贡献相当（Wei et al.，2017；Li et al.，2017）。这说明，在研究与管理全球气候变化对未来水资源的影响时，须考虑下垫面的改变（或植被改变）对水资源的影响（Zhou et al.，2015）。另外，陆地下垫面的变化与气候变异的相互作用及二者在水资源的改变上都有方向性（增加或减少），因此二者在量上和变异方面对水资源变化产生重要协同影响或相互抵消作用（Liu et al.，2014），也有叠加的作用（Zhang et al.，2017；Wei et al.，2017）。但无论哪种作用，对未来水资源的预估及管理都有十分重要的指导性意义。

四、生态水文学与地质灾害防治

山地是地球淡水资源的主要发源地，因其具有较大的绝对高差和相对高度，还是地球上生物多样性最丰富的陆地单元和全球生物多样性保护的重点区域。然而，山地特有的环境和能量梯度使之成为泥石流、滑坡、崩塌、雪崩、土壤侵蚀、山洪等自然灾害的高度发育区。我国是山地大国，同时也是国际上山地灾害最严重的国家之一。山区气候、生态、水文等过程的耦合关系及其变化，是驱动山地表生灾害过程（如泥石流、滑坡、崩塌、土壤侵蚀、山洪等）的关键因素（崔鹏，2014）。大量研究表明，过去基于均质岩土体的稳定性和灾变理论与方法，不能适用于山区不同生态系统作用下的岩土体稳定性分析，急需明确山地复杂植被与水循环、岩土体相互作用下的岩土体平衡状态的形成和维持机制。只有从机理上认识生态水文过程及其变化对山坡岩土体力学性质及其稳定性的作用，才能正确辨识山地水文过程和山地灾害过程的变化规律。开展生态－水－土耦合的山地灾害动力学过程、山地灾害与生态和气候的关系等的系统研究，被认为是发展山地灾害理论与动力学成因机理模型、构建山地灾害风险防控理论与方法的基础（崔鹏，2014）。因此，阐明山区生态－水文过程对山地灾害的驱动机制及其分异规律，发展生态－水文耦合过程主导的非均质岩土力学理论，是提升山地灾害区域规律研究水平、准确评估山地灾害易发性亟待突破的方向。

五、生态水文学在我国新时期可持续发展中的地位

全球范围内，人类可持续发展面临的最严峻的挑战是环境和发展问题，如水污染、生物多样性减少和土地荒漠化等，其实质都与生态退化和水过程变化密切相关，是生态环境过程与水过程的某种平衡状态改变后向另一种平衡状态转换的外在反映。这种平衡状态的变化既存在于河流－湖泊水系统的生态－水的界面之间，也存在于陆地生态－土壤界面和陆地生态－水域界面。如何从机理上认知陆地生态－水域界面相互作用，揭示不同尺度上生态－水之间的物质和能量交换与传输规律，据此寻求控制水污染、保护淡水生态系统、遏制土地荒漠化等的有效途径，以促进人与自然和谐、保障全球范围内人类社会可持续发展，已经成为区域乃至国家层面可持续发展所关注的核心科学问题。

（一）新时期生态文明建设

我国正处于全社会各方面高速发展的阶段，发展与生态环境保护的矛盾长期存在且日益尖锐。为此，国家从保障可持续发展角度先后制定了一系列政策与措施，如生态屏障保育与建设、重要河流湖泊水域水环境综合整治、黄土高原与长江上游水土保持工程、天然林保护工程及北方"三北"防护林建设、荒漠化防治工程及重要海岸带生态保护工程等。近5年来，进一步提出了生态文明建设、海绵城市建设及山水林草河田湖生命共同体绿色发展思路等，其目的是构建可持续发展的生态与环境安全保障体系，实现新时期我国社会主义发展目标。所有这些生态与环境保护工程和可持续发展战略实现的科学基础是生态水文学理论。

水土保持是黄河流域和长江流域长期面临的重要环境与生态问题。经过数十年持续植被恢复与保护、退耕还林还草等生态工程的实施，两大流域输沙量均呈现显著递减态势，特别是黄河流域的水沙锐减成为新的流域管理课题，决定着我国未来治黄方略的制定。两大流域出现的水沙变化具有一定的共性，如大面积退耕还林还草、森林保护和梯田淤地坝及水库建设等，人类活动导致的下垫面剧变是其主导因素。从流域可持续科学管理与水资源合理利用角度来看，迫切需要明确流域生态工程、水利工程与流域水文循环及水沙变化的关系，诠释流域水沙变化的气候、生态和人类活动的不同贡献。这就需要明确流域林草植被与梯田耦合的减水减沙过程中的水文学机制。我国的土地荒漠化

以西北干旱内陆地区的沙漠化和西南喀斯特地区的石漠化为两大主要类型。其共有的特征表现在：2000 年之前，两类荒漠化土地大范围扩张；2000 年以后，特别是 2005 年以来，出现荒漠化显著遏制与局部逆转局面。在气候持续变暖背景下，出现荒漠化正向演替现象，生态工程建设与降水量增加被认为是最主要的驱动因素。然而，现阶段均面临如何稳定维持和不断提高人工及天然生态系统结构与功能的问题，需要明确认识可持续荒漠化防治的生态系统结构与维持机制，针对不同荒漠化地区的生态水文特点，探索生态屏障构建中的生态水文学新理论、新技术和新方法，促进生态、经济可持续发展。

（二）水污染防治

在我国可持续发展中，除了南方湖泊工业污水排放与面源污染导致的河湖水环境问题之外，长期面临的两个核心水安全问题分别是西北地区与华北地区的水资源短缺和华南地区的水污染。近 30 年来，我国华南地区和华北地区大量河流下游、湖泊和水库均出现不断加剧的水体富营养化污染问题，绝大部分与流域土地利用变化导致的大规模非点源污染、村镇点源污染有关。我国长江口营养盐入海通量和污染物排海量大幅增加，导致长江口及邻近海域成为我国沿海劣质水分布面积最大、富营养化多发的区域；长江口水质低于Ⅳ级是由于水质恶化，沿海赤潮频发。陆－水界面的污染物传输所产生的水体污染问题，是生态水文学的核心研究内容之一，其实质就是探索如何将陆地生态系统养分循环过程尽可能回归到自然循环状态，即基于自然法则的求解；对于已经污染的水体，寻求有效的生态治理措施也是十分关键的水污染治理任务之一。

（三）流域生态安全与可持续管理

干旱地区和半干旱地区流域水资源开发利用的生态环境影响，一直是包括中国西北地区、非洲及澳大利亚等在内的众多区域研究的重要科学问题。在中国西北干旱地区的石羊河、黑河、塔里木河等流域，由于过去长期的流域土地开垦和水资源无节制利用，大部分河流下游形成天然荒漠生态系统及这些地区非地域性独特的植被（如胡杨林和灰杨等树种）严重退化。生态退化导致区域土地荒漠化加剧，大片绿洲消失。这种现象迫使中国在过去 20 多年采取了多种不同措施来恢复下游生态，稳定区域绿洲经济，其中最重要的措施就是寻求建立基于流域"经济－生态－水"一体化的流域整体管理机制和水资源分配方案（Cheng et al., 2014）。生态水文学理论和方法在我国干旱内陆地区流域水资源合理开发利用与保护中扮演了十分重要的角色。我国在干旱内陆地区流域水资源管理方面成功的案例也极大地推动了生态水文学的发展。

我国是世界上水电资源最丰富的国家，也是水资源分布不均、时空矛盾最突出的国家之一。因此，河流开发利用中的水利工程建设一直是我国可持续发展中最重要的基础建设之一。然而，水利工程对河道内生态系统的影响是一个具有较长关注历史的问题。大坝，尤其是梯级水电工程的屏障效应，显著地调节了上下游河道的水流时空特征，影响到大量河流物种的分布格局。水库的径流调节使得河道水流特性（如流速、水位等）发生较大变化，显著地影响或限制了生物体继续生存在生境条件大幅改变的河流区段中的能力（UNEP-IETC, 2003）。河流水生生态系统和河岸带陆地生态系统具有十分密切的相互关系，河岸带或河道内的植被群落结构与功能变化直接导致水生动物（如鱼类）的生物量和多样性发生显著变化，形成系统关联密切的连锁反应。

（四）河口与海岸带生态保护

河流水利工程导致的水文情势变化，是河口湿地生态系统发生显著退化的主要根源。我国的入海泥沙从 20 世纪 80 年代以前的总量近 20 亿吨，到 20 世纪末降至不足 10 亿吨，河口三角洲海岸岸滩在新的动力泥沙环境条件下发生新的冲淤演变调整，过去淤涨型河口海岸大多出现淤涨速度减缓或转化成平衡型甚至侵蚀后退型，湿地面积大幅度减少，长江和黄河河口三角洲变化尤为剧烈（陈吉余等，2007；Li et al., 2009）。河口、海岸带水文过程剧烈变化导致的河口湿地滨海生态系统退化与生物多样性减少是人类社会面临的最严重的生态问题之一。上述问题是生态水文学得以产生和发展的部分核心内容，也是生态水文学长期关注的焦点。未来，伴随着我国深化发展，上述问题将更加复杂多变，从河流源头到河流中下游，再到河口和海洋大系统的水循环问题及生态过程，迫切需要创新的生态水文学理论与方法应对上述制约我国流域资源可持续开发利用与保护中的一系列挑战。

（五）海绵城市建设

我国改革开放进程的加速、城镇化的发展速度加快，导致了城市内涝、水体黑臭、河湖生态退化等一系列城市病。构建海绵城市的良性水循环系统，是解决"城市看海"、水体黑臭、热岛与雾霾、湖泊水体退化等生态问题的重大举措，是目前及今后我国城市发展的主要途径。海绵城市建设的目的在于围绕城市可持续发展，减少洪涝灾害，维持生态健康，坚持人与自然和谐，打造基于城市水循环的新型宜居城市（群），其中发挥生态系统的水循环和水环境调节功能，实现绿色城市和海绵城市的双赢格局，是海绵城市建设的核心，包含了一系列生态水文相关的前沿问题，既需要生态水文学创新理论与技术来解决这些挑战性问题，这些问题也为生态水文学的发展创造了新的机遇。现阶段面临的主要挑战性问题有 3 个：①城市生态水文理论体系尚未形成，存在诸多未知领域，需要有效支撑海绵城市建设的理论；②基于城市生态水文机理的海绵城市构建技术体系，需要开展系统集成与优选，如何与城市总体发展规划和已有构筑物相联系，需要多学科交叉和协同攻关；③城市相关生态水文数据基础不足，有待加强观测。这些问题既是未来新型海绵城市建设对生态水文学发展的需要，也是生态水文学在人类社会发展中不断提升其战略地位的具体表现。

本章参考文献

程根伟，余新晓，赵玉涛 . 2004. 山地森林生态系统水文循环与数学模拟 . 北京：科学出版社 .

陈吉余，陈沈良 . 2007. 中国河口研究五十年：回顾与展望 . 海洋与湖沼，38(6): 481-486.

陈亚宁，李卫红，徐海量，等 . 2003. 塔里木河下游地下水位对植被的影响 . 地理学报，58(4): 542-549.

崔鹏 . 2014. 中国山地灾害研究进展与未来应关注的科学问题 . 地理科学进展，33(2):145-152.

方创琳，鲍超 . 2004. 黑河流域水－生态－经济发展耦合模型及其应用 . 地理学报，59(5):781-790.

秦大庸，陆垂裕，刘家宏，等 . 2014. 流域"自然－社会"二元水循环理论框架 . 科学通报，59: 419-427.

任海，刘庆，李凌浩 . 2008. 恢复生态学导论 . 2 版 . 北京：科学出版社 .

王根绪，刘桂民，常娟 . 2005. 流域尺度生态水文研究评述 . 生态学报，25(4): 892-903.

王根绪，钱鞠，程国栋 . 2001. 生态水文科学研究的现状与展望 . 地球科学进展，16(3): 314-323.

王根绪，张寅生 . 2016. 寒区生态水文学理论与实践 . 北京：科学出版社 .

万力，曹文炳，胡伏生，等 . 2005. 生态水文学与生态水文地质学 . 地质通报，24(8): 700-703.

夏军，丰华丽，谈戈，等 . 2003. 生态水文学——概念、框架和体系 . 灌溉排水学报，22(1): 4-10.

夏军，左其亭，韩春辉 . 2018. 生态水文学学科体系及学科发展战略 . 地球科学进展，33(07):665-674.

於琍，李克让，陶波 . 2012. 长江中下游区域生态系统对极端降水的脆弱性评估研究 . 自然资源学报，27（1）：82-90.

赵风华，于贵瑞 . 2008. 陆地生态系统碳‐水耦合机制初探 . 地理科学进展，27(1): 32-38.

赵文智，王根绪 . 2002. 生态水文学——陆生环境和水生环境植物与水分关系 . 北京：海洋出版社 .

Anderson R G, Goulden M L. 2015.Relationships between climate, vegetation, and energy exchange across a montane gradient. Journal of Geophysical Research Biogeosciences, 116(G1): 944-956.

Anderson-Teixeira K J, Delong J P, Fox A M, et al. 2011. Differential responses of production and respiration to temperature and moisture drive the carbon balance across a climatic gradient in New Mexico. Global Change Biology, 17(1): 410-424.

Bai Y, Wu J, Xing Q, et al. 2008. Primary production and rain use efficiency across a precipitation gradient on the mongolia plateau. Ecology, 89(8): 2140-2153.

Cheng G D, Xin L, Zhao W Z, et al. 2014. Integrated study of the water-ecosystem-economy in the Heihe River Basin. National Science Review, 1: 413-428.

Coenders-Gerrits A M J, Ent R J V D, Bogaard T A, et al. 2014. Uncertainties in transpiration estimates. Nature, 506(7487): E1-E3, 159-161.

Duan L, Man X, Kurylyk B L, et al. 2017. Distinguishing streamflow trends caused by changes in climate, forest cover, and permafrost in a large watershed in northeastern China. Hydrological Processes, 31(10): 1938-1951.

Eagleson P S. 2002. Ecohydrology: Darwinian Expression of Vegetation Form and Function. Cambridge: Cambridge University Press.

Ellison D, Futter M, Bishop K. 2012. On the forest cover-water yield debate: from demand to supply-side thinking. Global Change Biology, 18: 806-820.

Fan J, Zhang R, Li G, et al. 2007. Effects of aerosols and relative humidity on cumulus clouds. Journal of Geophysical Research, 112: 1-15.

Gamnitzer U, Moyes A B, Bowling D R, et al. 2011. Measuring and modelling the isotopic composition of soil respiration: insights from a grassland tracer experiment. Biogeosciences, 8: 1333-1350.

Grace J, Berninger F, Nagy L. 2002. Impacts of climate change on the tree line. Annals of Botany, 90(4): 537-544.

Hannah D M, Sadler J P, Wood P J. 2007a. Hydroecology and ecohydrology: a potential route forward?. Hydrological Processes, 21(24): 3385-3390.

Hannah D M, Brown L E, Milner A M, et al. 2007b. Integrating climate-hydrology-ecology for alpine river systems. Aquatic Conservation Marine & Freshwater Ecosystems, 17(6): 636-656.

Harper D, Zalewski M, Pacini N. 2008. Ecohydrology: Processes, Models and Case Studies: An Approach to the Sustainable Management of Water Resources. Wallingford: CAB International.

Hatton T J, Salvucci G D, Wu H I. 1997. Eagleson's optimality theory of an ecohydrological equilibrium: quo vadis?. Functional Ecology, 11(6): 665-674.

Hawkins B A, Field R, Cornell H V, et al. 2003. Energy, water, and broad-scale geographic patterns of species richness. Ecology, 84(12): 3105-3117.

Heimann M, Reichstein M. 2008. Terrestrial ecosystem carbon dynamics and climate feedbacks. Nature, 451(7176): 289-292.

Hemp A. 2005. Climate change-driven forest fires marginalize the impact of ice cap wasting on Kilimanjaro. Global Change Biology, 11(7): 1013-1023.

Hu J, Moore D J P, Riveros-Iregui D A, et al. 2010. Modeling whole-tree carbon assimilation rate using observed transpiration rates and needle sugar carbon isotope ratios. New Phytologist, 185: 1000-1015.

Ivanov V Y, Bras R L, Vivoni E R. 2015. Vegetation-hydrology dynamics in complex terrain of semiarid areas: 1. a mechanistic approach to modeling dynamic feedbacks. Water Resources Research, 44(3): 173-175.

Jackson R B, Jobbagy E G, Avissar R, et al. 2005. Trading water for carbon with biological carbon sequestration. Science, 310(5756): 1944-1947.

Jasechko S, Sharp Z D, Gibson J J, et al. 2013. Terrestrial water fluxes dominated by transpiration. Nature, 496(7445): 347-50.

Jones S K, Collins S L, Blair J M, et al. 2016. Altered rainfall patterns increase forb abundance and richness in native tallgrass prairie. Scientific Reports, 6: 201-207.

Khain A P. 2009. Notes on state-of-the-art investigations of aerosol effects on precipitation: a critical review. Environmental Research Letters, 4: 20.

Koeplin N, Schaedler B, Viviroli D, et al. 2013. The importance of glacier and forest change in hydrological climate-impact studies. Hydrology and Earth System Sciences, 17(2): 619-635.

Kool D, Agam N, Lazarovitch N, et al. 2014. A review of approaches for evapotranspiration partitioning. Agricultural and Forest Meteorology, 184(1): 56-70.

Law B E, Falge E, Gu L, et al. 2002. Environmental controls over carbon dioxide and water vapor exchange of terrestrial vegetation. Agriculture and Forest Meteorology, 113: 97-120.

Li Q X, Wei M F, Zhang W F, et al. 2017. Forest cover change and water yield in large forested watersheds: a global synthetic assessment. Ecohydrology, DOI 10.1002/eco.1838.

Li S N, Wang G X, Deng W, et al. 2009. Influence of hydrology process on wetland landscape pattern: a case study in the Yellow River Delta, China. Ecological Engineering, 35: 1719-1726.

Liu W F, Wei X, Liu S R, et al. 2014. How do climate and forest changes affect long-term streamflow dynamics?: a case study in the upper reach of Poyang River basin. Ecohydrology, 8: 46-57.

Luo Y Q, Gerten D, Le Maire G, et al. 2008, Modeled interactive effects of precipitation, temperature, and CO_2 on ecosystem carbon and water dynamics in different climatic zones. Global Change Biology, 14(9): 1986-1999.

Meisel J E, Turner M G. 1998. Scale detection in real and artificial landscapes using semivariance analysis. Landscape Ecology, 13(6): 347-362.

Michelot A, Eglin T, Dufrene E, et al. 2011. Comparison of seasonal variations in water-use efficiency calculated from the carbon isotope composition of tree rings and flux data in a temperate forest. Plant, Cell & Environment, 34(2): 230-244.

Newman B D, Wilcox B P, Archer S R, et al. 2006. Ecohydrology of water-limited environments: a scientific vision. Water Resources Research, 42(6): 376-389.

Rodríguez-Iturbe I. 2000. Ecohydrology: a hydrologic perspective of climate-soil-vegetation dynamies. Water Resources Research, 36(1):3-9.

Rodríguez-Iturbe I, Porporato A. 2007. Ecohydrology of Water-controlled Ecosystems: Soil Moisture and Plant Dynamics. Cambridge: Cambridge University Press.

Ryszkowski L, Bartoszewicz A, Ke dziora A. 1997. The potential role of mid-field forest as buffer zones//Haycock N E, Burt T P, Gouldingf K W, et al. Buffer zones: their processes and potential in water protection. Harpenden, UK: Quest Environmental: 171-191.

Turner R J W, Franklin R G, Taylor B, et al. 2006. Okanagan basin waterscapes. Geological Survey of Canada, Miscellaneous Report.

UNEP-IETC. 2003. Guidelines for the integrated management of the watershed-phytotechnology and ecohydrology, Newsletter and Technical Publications, Freshwater Management Series No. 5.

van der Ent R J, Tuinenburg O A. 2017. The residence time of water in the atmosphere revisited.

Hydrology and Earth System Sciences, 21(2): 779.

van der Maarel E, Franklin J. 2012. Vegetation Ecology. Hoboken: John Wiley & Sons.

Wei X, Li Q, Zhang M F, et al. 2017. Vegetation cover-another dominant factor in determining global water resources in forested regions. Global Change Biology, 24: 786-795.

Wood P J, Hannah D M, Sadler J P. 2007. Hydroecology and Ecohydrology: Past, Present and Future. Hoboken. John Wiley & Sons Ltd.

Zalewski M. 2003. Guidelines for integrated management of the watershed: phytotechnology and ecohydrology. Freshwater Management, 85(5): 3-16.

Zhang, M F, Liu N, Harper R, et al. 2017. A global review on hydrological responses to forest change across multiple spatial scales: importance of scale, climate, forest type and hydrological regime. Journal of Hydrology, 546: 44-59.

Zhou, G Y, Wei X, Chen X Z, et al. 2015. Global pattern on the effects of climate and land cover on water yield. Nature Communications, 6: 5918.

第二章
学科发展历程与态势

生态水文学是最近几十年发展起来的一门新兴学科。本章通过对国内外大量文献资料的系统梳理，厘清了生态水文学的形成与发展历程，对各发展阶段的代表性事件与特征进行了归纳与总结。通过文献计量分析，对生态水文学研究现状进行了讨论，并结合当前研究热点和国家需求，对生态水文学的发展态势进行了预判，并论述了我国为生态水文学发展所做的贡献及取得的主要成就，为促进生态水文学学科建设和生态水文学学科战略研究提供指导和参考。

第一节　生态水文学发展历程回顾

随着经济社会的快速发展，人水关系愈加复杂，矛盾日益突出，原有生态系统结构、功能和水文过程等受到一定的影响，仅靠单一学科已经无法全面、科学地解释生态－水文伴生过程。在上述背景下，生态与水文之间的内在联系逐渐被人们所了解和重视，从而逐渐衍生出一门由生态学和水文学相交叉的新兴学科——生态水文学。生态水文学之所以被提出并最终形成一门独立学科，一方面是因为水文循环的整个过程与水圈、生物圈、大气圈、岩石圈等均存在密切联系。随着水文学和生态学研究的不断深入，水文过程与生态系统之间的内在联系和相互影响逐渐得到双方学者的广泛关注。另一方面是人们逐渐意识到人类社会与自然生态系统和谐共处的重要性。人类活动对水文过程的干扰对自然生态系统产生了严重影响，而生态环境的改变又反过来影响水文过程，从而导致了不良循环，产生了生态退化、环境污染、不可持续发展诸多问题。因此，针对水文系统与生态系统之间的作用关系及其伴生过程开展生态水文学学科研究十分迫切，也是人类社会发展的必然需求。

一、生态水文学的形成与发展阶段划分

生态水文学最早由国外学者提出，并很快得到发展。我国在这方面开展的工作则相对较晚，但后发优势明显。生态水文学被正式提出之前，学者们已经围绕生态过程和水文过程开展了大量和细致的研究工作，奠定了生态水文学建立的基础。纵观生态水文学的发展历程，从其形成到现在总体时间并不长，却有着十分丰富的经历。与大多数学科发展相似的是，生态水文学学科同样经历了从学科创建到演变和发展，再到逐渐完善的大致过程。在生态水文学的发展历程研究方面，目前有很多学者进行过总结和论述，有针对整个学科方面的（王根绪等，2001；严登华等，2001；夏军等，2003；楚贝等，2012；沈志强等，2016；杨大文等，2016），也有单独针对某个研究方向的（黄奕龙等，2003；杨舒媛等，2009；李翀等，2009；王朗等，2009；徐宗学等，2016；何志斌等，2016）。总体来看，学者们对生态水文学发展历程尚未形成较为统一的认识，在阶段的划分上持有不同见解，在个别事件和时期的描述上也存在差异。

根据不同时期生态水文学发展状态和特征，以生态水文学学科发展的关键历史事件为节点，可以将生态水文学的发展历程划分为5个阶段，分别为生态水文学萌芽期、生态水文学术语提出与初步探索期、生态水文学学科建立与初步发展期、生态水文学学科快速发展期和生态水文学学科完善期（表2-1）。

表 2-1　生态水文学的形成与发展历程表

时间	阶段名称（特点）	重要经历（代表成果）
1960～1986 年	生态水文学萌芽期	"国际水文发展十年计划"（*International Hydrologic Decade*，于 1965～1974 年实施）；1970 年，Hynes 出版 *The Ecology of Running Water*；1971 年"人 与 生 物 圈 计 划"（*Man and the Biosphere Programme*，MAB）的提出及其 1986 年的第一阶段会议；生态水力学、土壤水文学、山坡水文学、河流生态学等相关学科的重要理论探索和发现
1987～1991 年	生态水文学术语提出与初步探索期	1987 年，Ingram 首次使用 "ecohydrology" 一词；1991 年，Bragg 等、Hensel 等对湿地生态水文过程的研究；1988 年，UNESCO 组织了关于过渡带研究的国际专题研讨会；1991 年，荷兰应用科学研究组（Netherlands Organization for Applied Scientific Research，TNO）组织了"服务与政策和管理的水文生态预测方法"会议
1992～1995 年	生态水文学学科建立与初步发展期	1992 年，在都柏林召开的联合国水与环境问题国际会议正式提出了"生态水文学"概念并建立生态水文学学科；1993 年，Heathwaite 等编著的 *Mires: Process, Exploitation and Conservation* 出版；1995 年 Kloosterman 等和 Gieske 等对湿地生态系统的研究；1993 年，马雪华编著的《森林水文学》出版

续表

时间	阶段名称（特点）	重要经历（代表成果）
1996～2007 年	生态水文学学科快速发展期	1996 年，Wassen 等给出"生态水文学"的明确定义，欧洲实验与代表性流域网络（European Network of Experimental and Representative Basins，ERB）第六次研讨会及出版了论文集 Ecohydrological Processes in Small Basins（《小流域生态水文学过程》），UNESCO-IHP 第五阶段（UNESCO-IHP- V，1996～2001 年）和第六阶段（UNESCO-IHP- VI，2002～2007 年）；1997 年，Zalewski 等的 UNESCO IHP Technical Document in Hydrology No.7.IHP-V Project 2.3/2.4 "水文生态学"专集；1999 年，Baird 等的 Eco-hydrology:Plant and Water in Terrescrial and Aquatic Environments 出版；2002 年，Eagleson 的 Ecohydrology: Darwinian Expression of Vegetation Form and Function 出版；2000 年，成立了英国沃林福德生态与水文学研究中心（Centre for Ecology and Hydrology Wallingford）；2001 年，创办了 Ecohydrology & Hydrobiology 期刊；2004 年，成立了英国生态与水文研究中心（Centre for Ecology and Hydrology）；2005 年，组建 UNECSO 生态水文学欧洲中心（European Regional Centre for Ecohydrology under UNESCO）；Wassen 等（1996）、Hatton 等（1997）、Rodriguez-Iturbe（2000）；Zalewski（2000）、王根绪等（2001）、严登华等（2001）、武强等（2001）、Nuttle（2002）；夏军等（2003）、崔保山等（2005）、Suschka（2006）等众多学者针对生态水文学不同领域进行了研究
2008 年至今	生态水文学学科完善期	从 2008 年开始，UNESCO-IHP 在连续 2 个 5 年阶段计划中将生态水文学作为一个独立主题来进行研究，即 UNESCO-IHP 第七阶（UNESCO-IHP- VII，2008～2013 年）主题 3 和 UNESCO-IHP 第八阶段（UNESCO-IHP- VIII，2014～2021 年）主题 5；2008 年，Ecohydrology 期刊创刊和 UNECSO 国际滨海生态水文学中心（International Centre for Coastal Ecohydrology under UNESCO）成立；2008 年 Wood 等著的 Hydroecology and Ecohydrology: Past, Present and Future（《水文生态学与生态水文学：过去、现在和未来》）出版；2008 年 Harper 等著的 Ecohydrology: Processes, Models and Case Studies—An Approach to the Sustainable Management of Water Resources（《生态水文学：过程、模型和实例—水资源可持续管理的方法》）出版；2009 年，成立了南京水利科学研究院生态水文实验中心；2013 年，成立了中国科学院山地表生过程与生态调控重点实验室；2010 年，程国栋等著的《中国西部典型内陆河生态 - 水文研究》出版；2012 年杨胜天等著的《生态水文模型与应用》出版；余新晓的生态水文学研究系列专著出版；2013 年，武汉召开生态水文与水安全国际学术研讨会；2014 年，奥地利举办国际水文及应用生态大会；2015 年，北京召开流域生态水文过程观测与模拟学术研讨会；Zalewski 等开展更深入研究

二、各阶段生态水文学的重要经历和代表性成果

（一）生态水文学萌芽期（1960～1986 年）

"生态水文学"一词被提出之前，经历了很长一段时间的孕育和演化。这段时期也是生态学和水文学研究逐渐交叉在一起的伊始。由于研究刚刚起步，

加之其本身的复杂性特征，目前难以考证其具体起源时间。从可以查证的且具有代表性的国际事件中发现，在最早的由国际水文科学协会（International Associational of Hydrological Sciences，IAHS）提出的"国际水文发展十年计划"（*International Hydrologic Decade*，于1965～1974年实施）中，水文研究就已经开始考虑来自生态环境及其他交叉学科的影响。这可能是对生态水文学发展具有重要意义的最早的代表性事件。在此期间，1970年，Hynes（1970）出版的 *The Ecology of Running Water* 中就初步对水文过程和生态过程的结合展开过研究和讨论。1971年，联合国教科文组织科学部门发起了"人与生物圈计划"（Man and Biosphere Programme，MAB）。这是着重对人和环境关系进行生态学研究的一项多学科的综合研究计划，其中水生生态系统被当作该计划的一个重要组成部分。MAB实施后，于1986年在法国图卢兹召开了第一阶段会议，主要讨论了土地利用对水生生态系统的影响，同时确定了陆地生态系统和水生生态系统之间的过渡带（章树安，2008）。除此之外，同时期的其他学科，如生态水力学（Hino，1977）、土壤水文学（Eagleson，1978）、山坡水文学（Bonell，2002）、河流生态学（Winterbourn，1982；Ward et al.，1983）等，提出了一些重要理论和成果，如河流连续体概念、序列不连续体概念等，为生态水文学的形成提供了一定的基础和帮助。因此，这个阶段可以说是生态水文学的萌芽阶段。

　　总体来看，在生态水文学被提出之前的萌芽期内，学者们已经开始尝试对水文和生态的交叉过程开展相关研究工作，特别是提出了"陆地－水生生态系统过渡带"的概念。虽然整体研究成果并不丰富，但却开启了生态水文学研究的序幕。相对而言，我国对于生态水文学的研究起步较晚，于20世纪末才逐渐展开针对性的研究工作。

（二）生态水文学术语提出与初步探索期（1987～1991年）

Ingram（1987）在对苏格兰地区泥炭湿地中的水文过程和特征进行分析时，首次使用了"ecohydrology"一词。这是"生态水文学"第一次作为一个术语被正式提出。该词一经提出，便被很多学者所采纳并被用来描述研究中涉及的生态水文学问题，且在后来被正式作为生态水文学的代名词。在该词提出的几年时间里，围绕"ecohydrology"一词，学者们对生态水文方面的内容开展了初步的探索，其中以对湿地的生态水文过程研究居多。例如，Bragg

等（1991）开展了泥炭开采对苏格兰高位湿地生态水文过程影响的模拟研究，Hensel 等（1991）对维多利亚 Nuzzo 天然湿地的原始生态水文过程进行了研究。除此之外，还有学者对生态水文的参数及框架开展了相关研究工作。例如，Pedroli（1990）分析了不同类型浅层地下水的生态水文参数，Caspary（1990）探讨了森林退化和土壤酸化影响下森林集水区产水量变化的生态水文框架。除相关学术研究工作之外，其间还召开了几次与生态水文学相关的国际会议，进一步促进了生态水文学研究的国际交流与合作。例如，1988 年 UNESCO 组织了关于过渡带研究的国际专题研讨会，并筹划了水陆过渡带功能方面的合作研究项目（章树安，2008）；1991 年荷兰应用科学研究组织（The Netherlands Organization for Applied Scientific Research，TNO）组织了以"服务与政策和管理的水文生态预测方法"为主题的会议（Hooghart et al.，1993）。

可以看出，自"ecohydrology"一词提出之后，生态水文学学科已经初见雏形，有了较为明确的研究目标和方向。学者们针对生态水文过程所展开的探索工作，特别是围绕"过渡带"的研究，为生态水文学学科的建立提供了依据和条件。

（三）生态水文学学科建立与初步发展期（1992～1995 年）

为了进一步探寻科学解决环境问题的办法、助力水资源可持续发展，1992 年在都柏林召开了联合国水与环境问题国际会议。也正是在这个会议上，"生态水文学"的概念被正式提出。自此，生态水文学便作为一门独立的学科正式建立。1993 年 Heathwaite 等编著了第一部以生态水文学为主题的专著 *Mires: Process, Exploitation and Conservation*。在接下来的 3 年时间里，生态水文学处于学科建立后的初步发展阶段，在学科理论及方法的研究上均获得了一定突破和进展，特别是对湿地生态系统的研究较为关注。例如，Kloosterman 等（1995）从生态水文学的角度对荷兰南部近几十年来的植被格局和水文状况进行了分析，从而分析了湿地和栖息地环境恶化的原因；Gieske 等（1995）应用生态水文学理论提出了一种定量描述地下水短缺或干枯对水生和湿地生态系统影响的方法。我国在该阶段没有及时地将生态水文学概念引入，因此在国内也没有开展过专门的研究工作，但是已经有涉及与生态水文的研究。例如，马雪华（1993）在《森林水文学》中对森林水文生态的作用进行了一定探讨，并给出了明确的定义，认为森林水文生态作用是从不同的时空尺度来了解和认识森林植被变化与水分运动的作用关系及与之相伴随的生物地球化学循环、能量转换。

可以看出，这个阶段是生态水文学学科创立的初始时期，学者们对新兴学科的研究处于摸索阶段，研究对象多以"过渡带"湿地生态系统为主，虽然由于研究时间不长、积累有限、成果不多，在学术论文的发表和成果的展现方面也并不亮眼，但却为生态水文学的快速发展奠定了基础。

（四）生态水文学学科快速发展期（1996~2007 年）

1996 年可以说是生态水文学开启快速发展模式的起点。在这一年里，Wassen 等首次对"生态水文学"给出了明确的定义，认为生态水文学是一门应用性的交叉学科，旨在更好地了解水文因素如何决定湿地生态系统的自然发育，特别在自然保护和更新方面有重要价值。同年，欧洲典型流域试验网络（European Network of Experimental and Representative Basins，ERB）第六次研讨会在法国斯特拉斯堡顺利召开，并随后出版了以"生态水文学"为主题的会议论文集 *Ecohydrological Processes in Small Basins*（《小流域生态水文学过程》），内容主要包括土壤和大气相互作用的模拟、径流产生过程和水流路径、水量和水生生物地球化学行为等。同样在这一年，UNESCO-IHP 第五阶段（UNESCO-IHP-V，1996~2001 年）正式启动，其中生态水文学首次成为重要研究内容之一。也正是从这一年开始，生态水文学学科快速发展的序幕逐渐拉开。

在接下来的近 10 年时间里，生态水文学获得了长足和快速的发展，这种状态一直持续到 UNESCO-IHP 第六阶段（UNESCO-IHP-VI，2002~2007 年）末期。在这一时期内，学者们针对生态水文学开展了许多相关研究工作，产出了大量成果。

1. 在专辑和专著方面

Zalewski 等（1997）主导的 *"UNESCO IHP Technical Document in Hydrology N0.7.IHP-V Project2.3/2.4"* 中首次提出"生态水文"，是指对地表环境中水文学和生态学相互关系的研究，并推广到整个流域 - 水文过程的调节。他提出，未来应该设立一个生态水文学项目，用以综合大尺度、长时间水文过程和生态过程的研究，并且认为生态水文学的实质含义是研究不同时空尺度上水文过程与生物动力过程相综合的科学。

Baird 等（1999）编著的 *Eco-hydrology: Plants and Water in Terrestrial and Aquatic Environments*，指出生态水文学是生态学的水文方面，是研究植物如何影响水文过程及水文过程如何影响植物分布与生长的水文学和生态学的交叉学科，所研究的对象不只局限于湿地生态系统，还应该包括其他生态系统，如干旱地区的生态系统、森林和疏林生态系统、江河生态系统、湖泊生态系统和水生生态系统等。这本书书后由中国科学院寒区旱区环境与工程研究所程国栋组织有关专业人员译为中文并为其作序，旨在推动我国生态水文学（特别是寒区旱区生态水文学）的发展（Baird et al.，2002）。

刘昌明（1999）编著的《土壤－作物－大气界面水分过程与节水调控》从土壤－植物－大气连续体（Soil-plant-atmosphere continuum，SPAC）系统界面水分与热量传输过程，探讨了节水调控及节水高产与提高水分利用效率的理论机制。

Acreman（2001）编著的 *Hydro-ecology: Linking Hydrology and Aquatic Ecology* 论文集中，认为水文生态学是指运用水文学、水力学、地形学和生物学（生态学）的综合知识，来预测不同时空尺度范围内，淡水生物和生态系统对非生物环境变化的响应。另外，水文生态学应该侧重研究河流及洪泛平原区的水文与生态过程及建立模拟这两个过程相互作用的模型。

Eagleson（2002）编著的 *Ecohydrology: Darwinian Expression of Vegetation Form and Function*，采用独特的方式全面分析和阐述了关于森林形态及其功能的诸多关键问题，从小尺度上的物理机制入手，分析森林生长的内在控制因素进而达到对控制森林生长的关键大尺度机理的理解。这本书在 2008 年由清华大学杨大文和丛振涛译为中文（Eagleson，2008）。

上述专辑和专著从不同角度对生态水文学进行了系统的解读和阐述。

2. 在专门学术会议方面

1998 年在波兰召开了（UNESCO-IHP-V，2.3-2.4）关于生态水文学的工作组会议。1998 年在捷克利比里斯召开了 ERB 第七次会议，会议的主题是"变化环境中流域的水文和生物地球化学过程"。2003 年在波兰举办的联合国教科文组织人与生物圈计划／国际水文计划（United Nations Educational, Scientific and Cultural Organization-Man and the Biosphere Programme/International Hydrological Programme，UNESCO MAB/IHP）有关"生态水文学：从理论到实践"的联合讲习班等，在理论和应用方面对生态水文学的发展进行了讨论。

3. 在研究机构及期刊发展方面

2000年合并成立了英国沃林福德生态与水文学研究中心（Centre for Ecology and Hydrology Wallingford）；2001年由Zalewski为特邀主编创办了 *Ecohydrology & Hydrobiology* 学术期刊；2004年成立了英国生态与水文研究中心（Centre for Ecology and Hydrology）；2005年组建了UNECSO生态水文学欧洲中心（European Regional Centre for Ecohydrology under UNESCO）等。这些均对生态水文学的发展起到了推进作用。

4. 在科学研究方面

在科学研究方面更是产生了大量成果，同时围绕生态水文学的概念和内容等展开了激烈讨论，比较有代表性的有：

Hatton等（1997）认为，生态水文学需要在质量守恒和能量守恒定律的基础上及在周围环境不同的情况下，研究环境过程的机制。Rodriguez-Iturbe（2000）认为，生态水文学是指在生态模式和生态过程的基础上寻求水文机制的一门科学。在这些过程中，土壤水是时空尺度内连接气候变化和植被动态的关键因子。在后来的研究中他认为植物是生态水文学的核心内容。王根绪等（2001）认为，生态水文学是区域生态系统研究和区域水文科学研究的交叉领域，其核心内容是揭示不同环境条件下植物与水的相互关系机理，探索各种植被的生态水文作用过程。严登华等（2001）认为，生态水文学是生态学与水文学的交叉学科，研究不同时空尺度上水文过程与生物动力过程的耦合机制与规律，以期实现水资源的持续管理。武强等（2001）认为，生态水文学是一个集地表水文学、地下水文学、植物生理学、生态学、土壤学、气象学和自然地理学等于一体、彼此间相互影响渗透而形成的一门新型边缘交叉学科。同时，他们还论述了生态环境水文学研究的基本内容，并提出了所要解决的目前威胁人类生存的主要生态水文问题。最后，他们探讨了生态水文学的一般研究方法和手段。Nuttle（2002）认为，生态水文学是生态学和水文学的亚学科，它所关心的是水文过程对生态系统配置、结构和动态的影响，以及生物过程对水循环要素的影响。夏军等（2003）从生态水文学的发展背景入手，阐述了不同学者对生态水文学概念的理解，初步提出了生态水文学研究的框架和体系，同时围绕西部生态需水问题研究面临的挑战进行了探讨。除此之外，Zalewski（2000）、Porporato等（2002）大量学者对生态水文学的概念、目标、任务等进行了广泛的研究和探讨。由于内容较多，这里不再一一陈述。可以说，这些丰富的研究成果和取得的成就极大地促进了生态水文学学科的发展，可以视为是生态水文学学科发展的黄金期。

　　总之，这个时期生态水文学已然成为国际上的热门领域和研究方向，我国也正式加入到生态水文学的研究梯队，为生态水文学学科的发展和建设贡献了一份力量。从国内外的相关研究进展来看，这个阶段取得的研究成果十分丰富，从理论研究到应用研究都得到了长足进步。

（五）生态水文学学科完善期（2008 年至今）

　　生态水文学本身涉及主题的复杂性及学者对相关问题的争论，使得生态水文学的研究虽然经历了蜕变，但仍然存在许多问题，亟待突破和解决。为进一步促进生态水文学学科的发展和完善，从 2008 年开始，UNESCO-IHP 在连续的 2 个 5 年阶段计划中将生态水文学作为一个独立的主题来进行研究，且重点放在"可持续"上，即第七阶段（UNESCO-IHP- Ⅶ，2008～2013 年）的主题 3 设定为"面向可持续的生态水文学"和第八阶段（UNESCO-IHP- Ⅷ，2014～2021 年）的主题 5 设定为"生态水文学——面向可持续世界的协调管理"。从中可以看出国际社会对于生态水文学学科发展的重视和看好。同样在 2008 年，国际学术期刊 *Ecohydrology* 创刊，开始向广大学者征收生态水文学相关的最新研究成果。UNESCO 在国际水文计划框架下专门成立全球"生态水文计划"（Ecohydrology Programme，EHP）和全球示范区，同时在波兰科学院资助下创刊 *Ecohydrology & Hydrobiology*，成立了生态水文学全球科学指导委员会，中国代表为夏军。在西班牙，又一国际性质的生态水文学研究中心——UNESCO 国际滨海生态水文学中心（International Centre for Coastal Ecohydrology under UNESCO）挂牌成立。

　　在这个阶段，生态水文学一直向着完善的学科体系不断前进，大量而深入的研究也促生了丰富的成果。需要说明的是，在生态水文学不断完善的阶段，我国学者同样贡献了一分力量。在专辑和专著方面，Wood 等（2008）编著的 *Hydroecology and Ecohydrology*：*Past*，*Present and Future*（《水文生态学与生态水文学：过去、现在和未来》）2009 年由王浩等译成中文版；Harper 等（2008）编著的 *Ecohydrology*：*Processes*，*Models and Case Studies-An Approach to the Sustainable Management of Water Resources*（《生态水文学：过程、模型和实例——水资源可持续管理的方法》）2012 年由严登华等译成中文版；程国栋等（2010）编著的《中国西部典型内陆河生态 - 水文研究》；杨胜天（2012）编著的《生态水文模型与应用》；余新晓出版的生态水文学研究系列专著等，从技术和应用层面开展了较为系统的研究，特别是对生态水文模型的研究。在研究机构建设方面，2009 年成立了南京水利科学研究院生态水文实验中心；2013 年成立了中国科学院山地表生过程与生态调控重点实验室。在会议方面，2013 年在武汉召开的生态水文与水安全国际学术研讨会、2014 年在奥地利举办的国际水文及应用生态大会、2015 年在北京召开的流域生态水文过程观测与模拟学术研讨会等也均侧重于对生态水文技术的研发与应用。在科研和学术成果方面，Zalewski 等（2009）、Ghimire 等（2013）等学者对生态水文学开展了更深入的研究，拓展到更广阔的研究领域。

可以说，生态水文学能取得今天的成绩，是广大科研工作者共同努力的结果。但生态水文学在通往完善的道路上，还需要不断地深入和补充。本书对生态水文学发展历程及学科体系的探讨，同样是促进生态水文学学科发展的有益探索。

第二节　生态水文学发展态势分析

一、世界生态水文学发展态势分析

此节主要基于中国知网（China National Knowledge Infrastructure，CNKI）及 Web of Science 核心库（农业科技和基础科学）平台，检索有记录以来至 2016 年主题为 ecohydrology（生态水文）、ecohydrological、evapotranspiration（蒸散发）、ecological water depletion（生态耗水）、water energy balance（水热平衡）、soil plant（vegetation）atmosphere continuum（土壤 - 植物 - 大气连续体）、water and heat transport（水热传输）的文献，并进行总结。

统计显示，到 2016 年为止，Web of Science 核心库共有记录 25 000 余条，各年记录数分布如图 2-1 所示。可见，相关研究在 20 世纪 50 年代就已经出现，20 世纪 50~90 年代持续低速平稳上升，年平均增量为 9.4 篇 / 年，自 2000 年后，进入迅猛发展期，年平均增量达到 134.2 篇 / 年［图 2-1（a）］。文献引用呈现相同的变化规律，但增长更为明显。20 世纪 80 年代至 2000 年，引用数增量为 266.8 次 / 年，而 2000 年后增量达到 3978 次 / 年［图 2-1（b）］。

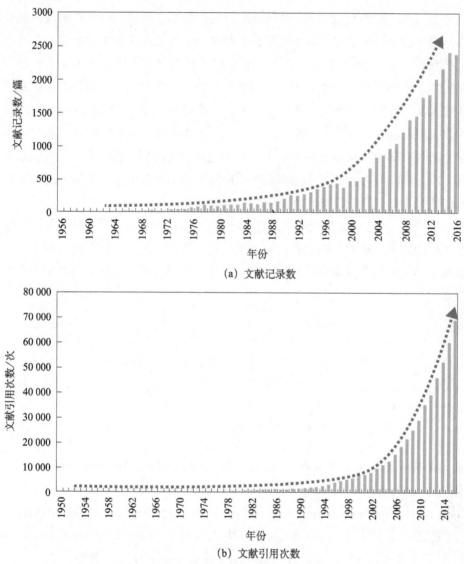

（a）文献记录数

（b）文献引用次数

图 2-1　生态水文研究领域文献记录和引用增长情况

基于 Web of Science 核心库

表 2-2 显示了不同时段关键词的变迁。

表 2-2　基于 Web of Science 核心库的不同时段生态水文领域文献主要关键词变化

1990 年以前		1991～2000 年		2001～2010 年		2011 年至今	
关键词	频次	关键词	频次	关键词	频次	关键词	频次
ET*	12	ET	858	ET	2 356	ET	3645
climate	6	evaporation	327	model	767	climate (change)	3579

续表

1990 年以前		1991～2000 年		2001～2010 年		2011 年至今	
evaporation	6	model	276	evaporation	680	model	1244
soil moisture	4	transpiration	215	irrigation	482	evaporation	905
wheat	4	soil	178	soil	469	precipitation	896
marsh (wetlands)	4	irrigation	173	transpiration	459	temperature	775
transpiration	3	growth	163	vegetation	457	vegetation	731
leaf	3	vegetation	162	water	425	water	730
canopy	2	temperature	160	yield	417	irrigation	676
carbon	2	climate	144	climate (change)	415	variability	660
groundwater	2	water	130	temperature	409	soil	579
hydrology	2	yield	125	growth	380	drought	578
photosynthesis	2	photosynthesis	120	precipitation	370	yield	578
nitrogen	2	simulation	114	variability	300	transpiration	551
stress	2	forest	105	water balance	292	management	525
moisture	2	water balance	101	runoff	276	growth	513
phosphorus	2	stomatal conductance	99	remote sensing	274	soil moisture	505
C3\C4	2	balance	88	management	271	runoff	475
boundary layer	1	moisture	87	simulation	261	remote sensing	464
forest	1	wheat	85	ecohydrology	250	river basin	419

*ET: evapotranspiration

由表 2-2 可见，除 evapotranspiration（蒸散发）外，其他关键词均有所变化。在 1990 年以前，与农业生态水文有关的 soil moisture、wheat、nitrogen、moisture 综合排名非常靠前，其次为与蒸散发机理有关的 transpiration、leaf、canopy、photosynthesis，marsh（wetlands）排名靠前说明此阶段内湿地生态水文的关注度较高。1991～2000 年，学者更多侧重于生态水文模型的构建与应用，热点关键词包括 model、simulation、stomatal conductance（冠层导度），其中与农业生态水文有关的关键词有 soil、irrigation、growth、yield、moisture、wheat 等，与植物蒸腾的生理生态机制有关的关键词有 transpiration、photosynthesis、stomatal conductance，与气候变化有关的关键词有 temperature、climate。2001～2010 年主要关键词排序与 1991～2000 年基本相似，与生态水文模型和农业有关的 irrigation 有所靠前，遥感生态水文逐渐成为热点之一，而生态水文 ecohydrology 出现在热点关键词中。2011 年之后，最明显的变化是与气候变化有关的关键词频频出现，如 climate change、precipitation、temperature、drought 等；农业灌溉方面的关键词（如 irrigation、soil moisture 等）排名有所下降；与管理有关的关键词（如 management）明显上升，凸显对人为调控的关注度有所上升。

二、我国生态水文学发展态势分析

我国在 Web of Science 核心库中的生态水文相关文献最早出现于 20 世纪 90 年代初。总体来看，1990～2000 年发展比较缓慢，进入 21 世纪以后，发展十分迅速 [图 2-2（a）]，而文献引用次数呈现指数增长 [图 2-2（b）]。不同时期生态水文领域研究热点有所不同。

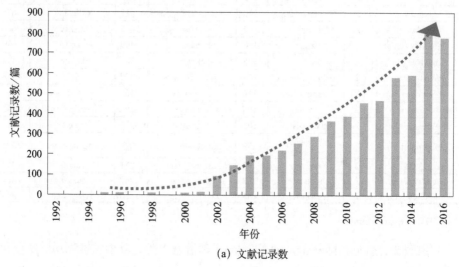

（a）文献记录数

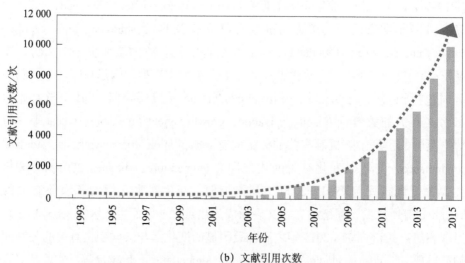

（b）文献引用次数

图 2-2 中国生态水文研究文献记录数和引用次数总体趋势
基于 Web of Science 核心库

在 Web of Science 核心库文献中（表 2-3），evapotranspiration 及 model 一

直都是热点,排在前两位。与 2000 年之前相比,2001~2010 年关键词变化最明显的是 remote sensing 迅速上升至第 11 位,irrigation 从第 23 位上升至14 位及 yield 的出现。而在 2011 年之后,与气候变化有关的 climate change、precipitation、variability 及与植被遥感有关的 vegetation、MODIS 更是大量出现。

表 2-3 基于 Web of Science 核心库的中国不同时段生态水文领域文献主要关键词变化

全部		2000 年之前		2001~2010 年		2011 年之后	
关键词	频次	关键词	频次	关键词	频次	关键词	频次
evapotranspiration	1148	evapotranspiration	10	evapotranspiration	288	evapotranspiration	853
model	591	model	8	model	157	model	429
water	453	temperature	7	evaporation	134	water	339
evaporation	404	heat	7	water	111	temperature	299
temperature	402	climate	5	temperature	97	climate change	283
climate change	315	simulation	5	transport	74	evaporation	267
precipitation	309	water	4	flow	63	precipitation	255
vegetation	282	moisture	4	vegetation	62	variability	229
climate	280	evaporation	3	soil	61	climate	226
variability	280	thermocline	3	yield	60	vegetation	218
transport	260	world ocean	3	remote sensing	58	climate change	190
simulation	221	vegetation	3	simulation	58	transport	186
performance	200	flow	3	transpiration	54	river basin	177
soil	199	validation	3	irrigation	54	trends	163
river basin	190	phase change	2	precipitation	54	performance	160
runoff	188	field	2	balance	54	simulation	158
MODIS	185	mass transfer	2	variability	50	runoff	156
trends	180	flux	2	climate	50	MODIS	154
transpiration	178	gas exchange	2	growth	46	soil moisture	139
yield	177	global change	2	surface	46	soil	136

在 CNKI 文献中,2000 年之前热点关键词涉及土壤-植物-大气连续体、农业生态水文(冬小麦、旱塬)及模型(数值模拟、水文模型、模型、计算方法)。2001~2010 年,遥感排名热点关键词第 2 位,气候变化排名热点关键词第 3 位。最重要的是,生态水文成为热点关键词,其中生态水文过程和生态水文分别排名第 6 位和第 14 位。2011 年之后热点关键词与 2001~2010 年基本相似(表 2-4)。

表 2-4　基于 CNKI（基础科学与农业科技）的中国不同时段生态水文领域文献主要关键词变化

全部文献		2000 年之前		2001～2010 年		2011～2016 年	
关键词	频次	关键词	频次	关键词	频次	关键词	频次
蒸散发	317	蒸散发	11	蒸散发	66	蒸散发	239
气候变化	166	土壤植物大气连续体	10	遥感	39	气候变化	121
水资源	159	数值模拟	8	气候变化	36	遥感	85
遥感	141	冬小麦	6	土壤水分	35	土壤水分	60
土壤水分	126	蒸发	6	水资源	30	蒸散发	50
蒸散发	76	水热平衡	5	生态水文过程	26	生态水文	49
水量平衡	74	水文模型	5	径流	23	径流	42
生态水文	72	水势	5	分布式水文模型	23	MODIS	41
模型	69	水流阻力	4	水量平衡	23	SWAT 模型	36
径流	68	水文循环	4	模型	22	模型	35
水分利用效率	56	模型	4	黄土高原	20	水量平衡	34
黄土高原	56	旱塬	4	蒸散	20	时空变化	31
SWAT 模型	55	计算方法	4	SWAT 模型	19	水文模型	29
地下水	55	地下水	4	生态水文	18	潜在蒸散发	28

值得提出的是，ecohydrology 在生态水文研究领域仍然未成为热点词汇。国际所有文献关键词和主题含有 ecohydrology 的不到 1000 篇，总引用 20 900 余次，单篇引用次数最高的文献为 *Ecohydrology: a hydrologic perspective of climate-soil-vegetation dynamics*（462 次）。而国内学者所发表的文献（Web of Science 核心库）中标题或关键词含有 ecohydrology 的文献不到 70 个。

第三节　我国生态水文学的主要成就

本节主要基于 Web of Science 核心库和 CNKI 核心文献、经典著作、重大项目、研究机构平台等资料，总结我国生态水文学领域的主要成就。

一、成果概述

（一）生态水文学理论发展及应用

SPAC 理论是生态水文学的核心理论之一。SPAC 由澳大利亚土壤水文学家

Philip 于 1966 年较为完整地提出，但并未很好地考虑地下水的作用。刘昌明提出了 SPAC 系统界面包括土壤水－地下水界面，并探讨了从界面上控制水分消耗的可能性（刘昌明，1993，1997）；而沈振荣（1992）、张蔚榛（1996）、雷志栋等（1992）等也认为地下水应该与 SPAC 纳入统一体系中，提出"地下水－土壤－植物－大气连续体系统"的概念及后来刘昌明的"五水循环"概念（刘昌明等，2009b）。杨建锋等（2000）在此基础上构建了地下水浅埋区农田水分运动模型 GSPAC-FLOW。在 SPAC 理论和应用研究上，我国学者（如刘昌明、康绍忠、邵明安、雷志栋等）注重于农田 SPAC 系统中的水分运动及能量平衡，在农田生态水文方面都有重要贡献。研究重点包括农田耗水过程及其机理、农田水热传输、植物生长及产量形成、土壤－根系、土壤－大气和作物冠层－大气界面间的水分传输及相关模型等（邵明安等，1986；邵明安等，1992；康绍忠等，1990；康绍忠，1993a，1993b）。

在长期积累下，已经总结出版了《农田蒸发研究》（左大康等，1991）、《作物与水分关系研究》（谢贤群等，1992）、《农田生态系统能量物质交换》（牛文元，1987）、《土壤－植物－大气连续体水分传输理论及其应用》（康绍忠等，1994）、《蒸发原理与应用》（丛振涛等，2013）、《土壤－作物－大气界面水分过程与节水调控》（刘昌明，1999）、《土－根系统水动力学》（邵明安等，2000）等系列著作。这些成果在指导我国节水农业生产（如西北地区、华北地区的滴灌、亏缺灌溉等），提高水资源利用效率中发挥了突出的作用。鉴于在农业节水方面的突出贡献，我国学者（如康绍忠、彭世彰等）多次获得国际灌溉排水委员会（ICID）颁发的国际节水技术奖。

在流域生态水文学方面，2000 年后，国家自然科学基金委员会支持启动了"黑河流域生态－水文过程集成研究"重大研究计划，以程国栋院士为首的专家与学术队伍，积极探索将山区－平原－下游河湖作为系统的流域生态水文过程变化认识与管控的科学理论。在南方河流，陈求稳、夏军等针对长江、淮河的河湖生态保护问题，研究提出了河湖生态流量估算，水质－水量－水生态联合调度的水系统理论与方法，在国际上产生了重要影响。此外，还有其他一大批学者们的实践与创新成果。

（二）生态水文模型

生态水文模型是研究生态水文过程的重要工具，我国关于生态水文模型的研究起步虽然较晚，但也取得了卓有成效的成绩。早期，相关研究以单一水循环过程为主。例如，关于水热平衡的研究可以追溯到 20 世纪 50 年代刘振兴（1956）关于陆面蒸发的讨论和计算，以及七八十年代崔启武等（1979）、傅抱璞（1981）对水热平衡公式的推算和赵人俊（1984）的河海大学新安江模型的建立。值得提出的是，傅抱璞公式（属于 Budyko 框架）和新安江模型在国际上的知名度非常高，其中傅抱璞公式是从蒸发机理出发，通过量纲分析和微分数学的方法推导得出的（傅抱璞，1981）。这使得 Budyko 框架从真正意义上有了数学物理意义（孙福宝，2007），是陆面蒸发理论的重要突破。最近国内杨大文所领衔的团队在 Budyko 理论和应用上取得了重要进展（Yang et al.，2006，2008，2009），同时徐宪立研究团队在 Budyko 框架参数估算及基于 Budyko 框架的新型干湿度模型构建方面也取得了重要进展（Xu et al.，2013；Liu et al.，2017）。新安江模型则是我国少有的、自主研发的且具有广泛影响的流域水文模型，在 1990 年入选 "中华人民共和国重大科技成果"。如今，新安江模型不仅在国内广泛使用，在国际上也得到广泛认可和关注，相关的应用和研究成果被编入国内外（如美国、意大利等）许多生态水文专业相关的教科书中。近期如 Crop-S 模型（罗毅等，2001）、VIP 模型（Mo et al.，2001）、China Agro Sys 模型（Wang et al.，2006）、ThuSPAC 模型（丛振涛等，2004）、WNMM 模型（Li et al.，2007），成为中国土壤 - 植物 - 大气系统水碳耦合模拟研究的前沿成果；分布式模型有 EcoHAT 模型（刘昌明等，2009a）、DWHC（陈仁生，2006）、DTVGM（分布式时变增益水文模型）（Xia，2002）、LILAN 模型（李兰，2013）、金井流域环境模型（李勇，2017）等。而郭生练等（2001）、熊立华等（2004）都提出了应用于不同地区的分布式水文模型。另外，以上所述的 Crop-S 模型、VIP 模型和新安江模型都逐渐发展成分布式生态水文模型（任立良等，2000；Mo et al.，2004；Luo et al.，2008）。与水文模型相关的著作也有不少，如《流域水文模拟：新安江模型与陕北模型》（赵人俊，1984）、《水文模型》（徐宗学，2009）、《分布式水文模型及地貌瞬时单位线研究》（石朋等，2014）、《流域水文模型——气候变化和土地利用 / 覆被变化的水文水资源效应》（谢平等，2010）、《分布式水文模型参数空间变异模拟研究》（张升堂，2015）、《流域生态水文过程模拟与预测》（贾仰文等，2013）等。

（三）环境变化的生态水文效应

气候变化和人类活动是生态系统演变的主要外在驱动。由于我国人口众多，人为干扰作用更加突出，如 20 世纪五六十年代的大范围开荒造田、围湖造田、森林砍伐及 21 世纪初的大规模退耕还林还草工程等。这些措施毫无疑问会对执行区生态水文过程产生深刻的影响。在此背景下，我国在景观或生态系统变迁（土地利用变化、植被恢复）的生态水文效应研究方面取得了很多重要成果（李丽娟等，2007），涉及泥沙、径流、入渗、蒸散发及水质（化肥、杀虫剂、病毒、细菌、抗生素）等方面（刘昌明等，1978；刘世荣，1996；黄奕龙等，2003；杨柳等，2004）。例如，在黄土高原等典型植被恢复区，很多学者探讨了生态恢复（植树种草、植被恢复）等对径流、泥沙、土壤水分、蒸散发、水文循环等过程的影响，为黄土高原植被恢复政策制定提供了重要科学依据。而在我国于 20 世纪末至 21 世纪初开始大范围退耕还林的背景下，相似的研究在全国各地都有涉及，为国家生态治理、生态保护保驾护航。近些年来部分优秀成果在 *Nature Climate Change*（Feng et al.，2016）、*Nature Geoscience*（Wang et al.，2015）、*Nature Communications*（Zhou et al.，2015）等高影响力期刊上发表，体现了我国学者在相关研究领域达到世界先进水平。例如，周国逸等基于 Budyko 水热框架，指出在非湿润流域（$P/PET < 1.0$）或者滞蓄能力较低的流域（$m < 2.0$，m 与森林覆盖显著相关），植被变化会导致更加明显的水文响应（Zhou et al.，2015）。该成果在一定程度上厘清了植被变化（森林）的生态水文效应的争议（魏晓华等，2005），对指导不同地区生态治理、植被恢复有重要意义。在丰硕的成果支持下，相关著作也如雨后春笋般出版，近5 年有《湿地生态水文与水资源管理》（章光新等，2014）、《人类活动与气候变化的流域生态水文响应》（余新晓等，2013）、《生态水文学前沿》（余新晓，2015）、《应用生态水文学》（严登华，2014）、《新疆塔里木河流域生态水文问题研究》（陈亚宁，2010）、《西南喀斯特地区水循环过程及其水文生态效应》（陈喜等，2014）、《流域水文学》（杨大文等，2014）等，都是对相关研究的系统总结。

二、重点项目与研究机构

自 20 世纪 90 年代以来，生态水文学领域受国家自然科学基金委员会、科技部及其他相关科技管理部门的资助逐渐增强，其中最具影响的是 2010 年国家自然科学基金委员会重大研究计划"黑河流域生态 - 水文过程集成研究"（简称黑河计划）的立项。黑河计划以我国西北内陆河流域——黑河流域为研究区域，从系统思路出发，探讨我国干旱区内陆河流域生态–水–经济的相互联系。其主要目标是通过黑河流域生态水文过程的集成研究，建立我国内陆河流域科学观测、试验、数据、模拟研究平台，认识内陆河流域生态系统与水文系统相互作用的过程和机理，提高内陆河流域水–生态–经济系统演变的综合分析与预测预报能力。黑河计划的核心科学问题包括干旱环境下植物水分利用效率及其对水分胁迫的适应机制、地表–地下水相互作用机理及其生态水文效应、不同尺度生态–水文过程机理与尺度转换方法、气候变化和人类活动影响下流域生态–水文过程的响应机制及流域综合观测试验、数据、模拟技术与方法集成。这个项目充分体现了生态水文学多学科交叉综合研究的特点，涉及地理、大气、生态、水利、管理等一级学科。迄今，黑河计划已经取得了一系列重大进展与创新性成果，搭建了遥感–监测–实验为一体的流域生态水文观测系统及其相应的数据平台；初步揭示了流域冰川、森林、绿洲等重要生态水文过程耦合机理，总结了流域一级生态水文单元的水系统特征，奠定了流域水循环、水平衡的科学基础；计算了黑河下游生态需水量，为黑河流域水资源优化管理厘定了重要的约束条件（程国栋等，2014）。

国内各类研究机构和平台的搭建，支撑并极大地推动了我国生态水文学发展，也体现了我国学术领域对生态水文研究的重视，如中国科学院陆地水循环及地表过程重点实验室（1999 年）、中国科学院内陆河流域生态水文重点实验室（2008 年）、中国科学院湿地生态与环境重点实验室（2008 年）、甘肃省黑河生态水文与流域科学重点实验室（2009 年）、北京师范大学数字流域校级重点实验室（2008 年）、水利部水工程生态效应与生态修复重点实验室（2011 年）、江西省退化生态系统修复与流域生态水文重点实验室（2015 年）等。特别是 2012 年 9 月成立的中国生态学学会生态水文专业委员会，为广大从事生态水文或水文生态学研究领域的科研人员提供了一个专业平台，对于促进学术交流、推进我国生态水文学发展具有重要意义。另外，国内部分高校及科研院所（如北京大学、北京师范大学、中国科学院）已经开设了生态水文学及其相关课程，这对生态水文学人才培养和学科发展起到重要促进作用。

三、国际地位

截至 2016 年，我国学者在 Web of Science 核心期刊发表文献共计 3400 余条，世界排名第二（表 2-5）。在各类科研机构中，中国科学院作为一个整体文献记录数世界排名第一（1600 余条），另有北京师范大学、河海大学、中国农业大学、西北农林科技大学等在全球排名前列。不过，我国所发表的成果在国际上的影响力仍需要提高。表 2-5 中显示，国内文献被引总频次为 48 355 次，H-index 指数为 89，国际排名第四，而文献平均引用次数（排名第九）及单篇最高引用次数（排名第九）更是相对靠后。数据显示，在 Web of Science 核心库中，国内发表的文献引用次数最高为 383 次（排名第 82 位），主题为介绍新安江模型在国内的应用（发表在 *Journal of Hydrology* 上）。其余高引用次数文献（国内排名前五）的研究主题主要是蒸散发（evapotranspiration）。这与我国相关研究起步较晚有一定关系。同时，也说明我国生态水文研究虽然体量大，但核心成果影响力仍需要提升。

表 2-5 生态水文领域各国发文量情况

国家	记录数	记录数排名	H-index	H-index排名	总引用次数	平均引用次数	平均引用次数排名	最高引用次数	最高引用次数文献期刊名
美 国	9 111	1	202	1	284 974	31.28	2	1 608	Nature
中 国	3 479	2	89	4	48 355	13.98	9	383	Journal of Hydrology
澳大利亚	1 692	3	98	2	46 947	27.75	6	970	Water Resources Research
加拿大	1 366	4	90	3	38 503	28.19	4	1 527	Global Change Biology
德 国	1 291	5	85	6	36 175	28.02	5	1 416	Science
法 国	1 283	6	86	5	37 762	29.43	3	998	Tree Physiology
西班牙	1 277	7	69	9	25 917	20.30	8	851	Journal of Climate
英 国	1 111	8	90	3	36 556	32.90	1	937	Quarterly Journal of the Royal Meteorological Society
意大利	1 085	9	70	7	23 443	21.61	7	704	Agricultural and Forest Meteorology
印 度	975	10	49	8	11 038	11.32	10	326	

注：源自 Web of Science 核心库，前 10。

本章参考文献

陈仁生 . 2006. 内陆河高寒山区流域分布式水文水热耦合模型 . 地理学报，48(1): 806-837.

陈喜，张志才，容丽，等 . 2014. 西南喀斯特地区水循环过程及其水文生态效应 . 北京：科学出版社 .

陈亚宁 . 2010. 新疆塔里木河流域生态水文问题研究 . 北京：科学出版社 .

程国栋，肖洪浪，陈亚宁，等. 2010. 中国西部典型内陆河生态–水文研究. 北京：气象出版社.

程国栋，肖洪浪，傅伯杰，等. 2014. 黑河流域生态–水文过程集成研究进展. 地球科学进展，29(4): 431-437.

楚贝，胡世雄，蒋昌波. 2012. 生态水文学近 10 年研究进展. 人民长江，43(S1):65-69.

丛振涛，倪广恒，雷志栋. 2004. 用于田间作物–水分关系研究的 ThuSPAC 模型. 沈阳农业大学学报，(Z1):459-461.

丛振涛，杨大文，倪广恒. 2013. 蒸发原理与应用. 北京：科学出版社.

崔保山，赵翔，杨志峰. 2005. 基于生态水文学原理的湖泊最小生态需水量计算. 生态学报，7: 1788-1795.

崔启武，孙延俊. 1979. 论水热平衡联系方程. 地理学报，(2): 169-178.

傅抱璞. 1981. 论陆面蒸发的计算. 大气科学，5(1): 23-31.

郭生练，熊立华，杨井，等. 2001. 分布式流域水文物理模型的应用和检验. 武汉大学学报（工学版），34(1): 1-5.

何志斌，杜军，陈龙飞，等. 2016. 干旱区山地森林生态水文研究进展. 地球科学进展，31(10): 1078-1089.

黄奕龙，傅伯杰，陈利顶. 2003. 生态水文过程研究进展. 生态学报，23(3): 580-587.

贾仰文，彭辉，申宿慧. 2013. 流域生态水文过程模拟与预测. 北京：化学工业出版社.

康绍忠. 1993a. 土壤–植物–大气连续体水分传输动力学及其应用. 力学与实践，15(1): 11-19.

康绍忠. 1993b. 土壤–植物–大气连续体水流阻力分布规律的研究. 生态学报，13(2): 157-163.

康绍忠，熊运章，王振溢. 1990. 土壤–植物–大气连续体水分运移力能关系的田间试验研究关. 水利学报，7: 1-9.

康绍忠，刘晓明，熊运章. 1994. 土壤–植物–大气连续体水分传输理论及其应用. 北京：中国水利电力出版社.

雷志栋，杨诗秀，倪广恒，等. 1992. 地下水位埋深类型与土壤水分动态特征. 水利学报，(2): 1-6.

李翀，廖文根. 2009. 河流生态水文学研究现状. 中国水利水电科学研究院学报，7(2): 301-306.

李兰. 2013. 有物理基础的 LILAN 分布式水文模型. 北京：科学出版社.

李丽娟，姜德娟，李九一，等. 2007. 土地利用/覆被变化的水文效应研究进展. 自然资源学报，22(2): 211-224.

李勇. 2017. 分布式栅格流域环境系统模拟模型与应用. 北京：科学出版社.

刘昌明.1993.自然地理界面过程与水文界面分析//中国科学院地理研究所.自然地理综合研究——黄秉维学术思想探讨.北京：气象出版社.

刘昌明.1997.土壤－植物－大气系统水分运行的界面过程研究.地理学报，52(4): 366-373.

刘昌明.1999.土壤－作物－大气界面水分过程与节水调控.北京：科学出版社.

刘昌明，钟骏襄.1978.黄土高原森林对年径流影响的初步分析.地理学报，(2): 112-127.

刘昌明，杨胜天，温志群，等.2009a.分布式生态水文模型 EcoHAT 系统开发及应用.中国科学，(6): 1112-1121.

刘昌明，张喜英，胡春胜.2009b.SPAC 界面水分通量调控理论及其在农业节水中的应用.北京师范大学学报，45(6): 447-451.

刘世荣.1996.中国森林生态系统水文生态功能规律.北京：中国林业出版社.

刘振兴.1956.论陆面蒸发量的计算.气象学报，(4): 57-64.

罗毅，于强.2001.SPAC 系统中的水热 CO_2 通量与光合作用的综合模型（I）模型建立.水利学报，1(2): 90-96.

马雪华.1993.森林水文学.北京：中国林业出版社.

牛文元.1987.农田生态系统能量物质交换.北京：气象出版社.

任立良，刘新仁.2000.基于 DEM 的水文物理过程模拟.地理研究，19(4): 369-376.

邵明安，Simmonds LP.1992.土壤－植物系统中的水容研究.水利学报，(6): 1-8.

邵明安，黄明斌.2000.土－根系统水动力学.西安：陕西科学技术出版社.

邵明安，杨文治，李玉山.1986.土壤－植物－大气连统体中的水流阻力及相对重要性.水利学报，(9): 10-16.

沈振荣.1992.水资源科学实验与研究——大气水、地表水、土壤水、地下水相互转化关系.北京：中国科学技术出版社.

沈志强，卢杰，华敏，等.2016.试述生态水文学的研究进展及发展趋势.中国农村水利水电，(2): 50-52, 56.

石朋，芮孝芳，陈喜.2014.分布式水文模型及地貌瞬时单位线研究.北京：中国水利水电出版社.

孙福宝.2007.基于 Budyko 水热耦合平衡假设的流域蒸散发研究.北京：清华大学.

王根绪，钱鞠，程国栋.2001.生态水文科学研究的现状与展望.地球科学进展，16(3): 314-323.

王朗，徐延达，傅伯杰，等.2009.半干旱区景观格局与生态水文过程研究进展.地球科学进展，24(11): 1238-1246.

魏晓华，李文华，周国逸，等.2005.森林与径流关系———致性和复杂性.自然资源学报，

20(5): 761-770.

武强, 董东林 . 2001. 试论生态水文学主要问题及研究方法 . 水文地质工程地质, 2: 69-72.

夏军, 丰华丽, 谈戈, 等 . 2003. 生态水文学概念、框架和体系 . 灌溉排水学报, 22(1): 4-10.

谢平, 窦明, 朱勇, 等 . 2010. 流域水文模型——气候变化和土地利用 / 覆被变化的水文水资源效应 . 北京 : 科学出版社 .

谢贤群, 于沪宁 . 1992. 作物与水分关系研究 . 北京 : 中国科学技术出版社 .

熊立华, 郭生练, 田向荣 . 2004. 基于 DEM 的分布式流域水文模型及应用 . 水科学进展, 15(4): 517-520.

徐宗学 . 2009. 水文模型 . 北京 : 科学出版社 .

徐宗学, 赵捷 . 2016. 生态水文模型开发和应用 : 回顾与展望 . 水利学报, 47(3): 346-354.

严登华 . 2014. 应用生态水文学 . 北京 : 科学出版社 .

严登华, 何岩, 邓伟, 等 . 2001. 生态水文学研究进展 . 地理科学进展, 12(5): 467-473.

杨大文, 杨汉波, 雷慧闽 . 2014. 流域水文学 . 北京 : 清华大学出版社 .

杨大文, 丛振涛, 尚松浩, 等 . 2016. 从土壤水动力学到生态水文学的发展与展望 . 水利学报, 47(03): 390-397.

杨建锋, 李宝庆 . 2000. 地下水浅埋区土壤水分运动参数田间测定方法探讨 . 水文地质工程地质, 27(1): 1-3.

杨柳, 马克明, 郭青海, 等 . 2004. 城市化对水体非点源污染的影响 . 环境科学, 25(6): 32-39.

杨胜天 . 2012. 生态水文模型与应用 . 北京 : 科学出版社 .

杨舒媛, 严登华, 李扬, 等 . 2009. 生态水文耦合研究进展 . 水利水电技术, 40(2): 1-4, 8.

余新晓 . 2015. 生态水文学前沿 . 北京 : 科学出版社 .

余新晓, 郑江坤, 王友生, 等 . 2013. 人类活动与气候变化的流域生态水文响应 . 北京 : 科学出版社 .

张升堂 . 2015. 分布式水文模型参数空间变异模拟研究 . 郑州 : 黄河水利出版社 .

章光新, 张蕾 . 2014. 湿地生态水文与水资源管理 . 北京 : 科学出版社 .

章树安 . 2008. 生态水文学发展概述和几点认识与建议 // 中国水利学会水文专业委员会 . 水生态监测与分析论文集 .

张蔚榛 . 1996. 地下水与土壤水动力学 . 北京 : 中国水利水电出版社 .

赵人俊 . 1984. 流域水文模拟 : 新安江模型与陕北模型 . 北京 : 水利电力出版社 .

左大康, 谢贤群 . 1991. 农田蒸发研究 . 北京 : 气象出版社 .

Baird A J, 等 . 2002. 生态水文学——陆生环境和水生环境植物与水分关系 . 赵文智, 王根绪,

译 . 北京：海洋出版社 .

Eagleson P S. 2008. 生态水文学：植被形态与功能的达尔文表达 . 杨大文，丛振涛，译 . 北京：水利水电出版社 .

Wood P J，Hannah D M，Sadler J P. 2009. 水文生态学与生态水文学：过去、现在和未来 . 王浩，严登华，秦大庸，等译 . 北京：中国水利水电出版社 .

Harper D，Zalewski M，Pacini N. 2012. 生态水文学：过程、模型和实例——水资源可持续管理的方法 . 严登华，秦天玲，翁白莎，等译 . 北京：中国水利水电出版社 .

Acreman M C. 2001.Hydro-ecology: Linking Hydrology and Aquatic Ecology. Dorking: IAHS AISH Publication.

Baird A J, Wilby R L. 1999. Eco-hydrology: Plants and Water in Terrestrial and Aquatic Environments. London: Routledge UK.

Bonell M. 2002. Ecohydrology—a completely new idea? Discussion. Hydrological Sciences Journal, 47(5): 809-810.

Bragg O M, Brown J M B, Ingram H A P. 1991. Modelling the ecohydrological consequences of peat extraction from a Scottish raised mire//Hydrological basis of ecologically sound management of soil and groundwater. Dorking: IAHS AISH Publication.

Caspary H J. 1990. An ecohydrological framework for water yield changes of forested catchments due to forest decline and soil acidification. Water Resources Research, 26(6): 1121-1131.

Eagleson P S. 1978. Climate, soil and vegetation：1. Introduction to water balance dynamics. Water Resources Research, 14(5): 705-712.

Eagleson P S. 2002. Ecohydrology: Darwinian Expression of Vegetation Form and Function. Cambridge :Cambridge University Press.

Feng X M, Fu B J, Piao S, et al. 2016. Revegetation in China's loess plateau is approaching sustainable water resource limits. Nature Climate Change, 6(11): 1019-1022.

Ghimire S R, Johnston J M. 2013. Impacts of domestic and agricultural rainwater harvesting systems on watershed hydrology: a case study in the albemarle-Pamlico river basins (USA). Ecohydrology & Hydrobiology, 13(2): 159-171.

Gieske J M J, Runhaar J, Rolf H L M. 1995. A method for quantifying the effects of groundwater shortages on aquatic and wet ecosystems. Water Science and Technology, 31(8): 363-366.

Harper D, Zalewski M, Pacini N. 2008. Ecohydrology: Processes, Models and Case Studies—An Approach to the Sustainable Management of Water Resources. Wallingford: CABI Publishing.

Hatton T J, Salvucci G D, Wu H I. 1997. Eagleson's optimality theory of an ecohydrological equilibrium: quo vadis?. Functional Ecology, 11(6): 665-674.

Heathwaite A L, Göttlich K. 1993. Mires: Process, Exploitation and Conservation. Chichester: Wiley.

Hensel B R, Panno S V, Cartwright K. 1991. Nuzzo victoria ecohydrology of a pristine fen Geological Society of America: 324-325.

Hino M. 1977. Eco-hydraulics, an attempt. Tech. Report no.22, Department of Civil Engineering. Tokyo Institute of Hydorlogy: 29-59.

Hooghart J C, Posthumus C W S. 1993. The use of hydro-ecological models in the Netherlands// Proceedings and information no.47, TNO committee on hydrological research. Delft, The Netherlands.

Hynes H B N. 1970. The Ecology of Running Water. Toronto: University Toronto Ontario.

Ingram H A P. 1987. Ecohydrology of Scottish peatlands. Transactions of the Royal Society of Edinburgh: Earth Sciences, 78(4): 287-296.

Kloosterman F H, Stuurman R J, Meijden R V. 1995. Groundwater flow systems analysis on a regional and nation-wide scale in the netherlands: the use of flow systems analysis in wetland management. Water Science and Technology, 31(8): 375-378.

Li Y, White R, Chen D L, et al. 2007. A spatially referenced water and nitrogen management model (WNMM) for (irrigated) intensive cropping systems in the North China Plain. Ecol Model, 203(3-4): 395-423.

Liu M X, Xu X L, Xu C H, et al. 2017. A new drought index that considers the joint effects of climate and land surface change. Water Resources Research, 53 (4): 3262-3278.

Luo Y, He C, Sophocleous M, et al. 2008. Assessment of crop growth and soil water modules in SWAT2000 using extensive field experiment data in an irrigation district of the Yellow River Basin. Journal of Hydrology, 352(1): 139-156.

Mo X, Liu S. 2001. Simulating evapotranspiration and photosynthesis of winter wheat over the growing season. Agricultural & Forest Meteorology, 109(3): 203-222.

Mo X, Liu S, Lin Z, et al. 2004. Simulating temporal and spatial variation of evapotranspiration over the Lushi basin. Journal of Hydrology, 285(1): 125-142.

Nuttle W K. 2002. Eco-hydrology's past and future in focus. Eos Transactions American Geophysical Union, 83 (19): 205, 211-212.

Pedroli B. 1990. Ecohydrological parameters indicating different types of shallow groundwater. Journal of Hydrology, 120(1-4): 381-404.

Philip J R. 1966. Plant water relations: some physical aspects. Annual Review of Plant Physiology, 17(1): 245-268.

Porporato A, D'Odorico P, Laio F, et al. 2002. Ecohydrology of water-controlled ecosystems. Advances in Water Resource, 25(8-12): 1335-1348.

Rodriguez-Iturbe I. 2000. Ecohydrology: a hydrologic perspective of climate-soil-vegetation dynamics. Water Resources Research, 36(1): 3-9.

Suschka J. 2006. Integration of waste-water treatment and sludge handling on small scale, for the conservation and restoration of water and land quality: ecohydrology for implementation of the European water framework directive. Ecohydrology & Hydrobiology, 6: 189-195.

Wang J, Yu Q, Li J, et al. 2006. Simulation of diurnal variations of CO_2, water and heat fluxes over winter wheat with a model coupled photosynthesis and transpiration. Agricultural & Forest Meteorology, 137(3-4): 194-219.

Wang S, Fu B J, Piao S L, et al. 2015. Reduced sediment transport in the Yellow River due to anthropogenic changes. Nature Geoscience, 9(1): 38-41.

Ward J V, Stanford J A. 1983. The serial discontinuity concept of lotic ecosystem //FontaineT D, Bartell S M. Dynamics of lotic ecosystems. Michigan: Ann Arbor Science: 29-42.

Wassen M J, Grootjans A P. 1996. Ecohydrology: an interdisciplinary approach for wetland management and restoration. Vegetatio, 126(1): 1-4.

Winterbourn M J. 1982. The river continuum concept-reply. New Zeal J Mar Fresh, 16(2): 229-231.

Wood P J, Hannah D M, Sadler J P. 2008. Hydroecology and Ecohydrology: Past, Present and Future. Hoboken: John Wiley & Sons.

Xia J. 2002. A system approach to real-time hydrologic forecast in watersheds. Water International, 27(1): 87-97.

Xu X L, Liu W, Scanlon B R, et al. 2013. Local and global factors controlling water-energy balances within the budyko framework. Geophysical Research Letters, 40: 6123-6129.

Yang D, Sun F, Liu Z, et al. 2006. Interpreting the complementary relationship in non-humid environments based on the Budyko and Penman hypotheses. Geophysical Research Letters, 33(18): 122-140.

Yang H B, Yang DW, Lei Z D, et al. 2008. New analytical derivation of the mean annual water-energy balance equation. Water Resources Research, 44(3): 893-897.

Yang D, Shao W, Yeh J F, et al. 2009. Impact of vegetation coverage on regional water balance in the nonhumid regions of China. Water Resources Research, 45(7): 450-455.

Zalewski M. 2000. Ecohydrology-the scientific background to use ecosystem properties as management tools toward sustainability of water resources. Ecol Eng, 16(1): 1-8.

Zalewski M, Janauer G A, Jolankai G. 1997. Ecohydrology: a new paradigm for the sustainable use of aquatic resources. UNESCO IHP Technical Document in Hydrology No.7.IHP-V Project2.3/2.4. UNESCO Paris, 60(5): 823-832.

Zalewski M, Harper D, Wagner I. 2009. Ecohydrology-why demonstration projects throughout the world?. Ecohydrology & Hydrobiology, 9(1): 3-11.

Zhou G Y, Wei X H, Chen X Z, et al. 2015. Global pattern for the effect of climate and land cover on water yield. Nature Communications, 6(3): 5918.

第三章
生态水文学学科体系及理论方法

本书以"理论体系－方法论－应用实践"为核心内容支撑，以分支学科为导向，提出了现阶段生态水文学学科体系框架；从研究对象、理论体系、方法论、应用实践方面归纳了生态水文学的核心内容；按照尺度、生态类型、地理环境分类方法，将生态水文学各分支学科进行了归类。从水热耦合理论、土壤－植物－大气连续体理论、水文过程－生态过程耦合理论、水－社会经济－生态关联理论四个方面总结了生态水文学的基础理论。从流域生态水文监测与实验、通量观测系统、稳定同位素分析、遥感监测技术、生态水文模型五个方面总结了生态水文学的主要研究方法。从生态需水及其评价方法、生态修复中的生态水文学应用、水质水量水生态联合调度、未来发展方向四个方面介绍了生态水文的应用基础研究领域。

第一节　生态水文学的学科体系

针对生态水文学学科体系的构建问题，可以从不同的角度和分类出发，形成不同的学科体系框架，但均应该能够体现出学科的研究对象、特点、核心内容和分支任务，能够为学科的建设和可持续发展提供导向。本书以生态水文学的研究对象为切入点，将理论、方法和应用作为学科的核心内容，共同构成生态水文学的知识体系；从而对不同类别的分支学科体系进行指导，构成完整的生态水文学学科体系框架，如图3-1所示。

生态水文学学科体系包括：

（1）生态水文学的研究对象。明确的研究对象是学科的立足之本，其涵盖的基本要素既能彰显出学科自身的特点和不可替代性，也能表现出与相关学科的联系及区别。

（2）生态水文学的核心内容（理论体系、方法论和应用实践）。理论、方法和实践三者相辅相成，存在辩证的关系，构成一个严密的系统，是学科的重要组成部分，也是学科发展的主要推动力。

（3）生态水文学的分支学科。生态水文学分支学科依托于学科知识体系，按照研究对象、研究范围和手段的不同，可以细分为不同的分支体系。

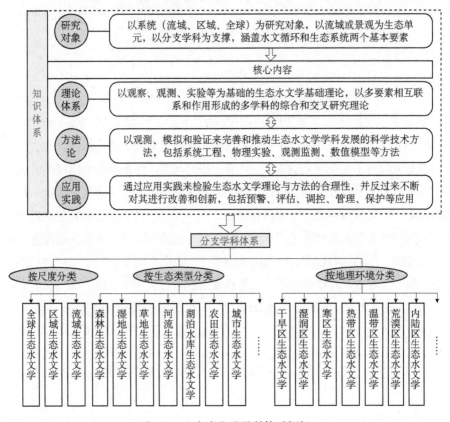

图 3-1　生态水文学学科体系框架

一、生态水文学的研究对象

生态水文学源于生态学和水文学学科交叉，研究对象包含了生态学和水文学两个学科范畴的对象，既可以是生态学研究对象——生物个体、种群与群落、生态系统、景观、区域或流域，也可以依从水文学对象——坡面水文响应单元、一个流域、区域甚至全球系统。在水文学系统里，流域或景观可以被视为是基本的研究单元，涵盖两个基本要素（水文循环、生态系统）。直观来看，与生态水文学密切相关的学科是水文学和生态学，它将两门学科中彼此独立而又存在联系的水文要素与生态过程有机地进行了结合，但又不仅仅局限于这两门学科，其研究内容的交叉和系统性需要综合运用多学科的相关知识（如水力学、土壤学、植物学、气象学等）解决。

二、生态水文学的核心内容

（一）理论体系

生态水文学的理论体系由两部分组成：①以观察、观测、实验等手段为基础，为摸清生态水文基本原理、本质和规律，通过不断的总结和分析而形成的生态水文学基础理论；②针对特定研究对象和目标，以多要素间的相互联系和作用所形成的多学科之间综合和交叉的研究理论。通过理论体系的研究，加深人们对生态水文学的认知，巩固学科的理论基础，为学科的发展提供理论支撑。

（二）方法论

主要是以观测、模拟和验证来完善和推动生态水文学学科发展的科学技术方法，主要包括系统工程（研究生态水文学系统工程方法及技术）、物理实验（开展生态水文过程模拟与仿真的方法和技术）、观测监测（研究生态水文观测估算、定位监测、数据采集和处理及同化的方法和技术）、数值模型（研究生态水文的物理、化学、生物过程的数值模型及软件开发）等。方法论侧重于生态水文学各环节研究中涉及的各种研究方法和技术手段，为学科的发展提供技术支撑。

（三）应用实践

主要是研究生态水文学理论与方法的应用，包括从生态水文学的角度开展的预警、评估、调控、管理和保护等应用。根据实践需求，可以融合多学科理论与技术，应用于实践来检验其学科理论与方法的合理性，并从中发现问题和积累经验，从而反过来对理论和方法进行改进和完善，为进一步促进生态水文学学科发展提供助力。

三、生态水文学分支学科

（一）按尺度分类

按尺度分类，生态水文学包括：①全球生态水文学。以全球尺度的大生态系统作为研究对象，重点研究全球陆地和海洋的生态格局及其变化（地圈、生物圈、岩石圈、水圈、大气圈、人类圈等之间的相互作用）的水文学规律、机制和认识；②区域生态水文学，以区域尺度的陆地、水域及人类活动等有关的复合生态系统为研究对象，重点研究区域生态水文的相互作用关系，区域环境变化的生态水文特征及变化规律；③流域生态水文学，以流域尺度的河流、湖泊、植被、湿地、城市等生态系统为研究对象，重点研究流域多要素的生态水文相互作用关系，形成和制约流域生态系统格局及过程变化的水文学机理。

（二）按生态类型分类

按生态类型分类，生态水文学包括：①森林生态水文学，以森林生态系统为研究对象，重点研究森林生态系统的分布、结构和功能与水的相互作用的过程、机理、效应与应用相关的问题，如森林结构及功能变化的生态水文效应、水文条件作用下的森林植被形态与功能转变等；②湿地生态水文学，以湿地生态系统为研究对象，重点研究湿地景观格局和生态过程演变的水文学机理，以及水文过程对湿地植被生长的影响及反馈机制；③草地生态水文学，以草地生态系统为研究对象，重点研究草地生态系统过程与水文过程的相互作用关系与影响，如草地生态系统的水循环机理、草地覆盖对水资源数量与质量的影响、水文过程改变对草地覆盖和结构的影响等；④河流生态水文学，以河流生态系统为研究对象，重点研究河流水文要素及其变化过程所产生的影响及其反馈，包括河床形态、水流运动、水文泥沙及河床冲淤作用下河流的生态格局和生态演变过程及其相互作用机理与关系等；⑤湖泊水库生态水文学，以湖泊水库生态系统为研究对象，重点研究湖泊水库中水文要素及其变化过程对生态系统的影响及其反馈，包括水量、水位、湖流、波浪、光照和温度等对生态系统的直接和间接影响，如湖泊水库的生态水文特征、生态水文变化与湖库水质的关系、湖泊水库生态水文调控和管理等；⑥农田生态水文学，以农田生态系统为研究对象，重点研究农田生态水文过程的相互作用和反馈机制，环境变化对农田生态过程的影响及作物耗水和产量的响应等，如作物不同生长期的生理功能变化、不同作物的水转化机理与功能等；⑦城市生态水文学，以城市生态系统为研究对象，重点研究城市、城市化过程和气候变化背景下日益突出的水灾害、水环境、水资源等生态水文问题，如不同城市下垫面的生态水文效应、城市生态化下的水文过程变化、城市水生态修复与保护等。

（三）按地理环境分类

按地理环境分类，生态水文学包括：①干旱区生态水文学；②湿润区生态水文学；③寒区生态水文学；④热带区生态水文学；⑤温带区生态水文学；⑥荒漠区生态水文学；⑦内陆区生态水文学等。以此方法分类的生态水文学分支是以某一特定地理环境区的生态系统为研究对象，重点研究特定环境下该区域生态系统水文生态的作用关系，以及形成该特定地理环境区生态系统格局及过程变化的水文学机理。

第二节　生态水文学的理论

生态水文学关注的是水文过程与生态过程的耦合，因此生态水文学的理论基础特别强调耦合。Eagleson（2002）指出，水文与生态的密切耦合过程及其形成机理是陆面土壤－植物－大气连续体间相互作用的基础，通过对系统能量、水与物质交换过程的作用控制着最基本的生态形态和生态过程，反过来也重塑水文循环。近年来，社会经济发展与人类活动对生态水文过程的影响受到了广泛的关注。因此，生态水文学的基础理论主要包括水热耦合理论、土壤－植物－大气连续体理论、水文过程－生态过程耦合理论和水－社会经济－生态关联理论等（图3-2）。

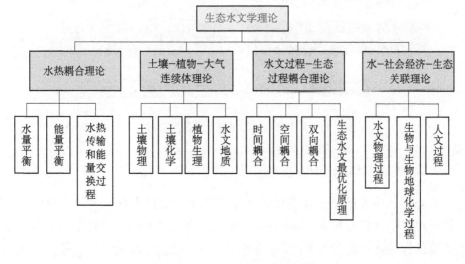

图 3-2　生态水文理论体系框图

一、水热耦合理论

水热耦合关系体现在生态水文过程的各个环节。例如，某地区的水分含量、水汽输送及水的相变，取决于当地的热力条件；而一个地区的水分分布的变化又会调节和改变地区的热状况（周国逸，1997）。又如，在土壤水分传输过程中，在非等温条件下，土壤温度的分布和变化通过影响水的理化性质而影响基质势、溶质势及土壤水动力学参数，从而引起土壤水的运动，而土壤水分运动过程又反过来影响土壤热传导参数，从而影响土壤温度（叶乐安等，2002）。更为直观的水热耦合过程体现在植被与水、辐射的关系上。在植被蒸腾、光合作用中水、热（光）直接参与；而植被冠层的能量吸收、反射、遮阴等改变当地微气候条件（如冠层阻力、蒸腾导致叶片与大气界面的水汽压差变化、冠层下方能量传输等），进而影响水热传输过程（图 3-3）。

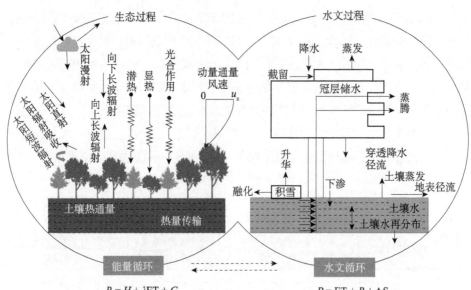

$$R_n = H + \lambda ET + G \qquad\qquad P = ET + R + \Delta S$$

图 3-3　陆面－大气系统水分及能量耦合平衡主要过程（Bonan，2002）

式中，P 为降水量；ET 为蒸散发量，包括地面蒸发和植物蒸腾过程；R 为径流量；ΔS 为储水量变化；R_n 为净辐射；λET 为潜热通量；H 为显热通量；G 为土壤热通量

生态系统中水热耦合主要体现为水量平衡、能量平衡、水热传输和能量交换过程三个方面。其中，水热传输和能量交换过程决定了水热平衡中各个分量的数量和关系，蒸散发 ET 是联系水分平衡和能量平衡的关键纽带，是生态水文学关注的焦点之一。生态系统中蒸散发涉及土－气界面、土－根界面和

叶 – 气界面上水分与能量传输和交换过程，受到可供蒸发的水量、可供蒸发的能量（汽化潜热）、近地面的湍流条件（大气湍流扩散能力）、植被类型及生长状况等诸多因素的影响。目前为止，描述区域水热平衡最为简明且具有物理意义的模型是 Budyko 框架（Budyko，1974），其认为陆面平均蒸散主要由水分供给（降水）和蒸发能力之间的平衡决定。在多年平均尺度上（流域储水量变化可以忽略），以降水代替水量供应、潜在蒸发代替能量供应，则有以下边界条件：

$$\mathrm{ET} \longrightarrow \mathrm{ET}_0 \quad \frac{\mathrm{ET}_0}{P} \longrightarrow 0 \tag{3-1}$$

$$\mathrm{ET} \longrightarrow P \quad \frac{\mathrm{ET}_0}{P} \longrightarrow \infty \tag{3-2}$$

$$0 < \mathrm{ET} < \min(P, \mathrm{ET}_0) \tag{3-3}$$

南京大学气候学家傅抱璞根据流域水文气象的物理意义提出了一组 Budyko 假设的微分形式，并通过量纲分析和数学推导，得出了 Budyko 假设的一个解析表达式（Fu，1981）：

$$\frac{\mathrm{ET}}{P} = 1 + \frac{\mathrm{ET}_0}{P} - \left[1 + \left(\frac{\mathrm{ET}_0}{P}\right)^{\omega}\right]^{1/\omega} \tag{3-4}$$

杨汉波等借鉴傅抱璞的方法，推导出了 Budyko 框架的另一种解析解（Yang et al.，2008）：

$$\mathrm{ET} = \frac{P \cdot \mathrm{ET}_0}{\left(P^n + \mathrm{ET}_0^n\right)^{1/n}} \tag{3-5}$$

式（3-5）中参数 n 与式（3-4）中 ω 呈线性关系（Yang et al.，2008）。目前式（3-4）和式（3-5）是最为常用的两个 Budyko 公式（Xu et al.，2013；Liu et al.，2017）。其中 Xu 等（2013）构建了一个 ω 的全球通用估算公式，进一步拓展了 Budyko 框架的实用性。

除此之外，近年来最大熵理论（maximum entropy principle，MEP）也被引来描述生态系统中水热平衡（Wang et al.，2004；Wang et al.，2011）。其原理是在孤立热力学系统发生的不可逆微小变化，熵的变化量永远大于系统从热源吸收的热量与热源的热力学温度之比，并认为在已知约束条件下，熵达到最大是最可能接近事物的真实状态，即系统向着熵产生速率最大的状态演化。在

无植被条件下，熵增函数 D（包括显热通量 H、潜热通量 ET 和地表热通量 G）可以表示为

$$D(H,\text{ET},G) = \frac{2H^2}{I_a} + \frac{2\text{ET}^2}{I_e} + \frac{2G^2}{I_s} \tag{3-6}$$

式中，I_a、I_e、I_s 分别为热惯性显热通量、潜热通量、地表热通量的热惯性参数 $[\text{W/(m}^2 \cdot \text{K} \cdot \text{s}^{1/2})]$（Wang et al.，2011）。基于最大熵增原理及 I_a、I_e、I_s 的参数化，得出以下模型：

$$\text{ET} = B(\sigma)\,H \tag{3-7}$$

$$B(\sigma) = 6\left(\sqrt{1 + \frac{11}{36}\sigma} - 1\right) \tag{3-8}$$

$$\sigma = \frac{\lambda^2 q_s}{c_p R_v T_s^2} \tag{3-9}$$

式中，ρ 为空气密度；c_p 为空气比热；q_s 为表面比湿度，克/千克；T_s 为表面温度，℃；R_v 为水蒸气气体常数。在有密集植被覆盖地表（密闭冠层），地表热通量可以忽略（即 $I_s = 0$），则能量平衡可以表示为 $R_n = H + \text{ET}$，此时，ET 的表达式为

$$\text{ET} = \frac{R_n}{1 + B^{-1}(\sigma)} \tag{3-10}$$

其中，$B(\sigma)$ 和 σ 的计算与上相同，但　和 q_s 分别表示叶面温度和叶表面的比湿度。迄今，最大熵增假设虽然得到了一定的关注，但应用仍然较少。且有研究表明，最大熵理论（MEP）用于有植被地表的蒸发蒸腾量计算结果并不理想。

　　国内外学者在陆地生态系统水热平衡方面进行了大量的研究。然而，对水热平衡及其耦合规律的系统和深入的研究仍然有限。另外，相关领域的理论和研究方法较为分散，尚不能准确揭示系统内部水热平衡原理、结构特征及系统的水热联系、水热运动过程及其与环境的相互作用机制，也不能模拟预测其传输交换的动态变化机理。未来的相关研究中，必须将水热平衡研究系统化，将生态系统理论与水文学、热力学相结合，为生态系统水热平衡研究提供良好的条件（周国逸，1997）。

二、土壤－植物－大气连续体理论

水分在土壤－植物－大气系统中复杂的运移和转化过程，表现为气候－植物－水循环之间复杂的相互作用，将土壤、植物和大气作为一个连续的、系统的、动态的整体来进行考虑，以整体的眼光考察土壤、植物和大气三要素的相互关系，就是 SPAC 系统理论。水分在 SPAC 系统中的运动是由水势梯度驱动的，其速率与水势梯度成正比，而与水流阻力成反比。由于 SPAC 系统中各部位的水流阻力和水势并非恒定不变，如叶片气孔的开闭必将导致气孔－大气间扩散阻力的改变。因此严格意义上来讲，SPAC 水流是非稳态流。当忽略植株体内储水量的变化，且认为 SPAC 系统中水流是连续稳定流时，其水流通量 q 可以用欧姆定律来描述（康绍忠，1993）：

$$q = \frac{\varphi_s - \varphi_r}{R_{sr}} = \frac{\varphi_r - \varphi_i}{R_{ri}} = \frac{\varphi_i - \varphi_a}{R_{ia}} \tag{3-11}$$

式中，φ_s、φ_r、φ_i、φ_a 分别为土水势、根水势、叶水势、大气水势；而 R_{sr}、R_{ri} 和 R_{ia} 分别为通过土壤到达根表皮、通过根部到达叶片和通过气孔扩散到空气中的水流阻力。

一般情况下，植株根系周边土水势为 0～－1.00 兆帕，叶水势为 －0.20～－2.00 兆帕（严重水分胁迫可达 －3.00 兆帕，某些耐旱植物可达 －5.00 兆帕），大气湿度在 98%～48% 时大气水势为 －10～－100 兆帕。由此可见，SPAC 水分传输阻力主要体现在叶－气阻力 R_{ia} 上。

土壤－植物－大气系统物质能量传输转化过程对水资源利用、作物产量形成和环境变化等都有重要影响。SPAC 系统概念的提出不仅为水循环研究工作指明了微观的研究方向，而且加强了水文学与其他学科的联系（刘昌明等，1999）。目前，SPAC 系统中的水分问题已经成为土壤物理、土壤化学、植物生理、水文地质、环境生态等研究的重要组成部分（于贵瑞等，2014），也是研究热点。例如，在 20 世纪 90 年代初期，国际地圈生物圈计划（International Geosphere-Biosphere Program，IGBP）的核心包括水文循环生物圈方面，其焦点之一是土壤－植被－大气的传输（soil-vegetation-atmosphere transfer，SVAT）；而 90 年代由世界气候研究计划（World Climate Research Program，WCRP）开展的全球能量与水循环实验，也是通过设置通量观测项目来研究土壤－植物－大气界面的相互作用。

三、水文过程－生态过程耦合理论

陆地植被生态过程与水文过程通过各种生物、物理、化学过程发生交互作用，涉及各种生源物质（如水、碳、氮等）循环和能量传输的各个环节（图3-4）。两者的耦合关系首先体现在水是植物（生物）生存、生活的必要条件上。组成生态系统的关键生物因素——植物的各种生理过程，离不开水分的参与，如光合作用、呼吸作用、养分循环等。因此，植被对水分，尤其是土壤水分（或可利用水量），具有高度的敏感性。土壤水分在很大程度上控制了植被的生长发育、结构功能，尤其在干旱半干旱区，水分供给对植被格局显得至关重要（Caylor et al.，2009）。在地形地貌、土壤等共同影响下，水文过程通过入渗、侵蚀、淋滤等过程改变土壤条件（如侵蚀改变土壤总量导致喀斯特地区石漠化）、土壤储水量和养分、地下水埋深等，从而影响植被生长。而植被对水文过程的影响也是多方面的。首先，植被通过根系吸水和气孔蒸腾对水文过程的直接作用，改变土壤储水量；植被根系通过生长、分泌物质的方式影响土壤水文功能（陈喜等，2016），改变水分入渗能力；上层土壤水分的降低又会在一定程度上影响浅层地下水的毛管上升。其次，植被冠层通过影响辐射反照、地表粗糙度（湍流对流）的方式影响水热传输（唐玉萍等，2014）；而地表形成的枯枝落叶层提高了地表粗糙度，也增加了地表水下渗。最后，植被冠层通过降水截留，降低穿透雨量，而茎秆径流则会影响土壤优势流的发生（Crockford et al.，2000）。

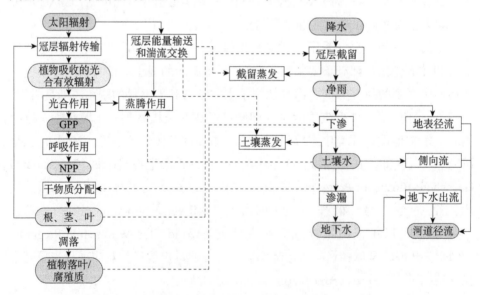

图3-4　水文过程－生态过程耦合关系（陈腊娇等，2011）

水文和生态之间的耦合不仅体现在以上的时间序列上，还体现在空间上。水文－生态在空间上的耦合，主要体现在水文过程对许多基本生态格局的控制（赵文智等，2001）。在空间耦合上，生态过程和水文过程的相互作用主要通过侧向流来实现。例如，降水到达地面之后，一部分在原地入渗，一部分在重力和基质势的作用下侧向流动，影响空间上水分和养分分配，进而影响植被的空间格局和生理生态过程。尤其在地形复杂地区，植被格局与水文条件的耦合更直观。在空间上某一部分发生变化，如局部的森林砍伐，都有可能通过水文侧向过程从一定程度上影响其他区域生态水文过程。如上所述，植被与水文过程之间通过这种直接和间接的过程，在时间和空间上形成了生态过程与水文过程复杂的双向耦合作用。定量刻画水文和植被之间的双向耦合作用，是理解生态水文过程响应变化环境的前提。近年来逐渐发展起来的生态水文最优性原理是刻画植被－水文相互作用的有效工具。

美国水文学家 Eagleson（1982）最早将生态最优性原理引入植被－水文相互作用的研究中，提出了生态水文最优化假设。生态水文最优化假设认为，在进化压力驱使下，自然植被达到一定气候条件下的最优生物状态，形成一定的植被形态和生态功能。一方面，植被通过改变覆盖度来适应区域的水分胁迫，使单株植物供水充分；另一方面，通过植物冠层结构的最优化，使蒸腾达到最大以保证光合作用所需的 CO_2 及养分供给充分。生态水文最优理论从森林冠层结构和描述出发，通过分析冠层中的辐射通量、湍流通量和水热平衡，建立了反映气候条件的最优冠层结构和水文过程的数学物理表达，并得到了观测资料的验证（Eagleson，2002，2008；丛振涛等，2013）。基于最优性原理的生态水文模型，从最优性理论出发描述植被生态过程与水文过程的相互作用和动态耦合关系，在一定程度上规避了对植被与水文之间复杂的生理生态机制的描述，因此所需要参数少且容易获取，在模拟和预测环境变化下的生态水文响应方面具有一定潜力。但目前来讲，生态水文优化法则也有一定的局限（Hatton et al.，1997）。生态最优法则侧重于水分和植被在垂向上的耦合关系，而没有考虑生态－水文在空间上的耦合，其可以用在一个小区也可以用在区域，但得出的结果是这个地块或区域的平均状态，不能显示空间异质性特征（陈腊娇，2012）。目前所取得的成果主要侧重于田间尺度上不同气候条件和生态系统条件下生态水文优化机制的探索和应用。另外，最优性理论本身还存在一些争议（Kerkhoff et al.，2004；杨大文等，2010）。

四、水 – 社会经济 – 生态关联理论

水与社会经济、生态环境组成的复合系统，是社会 – 经济 – 自然复合生态系统的一个重要方面，其中水资源是该系统存在的基础。无论是社会 – 经济 – 自然复合生态系统还是水 – 社会经济 – 生态关联理论，都重视人与自然的互馈关系，提倡协调发展及资源的可持续利用。随着人类知识和技术的不断发展，其对生态环境的影响力逐渐增强。从水的角度来看，农业活动在把原生的植被变成季节性农作物及局部改变地貌与地势以便于耕种时，对自然水资源也产生了影响。随着农业机械化的发展和农业灌溉、排水等使局部水文条件的改变，以及农药化肥等农业生产物资的使用，农业活动对水循环和水质（面源污染）的影响进一步加强。而工业化和城市化对水资源产生的影响更为显著。工业化和城市化改变了城市下垫面结构，不透水陆面导致城市生态水文过程与自然植被下生态水文过程截然不同。最重要的是，随着工业化与城市化进程的不断加快，工业用水和城镇生活用水迅速增长，生活污水和生产废水集中排放，严重威胁水资源安全。这种过度开采和污染导致的水资源短缺，会从很大程度上影响社会经济发展和生态平衡。水资源短缺正成为区域经济社会发展的瓶颈。全球各地区水资源时空分布极不均匀，随着工业化、城市化的发展和人口的增长，以及极端天气事件的增多，水问题变得更加敏感和脆弱。围绕变化环境的水循环与水安全问题，国际上实施了一系列涉及水与气候、水与人类、水与社会、水与生态、水与环境及其联系的科学研究计划。

因而，从多学科视角，将自然科学和社会科学相融合以研究变化环境下的水问题对水资源可持续发展至关重要。近年来，与生态学、社会科学等其他学科的交叉成为水文学发展的前沿。2004 年，地球系统科学联盟（Earth System Science Partnership，ESSP）推动成立"全球水系统计划"（Global Water System Project，GWSP），核心议题是"人类活动如何影响全球水系统及以水循环为纽带联系的三大过程（水循环物理过程、水质水生态过程和人类经济过程）的作用与反馈如何"（GWSP，2005）；2013 年，国际水文科学协会正式发布并启动了 2013～2022 年十年科学计划——Panta Rhei，主题是"处于变化中的水文科学与社会系统"，将水文系统视为自然环境与人类社会之间的一个不断变化的交界面，以应对水安全、人类的安全与发展及环境管理决策等方面的问题（Montanari et al.，2013；Savenije，2015）；2014 年开始，国际水文计划进入了第八阶段（2014～2021 年），强调了变化环境下的水安全问题（Jimenez-

Cisneros，2015）；同年，国际科学理事会（International Council for Science，ICSU）等国际组织发起了"未来地球计划"（Future Earth，FE，2014～2023年），以"动态地球、全球可持续发展、向可持续性转型"为研究主题，强调了水、能源、粮食之间的协同、平衡管理及其与自然环境、经济、社会、政治之间的关联性（Future Earth，2014）。

近年来，社会水文学（Sivapalan et al.，2012；McMillan et al.，2016）的提出进一步扩展了水与社会经济的相互作用研究领域。社会水文学将重点置于人类社会在不同可用水资源状态下的演进及自组织行为和过程，并将研究情景从传统水文学中理想化状态转变为不断演进的状态，包括不同气候及土地利用类型等条件下人－水耦合系统的演化特征（刘攀等，2016）。生态水文学将协同演进和最优化原理引进水文学领域，从而与土壤学、植物生理学等学科相互联系，拓展了水文学研究的范围。同样地，社会水文学研究的是与水有关的人的自组织和协同演讲作用，将水文学的研究扩展到社会科学领域（Sivapalan et al.，2012）。生态水文学较为关注生态水文过程机制的研究，只将人类活动考虑因素视为其中一个影响因素（夏军等，2003）。人类对水资源的开发利用和对景观的改造在不同时空尺度上影响了水循环过程。这种影响已经逐步从外部动力演变为水循环过程的内在组成部分。这就需要社会水文学和生态水文学结合起来，利用生态水文学探究植被与土壤水分的关系来指导植被的合理恢复，通过社会水文学的研究来协调植被需水与人类用水之间的关系。因此，将社会水文学和生态水文学的研究进行融合，会促进人类对水资源的更合理有效的利用，并更好地解决人类所面临的水资源管理中的问题（丁婧祎等，2015）。

在当前关于水资源可持续利用的研究中，水、社会经济、生态这三者密不可分。在生态过程与水文过程的相互作用中，人文过程已经成为一个起决定作用的内部组分；在社会－水文耦合系统中，生态健康也已经成为系统良性循环及演化的最主要条件之一。因此，需要从水系统的角度，研究变化环境下水循环过程中"水－社会经济－生态"三者及其各个环节间的联系与反馈机制及水循环系统的整体调控与高效利用。水系统是由以水循环为纽带的三大过程（水文物理过程、生物与生物地球化学过程和人文过程）构成的一个整体，而且内在地包含了这三大过程的联系及其之间的相互作用（GWSP，2005）。水文物理过程，即传统的全球水循环的物理过程，包括降水、蒸散发、下渗、径流、地貌、泥沙过程、水汽输送等。它不仅包括地球陆地表面的水文过程，还包括在海洋和大气中的水文过程。生物与生物地球化学过程则包括水生生物及与其相关的生态系统和生物多样性。这些生物也是全球水系统的地球化学作用中不可或缺的环节，而不只是简单地受物理－化学系统变化的影响。这当中也包括全球水系统和水质中的生物地球化学循环。人文过程包括与水相关的组织机构、工程、用水部门等，人类社会不仅是水系统中的一环，其本身也是水系统内变化的重要媒介。人类社会在遭受到水资源可利用量的变化所带来威胁的同时，也会采取不同的行动以减轻或适应这样的变化（GWSP，2005）。物理过程、生物与生物地球化学过程和人文过程三者间的联系与反馈如图 3-5 所示。三大过程与环境变化间皆存在双向反馈。因此，深入理解水系统的良性循环需要探知水系统各要素间的相互作用及反馈。并且，研究的对象不应该仅仅是这些要素相互间的联系，还应该包括这些联系如何影响人类社会的人口动态、土地利用变化、粮食生产及经济贸易。水系统各要素间的联系分为两种形式：一种是水系统及地球系统中不同部分空间上的联系；另一种是由于自然或人类活动对水系统长期持续的影响而形成的时间上的联系。

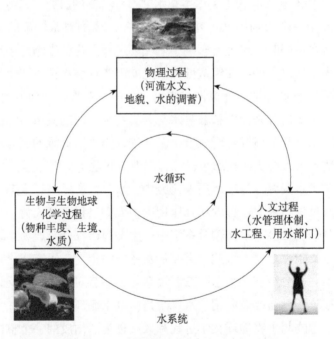

图 3-5   水系统三大过程间的联系与反馈（GWSP，2005）

水－社会－生态三者间联系的另一个重要方面是它们在起因和影响效果之间存在时间的滞后。一方面，土地利用／覆盖变化（如森林砍伐、农业扩张或集约化和荒漠化）可能会对侵蚀和沉积物转移速率及营养物通量产生长期影响；大规模引水（如蓄水、水力发电和灌溉工程）可能会对内陆水域的水文过程和水质产生数十年至数百年的影响；采矿活动在水质方面的影响遗留可以从几十年到几个世纪不等，大量的尾矿是淡水中高浓度微量元素成分的持续来源；如果毒物吸附在河流沉积物上并流入水中或沉积于河床上，农业、水产养殖业和工业污染源直接或间接污染水体（如化学物质释放、肥料使用、污水和污泥处理及大气沉降），可能会对水体产生数十年甚至更长时间的遗留效应。另一方面，自然作用也存在时滞效应。大陆的地面沉降导致沿海咸水入侵，并导致沿海含水层的咸水污染。同样，火山喷发导致沉积，特别是在水系的源头和地表水的酸性沉积。因此，研究人员应该在人文和自然过程的探究中考虑相应的遗留效应。迄今的研究表明，许多其他的此类效应仍未被探明，如强化施肥对下层含水层硝酸盐的长期影响如何，全球的采矿活动对地下水和地表水的污染是否会持续数十年或数百年甚至更加长久。

综上所述，虽然人们在探究水－社会－生态联系的某些方面已经取得实质性进展，但这些研究仍处于相对的初期阶段，尤其需要进一步对其累积效应、地理分布及潜在的热点和通过地球系统的传播等进行一个全球范围的评估，以确定这些联系和反馈是否会导致水系统某方面的状态超过临界阈值，如水资源、土地覆盖变化和水污染处理等组合对水资源利用产生的影响。关于复杂水系统的研究已然将人类活动纳入其变革的驱动因素，也将生态健康作为其良性循环的控制条件。因此，在未来相关研究中，关于水－社会经济－生态联系的探究会促进水资源的可持续发展，并更好地解决人类社会在各种资源管理中所面临的一系列挑战。

第三节 生态水文学的主要研究方法

在不同尺度上开展生态水文过程的监测和实验是生态水文学研究的重要手段。生态水文过程的监测技术和实验方法，正在形成从地下到地表再到空中、从点到面、从微观到宏观的全方位立体监测体系，形成了以流域生态水文监测与实验、通量观测系统、稳定同位素分析及遥感监测技术为代表的生态水文过程监测技术和实验方法。

一、流域生态水文监测与实验

（一）陆面生态水文监测

生态水文系统自动化动态监测网络主要由信息采集监测站、信息传输网络、信息处理中心站、信息接收处理软件系统等组成。依靠智能传感器、无线数据传输网络、计算机、软件等技术和方法，在研究区内选择具有代表性的点建立监测站点、中继站，在管理中心建立中心站，组成监测网络，进行数据实时采集、传输、存储和分析（乔长录，2012）。生态水文遥感动态监测与自动化动态监测互补，可以实现大面积尺度上的气象要素、水文要素（如蒸发量、降水量、土壤含水率等）和生态要素参量（如叶面积指数、湿地面积、生境状况、植被分类、生物量估算等）等诸多生态水文因子的动态监测，为生态水文系统的研究提供高精度的面上数据资料（严登华，2014）。生态水文过程实验和观测也特别需要在降雨－径流、土壤侵蚀、营养迁移和流失、土壤水运动及植被效应等方面实现人工模拟方法和装置上的突破，以期在像元尺度上快速、批量获取实验数据。此外，在自动化动态监测网络和卫星遥感动态监测的初期及运行过程中都需要进行参数率定，这同样需要开展野外试验监测。

生态水文系统是研究区内一定的地形、地貌、地质构造、水文要素、生态类型和生态环境及社会经济等众多要素的综合体，是一个"水文气象－生态环境－社会经济－人类活动"的复合巨系统。生态水文系统的功能、结构及存在的问题既要受到自然条件的影响，又有人类经济活动的影响。因此，生态水文系统动态监测不应该缺少社会经济方面的数据。但是，社会经济数据无法用设备仪器进行自动监测，需要通过人工社会经济统计调查的手段来获取。

以上各种生态水文过程调查手段是相辅相成、互为补充的。随着社会经济和科学技术的发展，生态水文监测逐渐由过去的单点、分离式监测模式，向集天基－地基－空基一体化的生态水文立体集合监测网络模式转变（严登华，2014）。目前，在流域生态水文过程多手段综合监测方面，黑河流域做了较为系统的探索。我国国家自然科学基金委员会于2010年正式启动了"黑河流域生态－水文过程集成研究"重大研究计划，在黑河流域建成了流域尺度遥感－地面观测一体化的、高分辨率的，能够覆盖流域水、生态及其他环境要素和社会经济活动等方面的流域观测系统（晋锐等，2012；李新等，2012），在提升对流域生态和水文过程的综合观测能力、建立流域生态－水文－经济与社会综合观测系统方面树立了样板。

（二）河湖生态水文监测

1. 河湖水文要素监测

河湖水文监测的内容涉及降水量、蒸发量，河流、湖泊的水位、流量、泥沙、水质等要素。传统水文监测的许多项目都是河湖水生态监测需要开展的项目，并且根据经济社会发展需求，水生态监测工作的力度也在不断加强（林祚顶，2008），在河湖水文要素开展更加全面、高效、准确的监测的技术与方法等方面也得到长足发展（Hipsey et al.，2015）。例如，激光水位计、声学多普勒测流仪、超声波时差法在线流量监测仪、多光谱水质测量仪等新型监测设备在水位、流量、水质等水文要素监测的准确性、快速性、实时性方面都有很大的提高。现阶段，我国水位、降水量的信息采集、储存与传输实现了自动化，蒸发量的测验也采用了超声波水面蒸发测量仪和水面遥测蒸发器等自动测报设备。但是，流量、泥沙等测验受技术制约，仍多采用传统方法，且在静态水文状况监测的基础上更加强调对水文过程监控的重要性。这就要求对现有测验方法实施创新，提高流量、泥沙测验的技术水平和快速反应能力，并在实时在线自动监测技术方面进行技术革新与推广运用。

2. 河湖水生生物调查

作为河湖生态水文的重要因素之一，水生生物的生存与水体环境之间有密切的关系，水生生物的种类及其在群落中所占的比例在一定程度上可以反映水体的质量状况（刘扬等，2007）。所以对河流、湖泊等水生生物进行调查是生态水文监测的重要内容，并且随着科学技术的发展，调查手段也日益革新。水生生物调查主要包括鱼类、水生植物、浮游生物及底栖动物等方面。

传统鱼类调查方法主要有样方法和走访调查等，费时费力。随着计算机软件和分子生物学的发展，越来越多新型高效的鱼类调查技术手段被采用。例如，具有快速高效、调查区域广、不损害生物资源、提供连续数据、准确估算鱼类密度等优势的水声学方法，已经成为鱼类调查的主要手段（孙明波等，2013）。此外，基于DNA分类技术的环境DNA分析技术，历经十几年的发展已日趋成熟，成为一种新的水生生物监测方法（姜维等，2016）。现有研究表明，利用环境DNA技术可以监测到传统方法不能调查到的鱼类，有助于更加全面、快速地了解自然环境中鱼类的资源情况（唐敏，2016）。

水生植物的组成和数量特征是生态环境质量的重要指标（陆胤等，2014）。传统采用样方割取、水草定量夹采集的调查方式（中国科学院南京地理与湖泊研究所，2015），在一定程度上已经难以适应大面积、准确、快速监测水生植物时空分布的要求。遥感技术由于可以快速获取大面积连续地物信息，在水生植物时空分布信息监测方面展现出了不可比拟的优势（王琪等，2015）。

传统的浮游生物调查主要对浮游生物的丰度和密度进行调查，多采用浮游生物采集网或现场采集水样进行检测的方法。现阶段，在小型和微型浮游生物的原位观测研究方面，已经取得了流式影像术、结合流式技术与成像技术的浮游植物流式细胞仪等成果（孙晓霞等，2014）。水下声学和光学成像监测新技术和新方法的发展，也为浮游生物的监测提供了更加快捷有效的新手段。其中，声学技术可以对浮游生物的丰度、种类数量进行大空间范围监测，水下光学成像技术更是弥补了声学探测技术的不足，直接光谱成像、非接触性成像，在不损害浮游生物的基础上连续记录实时图像信息，用于估计浮游生物的丰度和分布（周章国，2009；Basedow et al.，2013）。

底栖动物既是鱼类的天然食物资源，又在河流、湖泊等的物质循环和能量流动方面发挥着重要作用，近年来在生态系统评价和水质监测等方面得到越来越广泛的应用（Jennifer et al.，2002；高欣等，2011；Covich et al.，1999）。目前对底栖动物的调查研究仍是通过现场采集、实验室处理等方式，常用的采样器材有索伯网、Hess 网、彼得逊采泥器、D-型网等。

二、通量观测系统

基于待测气体的基本特征和近地层大气中气体的传输机制，人们发展了各种通量测量方法。目前用于测定气体通量的方法主要是箱法、微气象学法、超大箱长光程红外色谱法及同位素法，其中微气象学法和箱法最常用。微气象学法可以分为质量平衡法、波文比法、通量梯度法、涡度相关法。在涡度相关观测技术成熟以前，大型称重式蒸渗仪曾经是唯一的用于蒸发观测的"标准仪器"（孙晓敏等，2010）。涡度相关技术因为测量精度高、对环境扰动小，成了观测地表与大气之间水热、碳通量交换的重要技术（Berbigier et al.，2001），也是目前国际上碳、水通量测定的最有效方法，已经成为支撑我国通量观测网络的主要方法（何学敏等，2014）。

目前，全球陆地生态系统通量观测网络（FLUXNET）已有 950 多个观测站点，由美国（Ameri FLUX）、欧洲（Carbo Europe）、澳大利亚（Oz FLUX）、加拿大（Fluxnet-Canada）、日本（Asia FLUX）、韩国（Ko FLUX）和中国（China FLUX）7 个局域性通量网及一些专项研究计划参与组成。观测系统包括了典型的陆地生态系统——森林（如阔叶林、针叶林和热带雨林等）、草地、农田、湿地、苔原等（于贵瑞等，2006）。其中，China FLUX 在 2001 年开始建设，已经持续联网观测 16 年，研究内容从碳、水通量观测到碳－氮－水循环的耦合；研究的科学问题也不断深入，由各个生态系统的碳通量特征到动态过程机制，以及区域尺度的空间格局机制，由分析碳－氮－水通量相互关系发展到认识生态系统碳－氮－水耦合循环的生物调控机制；研究尺度也从站点逐步拓展到区域、全国，甚至全球。China FLUX 在推动中国通量观测研究事业发展的同时（Yu et al.，2006），也受到国内外的广泛关注（Saigusa et al.，2013；Stoy et al.，2013）。

通量观测技术使直接测定温室气体、水汽和能量的传输转化成了可能，观测联网实现了全球尺度的多层次观测网络。但是，目前通量观测数据用以优化生态模型的过程参数、完善模型的结构，提高模型的模拟精度仍需要长期的积累；涡动相关系统观测站存在地表能量平衡不闭合的问题（Li et al.，2005），数据的校正分析和观测技术革新仍需推进；China FLUX 没有全面考虑环境的多样性、干扰和管理措施等因素，作为一个整体来监测区域尺度生态系统通量变异仍旧缺乏系统的评价。

三、稳定同位素分析

稳定同位素技术因具有示踪、整合和指示等多项功能和检测快速、结果准确等特点，在生态水文学领域中日益显示出广阔的应用前景（林光辉，2010）。

（一）氢氧稳定同位素

水循环是生态水文过程的驱动因素。自然界中，氢氧元素分别包含 ^1H 和 ^2H、^{18}O 和 ^{16}O 稳定同位素。在水循环的不同环节中，氢氧稳定同位素的组成会存在差异。在水体蒸发的过程中，较轻的稳定同位素（^1H 和 ^{16}O）优先逸出水面，使得余下的水体富集 ^2H 和 ^{18}O。在水汽输送的过程中，水汽会不断凝结成雨，水汽中的氢氧稳定同位素组成不断发生变化（庞忠和，2014；宋献方等，2017）。因此，氢氧同位素广泛用于水文学研究的多个领域，如探索流量过程分割（顾慰祖等，2010）、河水混合过程（Halder et al.，2013；章斌等，2013）、灌溉沟渠泄漏（Pang et al.，2013）、地下水和地表水之间水分交换（Nakaya et al.，2017；Sun et al.，2014）。除此之外，在水文学和生态学的研究中，稳定氢氧同位素能用于探索植被水分利用（曹夏禹等，2017）、植被根系吸水模式（Ma et al.，2016）、植被迁移模式（Smith et al.，2003）和 SPAC 系统水分传输（Zhang et al.，2016）。

（二）碳氮稳定同位素

植被叶片稳定碳同位素组成被用于研究种内或种间光合作用和生理特征差异（Zheng et al.，2007），研究不同环境条件下植被水分利用效率和植被新陈代谢功能的显著性变化及其对不同环境压力的响应。在生态系统的氮循环过程中，一些过程能够引起同位素分馏。稳定氮同位素组成（$\delta^{15}N$）能够提供关于生态系统内氮循环过程的信息（Ometto et al.，2006），因此稳定氮同位素可以用于描述氮循环过程。绝大多数陆生植物从土壤中获取生物代谢所需的氮。植物组织的 $\delta^{15}N$ 大多在 0~9‰，平均在 3‰~6‰（Pate et al.，1994）。由于土壤比大气的 $\delta^{15}N$ 值高，即富集更多的 ^{15}N，并且非固氮植物所需的氮素主要来自土壤氮库，而固氮植物所需的氮素有一部分来自大气，所以非固氮植物和固氮植物的 $\delta^{15}N$ 值会不同。一般非固氮植物比固氮植物富集更多的 ^{15}N。所以不管植物个体是否与环境处于稳定状态，它们叶片的 $\delta^{15}N$ 值应该接近其氮源的 $\delta^{15}N$ 值，即可以反映它们的氮源差异（Michelsen et al.，1996；Hobbie et al.，2000）。

四、遥感监测技术

遥感监测技术已经在生态水文所涉及水文气象的所有要素，包括辐射、风速、降水、蒸散、径流、地表水、土壤湿度、地下水等参量的数据方面表现出了其独特优势，为生态水文的研究和应用提供了关键的水文通量和状态变量等相关信息（唐国强等，2015）。

1. 降水遥感反演

较早的降水遥感监测卫星是热带降雨测量任务卫星（Tropical Rainfall Measuring Mission，TRMM）。TRMM 卫星于 1997 年 11 月 28 日发射，是第一颗专门用于观测热带、亚热带降水的气象卫星。基于 TRMM 卫星的 TMPA（TRMM Multi-satellite Precipitation Analysis）以多个现代卫星降水传感器及地面雨量计网络的观测为基础，产生自 TRMM 以来 "最好" 的降水产品（Huffman et al.，2001）。TMPA 能够提供 1998 年至今全球 50°N～50°S 的卫星降水数据，时间分辨率为 3 小时，空间分辨率为 0.25°，弥补了全球无资料区域降水信息的不足，为生态水文研究提供了大量具有科研及应用价值的降水数据。全球卫星降水计划（Global Precipitation Measurement，GMP）是继 TRMM 之后的卫星降水计划，观测范围能够一直延伸到北极圈，而且能够提供新一代全球 3 小时以内的雨雪观测数据。与 TRMM 不同的是，GMP 的微波仪器拥有穿透云层反演降水结构的能力，能够更加精确地捕捉微量降水（0.5 毫米 / 时）和固态降水，所以 GMP 的观测结果对中高纬度地区降水的研究具有重要意义（唐国强等，2015）。

2. 蒸散发遥感反演

目前利用卫星遥感多光谱和热红外数据模拟地表蒸散量的算法大致分为两类。第一类算法是在 Penman-Monteith 公式基础上，建立叶面积指数（leaf area index，LAI）或归一化植被指数（normalized vegetation index，NDVI）与植被、土壤、近地面大气层阻抗等关键参数的关系。第二类算法主要利用遥感瞬时辐射温度作为地表感热通量的输入项，通过能量平衡各分量（如辐射、土壤热通量、感热通量）的参数化来获取潜热通量和蒸散发。此类模型的遥感信息源包括具有热红外波段的几乎所有传感器，如 Landsat TM/ETM⁺、先进星载热发射和反射辐射仪（advanced spaceborne thermal emission and reflection radiometer，ASTER）、中分辨率成像光谱仪（moderate-resolution imaging spectroradiometer，MODIS）等（唐国强等，2015）。

3. 遥感土壤水分观测

通过卫星数据反演、模型模拟等方法已经产生和正在发展大量不同时空尺度的土壤水分产品。目前已有的卫星遥感土壤水分产品，如 L 波段微波产品 SMOS（43 千米）、Aquarius（100 千米）、C 波段产品 ASCAT（25 千米），多波段组合产品地球观测系统先进微波扫描辐射计（AMSR-E）（60 千米）（Naeimi et al.，2009；Kerr et al.，2016）等。具有代表性的模型模拟产品包括美国的北美 / 全球陆面数据同化系统 NLDAS(125°)/GLDAS(0.25° 和 1°) 产品，中国西部地区陆面数据同化数据集产品。中国气象局也开始发展了 CLDAS V1.0 土壤水分产品。美国国家航空航天局（National Aeronautics and Space Administration，NASA）的土壤水分主被动探测计划（Soil Moisture Active and Passive，SMAP）为全球提供更高时空分辨率的土壤水分产品，包括 3 千米的逐日主动雷达产品、36 千米的逐日被动微波辐射计产品及 9 千米的逐日主被动合成产品。

4. 遥感植被指数反演

植被是生态水文研究的主要对象之一，NDVI、温度植被指数（Ts-VI）、生理反射植被指数（PRI）就是基于高光谱遥感及热红外遥感技术得到广泛应用的植被指数，已经被广泛用到植被监测、净第一性生产力、土地荒漠化及土地覆盖变化等研究中。NDVI 不仅算法简单，而且具有空间覆盖范围广、时间序列长、数据容易获取等优点，在生态水文研究中得到了广泛的应用。但是，NDVI 自身存在一些不足，即容易出现饱和、大气干扰校正和土壤的影响无法完全消除等情况，所以这也将会是一段时间内 NDVI 的突破方向之一。

5. 总储水量和地下水反演

GRACE 卫星是人类历史上首颗可以观测陆地总储水量变化的卫星，自 2002 年 3 月由美国国家航空航天局和德国航空航天中心联合发射以来，在旱涝灾害监测和预警（Reager et al., 2009；Long et al., 2013）、定量评估干旱对水资源的影响（Leblanc et al., 2009）、农业灌溉导致的地下水亏损速率定量评估（Feng et al., 2013）、大型水库（如三峡水库）水位变化监测（Wang et al., 2013）、大陆和区域尺度总储水量变化特征（Wang et al, 2011）、高山积雪和冰川融化速率评估（Jacob et al., 2012）等领域得到广泛的应用。但是，GRACE 卫星存在两个主要的局限：

（1）空间分辨率较低。由于卫星轨道高度所限，GRACE 卫星总储水量变化空间分辨率一般在 20 万平方千米以上。

（2）时间跨度较短。GRACE 卫星只有从 2002 年至现在 10 余年的数据，而且在 2013 年下半年开始 GRACE 卫星不得不采用非连续工作模式，缺值月较多。

五、生态水文模型

水文模型是对水文循环过程的数学描述，是探索和认识水文循环的重要方法和工具。然而，传统的水文模型一直着眼于建立单一模型，孤立地看待水文过程和生态过程，很少或没有考虑植被的生物物理和生物化学过程（陈腊娇等，2011），也缺乏对水文过程和生态过程间动力学机制的描述。因此，对充分考虑植被作用的生态水文模型的研究就成为生态水文学研究的热点之一（叶守泽等，2002）。

考虑植被影响的生态水文模型从反映冠层截留、蒸散发等水文功能的水文模型（如 VIC 模型、DHSVM 模型），发展到水文模型与反映植物生理作用的植被动态模型（如 LPJ 模型、BIOME3 模型）相耦合的模型，模拟植被组成、分布、生理过程（光合作用、呼吸作用、碳的分配和生物物候特性）及其与土壤水分、气象因子之间的相互作用，关注水分、碳、能量和营养物质在土壤 - 植物 - 大气连续体中的作用机制。生态水文模型不仅考虑植被、土壤、地形等各因素对水文过程的影响，还能通过不同下垫面因素的参数化找出控制和影响产汇流过程变化的主要下垫面因素。此外，生态水文模型可以清晰地表述植被生理、生态过程对模型参变量的影响，为动态表述模型参数变化提供基础（陈喜等，2016）。生态水文模型不仅能够对历史进程进行模拟，还可以满足对未来的预测和不同情景的模拟。人类大量消耗化石燃料、排放温室气体，引起了以全球变暖为显著特征的气候变化。一方面，气候变化改变了降水过程的时空分布，继而影响植被生长发育过程，导致植被空间格局发生适应性变化；另一方面，气候变化引起大气 CO_2 浓度、气温、辐射、风速等气象要素改变，从而改变陆面蒸发、径流等关键水文过程，对植被生态系统的结构和功能产生了影响。气候、植被 - 水文过程之间具有互为反馈的复杂交互作用。因此，生态水文过程的模拟需要动态刻画植被与水文过程相互作用的各个环节，力求接近真实情况，以准确预测气候变化下的生态水文过程。

（一）常用的生态水文模型

国内外对生态水文模型已经开展了一定深度的研究，并取得了一些阶段性成果，现阶段常用的主要生态水文模型列于表 3-1。按照模型中对流域植被与水文过程相互作用的描述，可以将现有模型归为两大类：①在水文模型中考虑植被的影响，但不模拟植被的动态变化，为单向耦合模型；②将植被生态模型嵌入水文模型中，实现植被生态 - 水文交互作用模拟，为双向耦合模型。

1. 单向耦合模型

主要是从水文模拟的角度出发，显式地引入植被层，在降水 - 径流过程模拟中详细描述植被的冠层截留、降水拦截、入渗、蒸散发等生物物理过程，使得模型对水文过程的模拟更符合实际，主要有 DHSVM 模型、SHE 模型、VIC 模型。但这类模型仅考虑植被对水文过程的单向影响，不考虑水文过程对植被生理、生化过程及植被动态生长的影响，因此也就不能描述植被的动态变化

（如 LAI 的季节性增长）对水文过程的影响。

2. 双向耦合模型

双向耦合模型的植被与水文过程的耦合体现在植被为水文模型提供动态变化的 LAI、根系深度、枯枝落叶层厚度等，水文模拟为生态过程模拟提供土壤含水量的动态变化等。根据模型中对于植物－水文过程相互作用机制描述的复杂程度，双向耦合模型可以进一步分为概念性模型、半物理模型、物理模型三大类。

表 3-1　几种典型的生态水文模型

模型名称	年份	国家	类型	空间离散化	特点
VIC 模型	1992	美　国	单向耦合模型	网格单元	显式地引入植被层，仅考虑植被对水文过程的单向影响
SWAT 模型	1994	美　国	双向耦合经验模型	水文响应单元	耦合经验性的植被生长模型与半分布式流域水文模型，对植被－水文相互作用的描述缺乏机理
TOPOG 模型	1993	澳大利亚	双向耦合半分布式模型	分布式	具有一定的理论基础，一定程度上耦合了蒸腾－光合作用，计算量非常大，适用于小流域
BEPS-TerrainLab 模型	2009	加拿大	双向耦合分布式模型	栅格单元	将植被的生态过程和水文过程耦合在一起，充分考虑了栅格单元间的交互作用。但是计算复杂，大部分参数难以获得，应用推广受限制

（二）生态水文模型未来的发展方向

现有模型在对植被－水文相互作用机制的刻画、流域空间的离散化、模型参数估计、不确定性研究等方面还存在一些问题。这些问题也是未来生态水文模型研究的重点，需要开展深入的研究。首先，对植被－水文的相互作用机制的描述，是生态水文模拟的关键。由于对植被－水文之间交互作用的复杂机理认识尚不完整，在模型中如何合理刻画生态水文交互作用和动态耦合是生态水文模型构建的难点。新一代的生态水文模型，应该尽量从生理学的角度出发描述植被与水文的相互作用关系，对植物蒸腾作用的描述应该将其作为生理学过程而非物理学过程来刻画。近年来，一些学者提出了基于生态水文最优性理论来模拟植被－水文相互作用机制，为生态水文的耦合模拟提供了新的思路。其次，流域下垫面的空间离散化或异质性的表达是生态水文模型的核心内容之一。生态过程与水文过程的发生都具有明显的尺度依赖性，因此流域离散化的不合理将导致过程发生的特征尺度与模拟尺度的不匹配。如何在流域空间离散化过程中，从流域空间异质性的内在规律出发，充分体现流域过程的特征尺度，将是未来生态水文模型研究的一个非常值得重视的研究问题。

流域生态水文模拟包括光合作用、呼吸作用等多个过程，每个过程都含有大量参数。在分布式模拟的框架下，如何获取区域异质的模型参数成为生态水文模型区域应用所面临的瓶颈问题。传统的模型参数获取方式主要为站点观测，但观测站点数量有限且分布稀疏，虽然通过插值等空间推测方法可以获得参数的空间分布信息，但由于植被参数在空间上的变异强烈，参数误差很大。遥感技术虽然能反演和提取区域的地面物理参数和植被生物物理参数，但仅仅依靠遥感观测数据势必在模型参数估算中引入了很大程度的不确定性。应用数据同化能最大限度地利用不同来源和不同时空分辨率的遥感数据，将是未来流域生态水文模型参数获取的重要手段。

第四节　生态水文学的应用基础研究领域

随着生态水文学体系和理论方法的逐渐完善，生态水文的应用研究领域也不断拓新。基于生态水文先进监测技术和机理研究的不断深入，解决实际生态环境问题的能力得到显著提高，如可持续发展的水资源管理理念、生物多样性的生态系统修复、生态功能恢复的湿地保护、兼顾生态保护的水利工程优化调度等，为水资源管理者和决策者提供科学建议。

一、生态需水及其评价方法

（一）陆地生态需水的研究内容和计算方法

陆地生态需水指的是以生态保护为目的，消耗于各类植被的地表水和地下水的水资源总量（张思玉等，2001）。常用的陆地生态系统需水计算方法主要包括直接计算法、间接计算法、植被蒸散发法、潜水蒸发法、水量平衡法及基于 3S 技术的计算方法等（Euser et al.，2014）。我国学者分别采用不同方法展开研究（高凡等，2011）。例如，龙平沅等（2006）采用直接计算法计算了汉江上游植被生态需水量；胡顺军（2007）采用潜水蒸发法和蒸散模型估算了生态需水量；王改玲等（2013）以气象站点的气象资料为依据，利用地理信息系统（geographic information system，GIS）技术分析了山西永定河流域林草植被生态需水及其在不同植被类型、流域不同地区及植被生长期内的分配；张远等（2002）从树木生长强度与土壤水分含量、蒸散量的相互关系出发，采用 GIS 技术对该地区林地生态需水量进行了估算。各类方法的比较及适用范围见表 3-2。

表 3-2   陆地生态需水常用的计算方法

计算方法	方法描述	优点	缺点	适用范围
直接计算法	研究区不同植被类型面积与需水定额的乘积和	理论依据较充分，方法较成熟	关键在于如何精确获取植被单位面积（植株）需水定额，对参数要求高	基础观测条件较好的地区，常用于人工植被需水计算
彭曼公式及改进法	用充分供水条件下作物潜在蒸腾量代替植被需水	方法较成熟，有较好操作性	计算结果为最大植被生态需水量，且结果偏大	水分条件充足且植被覆盖度较高地区
潜水蒸发法	通过潜水蒸发模型计算不同地下水埋深范围内潜水蒸发量与相应植被面积的乘积	基于生态水文过程机理，理论依据较充分	需要大量实测数据支撑，工作量大，强调实验机理	常用于干旱区依靠径流支撑的非地带性植被需水计算
间接计算法	从系统整体出发研究流量与河床形态、水生生物及河岸带关系，推介流量	考虑河流生态系统的完整性，目前最合理方法	针对性较强，计算过程烦琐，需要多领域专家及公众参与，应用较难	目前在南非得到广泛应用，适用于其他地区时需要做大量修正
基于 3S 技术的计算方法	用于大尺度区（流）域生态分区、多时相生态水文参数获取；进行空间信息处理存储等	通过获取多时相、空间数据，反映生态需水动态特性	需要多时相、多波段、多源数据支撑，数据获取较难，费用较高	用于大尺度地区，常作为其他方法的辅助手段
水量平衡法	研究闭合流域或河段输入量、输出量与存储量之间的水量平衡关系	基于水量平衡原理，方法较成熟	计算结果为生态用水，未能体现生态系统实际需求	适用于闭合流域

近年来，基于 3S 技术及多学科交叉融合，从微观层面剖析生态水文过程、从宏观层面寻求满足水资源规划及配置要求的生态需水计算方法正成为当前的研究热点。

我国地域广阔、自然地带性分异大、生态环境问题复杂，因此在基础理论、量化方法等方面均存在较大差异，生态需水的一些关键科学问题未得到有效解决，未来需要从以下几个方面进一步加强。

（1）我国陆地生态需水基础理论研究不足，主要体现为概念及内涵存在较多分歧，机理研究未能系统剖析生态－水文相互作用关系，研究缺乏与宏观水资源管理有机结合等，直接影响生态需水计算方法的可信度，导致生态用水控制指标缺乏可靠依据，难以在水资源规划及配置中落实。今后研究中亟待加强生态需水基础理论研究，以概念界定为基础，以生态水文耦合机理研究为突破口，以基于生态需水的水资源合理配置和科学管理为落脚点，构建适合我国国情的生态需水标准理论和方法体系。

（2）不断加强的气候变化对生态系统水分消耗过程产生了较大影响，但如何识别气候变化和人类活动驱动力及如何辨识人类活动驱动机制，是目前及今后生态水文学研究的热点和关键。

（3）生态学研究强调尺度的异质性。当植株样地或小河段成果由点、线向面尺度转换时，会导致生态－水文异质性信息的缩小，而当基于遥感技术（remote sensing，RS）的大尺度成果向局地尺度转换时，则会导致异质性信息的放大，这均会影响计算结果的精确性，需要对机理机制和计算模型等做出相应修正和再参数化。因此，不同时空尺度信息转化及相应生态需水规律的差异性研究是目前生态水文学研究中迫切需要解决的关键问题。

（4）在确定生态系统的不同保护目标下建立可持续发展的生态需水评价标准，即在大量野外试验的基础之上建立生态需水与生物多样性、生境多样性和生态系统健康状况相关联的指标体系，完善生态需水合理性评价指标，是今后工作中不可或缺的。

（二）河湖生态需水的研究内容和计算方法

生态需水研究起源于国外早期针对枯水期航运流量的河道枯水流量研究。随着研究的不断深入，20世纪40年代美国针对鱼类生长繁殖和产量与河流流量、航运的关系开展了保护渔业发展的河道最小生态流量研究（杨志峰等，2004）和河道基流研究（Armentrout et al.，1987）。其中，"环境流"这一概念在澳大利亚和印度等地被广泛接受（Baron et al.，2002；Tharme，2003；Acreman et al.，2016）。至20世纪90年代后，伴随一系列国际科学计划的推进（Xia et al.，2002；程国栋等，2006），河湖生态需水基础理论不断丰富，目前已经逐渐进入流域（区域）综合管理阶段，开始考虑基于河流生态系统完整性的生态需水研究。然而，河湖生态需水的概念至今尚未统一。比较有代表性的定义有：Gleick（1998）提出基本生态需水概念框架，即提供一定质量和数量的水给天然生境，以求最小化改变天然生态系统过程，并保护物种多样性和生态整合性；钱正英等（2000）在《中国可持续发展水资源战略研究综合报告》中将生态需水概括为广义生态需水和狭义生态需水两类。

目前，河湖生态需水主要涵盖了河道及与其相连通的湖泊、水库、湿地、河口等的生态需水，包括河道基流量、入渗补给和蒸发消耗、维持水生生物生存需水、维持水沙平衡需水、维持稀释和自净能力需水、维持通航要求需水、景观和娱乐需水、防止海水入侵的河口需水等。考虑到河流湖泊连续性需求和生态水文季节特征，河湖生态需水应该在不同时空尺度下考虑各项需水的有机耦合，且为了反映河湖生态系统不同的适应等级，各个单项生态需水不是定值，应该存在一定的阈值范围。

传统的生态需水计算方法分为水文学法、水力学法、生境模拟法、综合法、环境功能设定法五类。国内生态需水的研究虽然起步晚，但进展快，学者们提出或改进了一系列适合我国国情的生态需水计算方法（孟钰等，2016；董哲仁等，2017）。例如，陈敏建（2007）在划分区域生态需水类型的基础上，提出多参数全过程河道生态需水计算方法和湿地生态水文结构模型计算方法；陈求稳（2010）在进行水利工程影响下的生态调度时，将非结构化元胞自动机的植被动态模型、基于个体的鱼类种群动态模型、基于模糊数学的鱼类栖息地模型及二维水环境模型进行耦合得到河流控制断面日均、月均生态流量过程线。总体来看，近年来关于生态需水的研究主要集中在概念辨析和计算方法研究上，对生态需水满足程度或计算结果的合理性进行评价的研究较少。另外，研究者对生态需水的评价主要从量的角度展开，如采用 Tennant 推荐的流量百分比作为评价标准，与计算的结果进行比对（门宝辉等，2005）。朱才荣等（2014）提出了"生径比"的概念，以不同时间尺度的生态需水量与天然径流量之比表征生态需水量的动态变化特征和与天然径流之间的吻合情况。马乐宽等（2008）通过对比待评估单元与未受人类活动干扰流域的生态需水特征，对待评估单元的生态环境缺水情况进行了评价。王西琴等（2006）建立了二元水循环下的河流生态需水水量和水质计算方法，并在"质"与"量"两个方面确定了生态需水的评价标准。

总体而言，目前生态需水基础理论研究严重不足，概念内涵存在较多分歧，评价指标体系与方法不健全。在今后的研究中，应该着重进行生态需水概念的界定和外延，考虑不同类型生态需水的机理、生态需水评价指标体系等，为准确计算生态需水量提供可靠的理论基础。现有生态需水计算方法均存在不同程度的缺陷，如考虑目标单一或数据要求量大等。理想的河流生态需水计算方法应该能够量化所有参数，反映生态需水不同项目之间的相互影响。另外，生态需水量的研究不仅是为了说明生态现状，更是为改善区域生态环境提供科学依据，因此对生态需水计算结果进行程度划分或等级评价势在必行。

二、生态修复中的生态水文学应用

生态修复即是通过适度人工干预，结合生态系统的自我修复能力，逐步恢复生态系统受干扰前的结构、功能及相关的物理学、化学和生物学特性，最终达到生态系统的自我维持状态。生态水文学在生态修复中的应用是通过改变生态系统的水文条件，使破坏的生态系统在新的水文条件下朝着更稳定、更高级的方向演化，以达到最终稳态。以下将从河流、湖泊、湿地三个方面讨论生态水文学在生态修复中的应用。

（一）河流生态修复

河流生态修复的任务一般包括水质、水文条件的改善，河流地貌特征的改善，生物物种多样性的恢复（董哲仁等，2009）。目前，河流生态修复的主要技术方法包括缓冲区恢复、植被恢复、河道补水、生物 - 生态修复、生境修复等（倪晋仁等，2006）。可以看到，河流生态修复的主要方法基本都涉及生态水文学的应用：通过恢复缓冲区增强河流与河漫滩之间的水文连通性，进而增加河流物种的多样性；通过植被恢复改善河流水力学条件，提高河岸及河床稳定性，减少泥沙淤积；通过河道补水保证河流生态需水量；生境恢复通过恢复河流自然蜿蜒的形态，消耗河流能量，强化河流的自净能力。

（二）湖泊生态修复

我国湖泊的主要环境问题有湖泊萎缩、水量减少、富营养化及有机污染、重金属污染、生态系统破坏。这其中，湖泊富营养化问题最严重，湖泊生态修复研究也主要是针对富营养化治理展开的。湖泊富营养化治理一般应该遵循的路线是控源、修复和流域管理（秦伯强等，2006）。控源是指利用各种物理学、化学、生物学措施拦截、净化外源污染物，减少内源污染物的释放。在控源的基础上，继续进行以水生植物恢复为核心、其他措施为辅的生态修复。最后，应该对湖泊进行流域管理，减少人类活动对湖泊生态系统的干扰和破坏，并实现其生态服务功能的最大化。生态水文学在湖泊富营养化治理中的应用主要表现在修复和流域管理中。例如，消浪措施不仅可以消减波浪对水生植物的破坏，还可以通过减少悬浮物来提高水体的透明度，进而改善沉水植物的生存条件；利用水利设施进行流域管理，控制湖泊水位，保证水生植物和水生动物的正常生长，从而维持湖泊生态系统的稳定性。

（三）湿地生态修复

湿地生态环境退化的主要表现形式有湿地面积锐减、湿地水质恶化、生物多样性降低、物质能量平衡失调等（廖玉静等，2009）。湿地生态修复的原则包括可行性原则、稀缺性和优先性原则及美学原则三个。可行性原则是计划项目实施时必须考虑的首要原则（Guardo et al.，1995），包括环境的可行性和技术的可操作性两个方面；稀缺性和优先性原则指湿地修复项目的计划必须从最紧迫、最重要的问题出发，应该具备针对性；美学原则是指湿地应该具备除生态环境功能以外的美学、旅游、科研价值。湿地生态修复内容大致可以分为湿地基质修复、湿地水文修复、湿地水环境修复及湿地生境修复四个方面（崔丽娟等，2011）。其中，生态水文学的应用主要体现在水文修复和生境修复两个方面。湿地水文修复包括湿地水文连通技术、蓄水防渗技术和生态补水技术等，其核心是利用各种水利工程抬高水位来养护沼泽，使湿地栖息地环境得到改善（崔丽娟等，2011）。湿地生境修复是指通过各种工程措施来提高生境的稳定性和异质性。生境恢复技术主要包括地形改造、湿地植被修复、岸带护坡等（李伟等，2013）。

然而，目前大多数河流修复项目只注重对单一的、封闭的河流的修复，忽视了流域内水、泥沙、污染物等的汇集对河流修复的影响。研究表明，从更大的尺度考虑生态修复工程实施将取得更好的成效（Lake et al.，2010）。此外，大尺度生态修复需要考虑气候变化对生态修复的影响。气候变化对河流生态修复的影响包括多个方面：对河流流量、温度的影响，对河流鱼类的影响，对水文连通性的影响等（Ellen et al.，2015）。未来需要加强对生态修复成效的长期监测及分析。生态修复是一个漫长而复杂的过程，很难在短时间内对各种修复措施的效果做出正确评价。因而，河流修复的持续监测及适应性管理对整个修复工程起着至关重要的作用。为此，需要进一步加强河流生态修复的监测工作，积累长期数据，并注意根据修复效果及时做出调整。

三、水质水量水生态联合调度

2015年4月国务院印发的《水污染防治行动计划》提出，加强江河湖库水量调度管理，完善水量调度方案。采取闸坝联合调度、生态补水等措施，合理安排闸坝下泄水量和泄流时段，维持河湖基本生态用水需求，重点保障枯水期生态基流。在现行的水库调度目标（如防洪、发电、供水、灌溉等）下，通过调整水库的调度方式（如泄流方式、泄流时间、下泄流量等）保障河道内外用水需求，改善河流水环境质量，保护或修复库区及上下游生态系统的兼顾水质、水量、水生态的水库（群）联合调度（以下简称"水质水量水生态联合调度"），对流域水资源综合管理具有重要意义。

（一）主要进展

综合国内外研究，当前流域水质水量水生态联合调度领域的主要进展有以下几个方面。

（1）保障河道生态基流（陈亚宁等，2004；Richter et al.，2006；胡和平等，2008）。水利工程的修建阻碍了河道的纵向流通，为了维持河流下游生态系统的发展，需要保障特定大小的生态基流，保证下游河道生态环境需水，创造河道内生物生存繁衍的良好生境。

（2）改善河流上下游水质（张永勇等，2007）。库区水流变缓，易导致水体的富营养化；水库低温水下泄，影响下游鱼类的产卵繁殖；下泄的高速水流溶解氧饱和，会导致鱼类患气泡病。控制水库下泄方式、下泄时间和下泄流量，可以有效改善原有调度方式造成的不良影响。

（3）调节河流水沙过程（Wang et al.，2005；Gloss et al.，2005）。通过改变水库调度方式可以合理地调整上下游的水沙过程，对于恢复上下游水流含沙量的连续性、缓解水库淤积、防止河道下游冲刷、营造下游河道河漫滩等栖息地等具有相当重要的意义。

（4）保护水生生物（King et al.，2010；Ban et al.，2011）。恢复水库下游水生生物生存和繁衍特有的水文情势与水质、泥沙、水温等物理化学过程，对于水生生物（特别是鱼类的洄游期、越冬期、幼鱼期和产卵期）具有关键作用，也是维持生态系统稳定的重要措施。

（5）恢复河道自然水文情势（夏军等，2008；Shafroth et al.，2010；Haghighi et al.，2015）。人工调节水库下游的径流过程，在保障生态基流的同时还要考虑自然的水文过程，尽量贴近自然状态下的水文情势，为水–陆生态系统各类生物创造不同生境，维持河流特有的生态功能。

（二）发展趋势

在全球气候变化的大背景下，人类活动、水文过程和河流生态系统之间的相互影响与演化，成为调度方案制定的重要因素。针对现行的调度理论与实践，未来的发展趋势体现在以下几个方面。

（1）河流生态系统演化发展的机理。加强水文、水力因子对河流生态系统各营养级乃至整个系统的响应关系机制的研究，是科学合理确定联合调度目标的关键。

（2）河流生态效益的评估和量化。水质水量水生态联合调度对于改善水环境质量、维持生态系统的稳定发展至关重要，但是无法像社会经济效益一样直观简单量化。这与政策法规、环保意识、区域价值观等息息相关。因此，加强生态效益评估体系和定量分析相关研究（Tsai et al.，2015），对于指导水库（群）水质水量水生态联合调度具有现实意义。

（3）调度风险分析的研究。水质水量水生态联合调度涉及河道内外各用水单元需水量的合理分配、协调实现调度目标时各部门的成本效益和完成调度目标面临的风险评估等（张翔等，2014）。因此，开展实施水质水量水生态联合调度前进行调度风险分析，是调度方案可行性分析的重要环节。

四、未来发展方向

（一）生态水文过程的同步监测

目前，对于蒸散发过程、水文过程、生态系统演变过程等关键的生态水文要素的监测大部分采用常规手段，受到时空限制且无法提供长期的、连续的、系统的监测数据，对有关部门的决策管理无法提供及时有效的帮助。因此，借助计算机、遥感等技术手段构建智能的同步监测系统，对生态水文过程的智能管理提供可靠的数据支撑非常必要。

（二）生态需水过程的机理研究

生态需水过程的确定影响因素包括自然环境、社会经济、生物结构等多方面，其计算过程复杂，具有非线性、高维度等特点（陈敏建，2007）。而大多数研究仅从生态系统自身的角度出发，忽略或简化了社会经济因素对生态需水过程的影响。在气候变化和高强度人类活动影响下，从生态需水过程机理的角度去完善相关理论和计算方法，可以科学制定符合区域经济发展和生态系统健康的合理生态需水过程。

（三）水质水量水生态联合调度研究

针对河流自身生态系统结构，系统地确定枯水期生态基流流量（洄游流量、越冬流量等）和脉冲流量（产卵繁殖流量），综合考量下游河道内外各生态系统整体需求的调度方案；探索在建立保护物种对水环境、水生态因子的相应关系的基础上开展修复河流生态环境的水库（群）联合调度。

（四）生态水文过程调控决策及风险管理

在变化环境下，河流生态水文过程被改变，导致水资源分配、水环境和水生态的演变也不断变化，不确定的生态水文风险也随之加剧（夏军等，2011；2015）。通过生态水文调控提高河流生态系统抵抗干扰和维持自身稳定的能力，同时进行生态水文风险管理减轻潜在风险带来的危害（张翔等，2005），是流域可持续发展的重要途径。

本章参考文献

曹夏禹，张翔，肖洋，等.2017.基于稳定碳同位素比的植物水分利用效率分析——以鄱阳湖湿地为例.人民长江，48(5)：17-20.

陈腊娇.2012.基于生态最优性原理的全分布式流域生态水文模型.北京：中国科学院大学.

陈腊娇，朱阿兴，秦承志，等.2011.流域生态水文模型研究进展.地理科学进展，30(5)：535-544.

陈敏建.2007.水循环生态效应与区域生态需水类型.水利学报，38(3)：282-288.

陈求稳 . 2010. 河流生态水力学 . 北京：科学出版社 .

陈喜，宋琪峰，高满，等 . 2016. 植被 – 土壤 – 水文相互作用及生态水文模型参数的动态表述 . 北京师范大学学报（自然科学版），52(3)：362-368.

陈亚宁，张小雷，祝向民，等 . 2004. 新疆塔里木河下游断流河道输水的生态效应分析 . 中国科学，34(5)：475-482.

程国栋，赵传燕 . 2006. 西北干旱区生态需水研究 . 地球科学进展，（11）：1101-1108.

丛振涛，杨大文，倪广恒 . 2013. 蒸发原理与应用 . 北京：科学出版社 .

崔丽娟，张曼胤，张岩，等 . 2011. 湿地恢复研究现状及前瞻 . 世界林业研究，24(2)：5-9.

丁婧祎，赵文武，房学宁 . 2015. 社会水文学研究进展 . 应用生态学报，26(4)：1055-1063.

董哲仁，孙东亚，彭静 . 2009. 河流生态修复理论技术及其应用 . 水利水电技术，40(1)：4-9.

董哲仁，赵进勇，张晶 . 2017. 环境流计算新方法：水文变化的生态限度法 . 水利水电技术，48(1)：11-17.

高凡，黄强，畅建霞 . 2011. 我国生态需水研究现状、面临挑战与未来展望 . 长江流域资源与环境，20(6)：755-760.

高欣，牛翠娟，胡忠军 . 2011. 太湖流域大型底栖动物群落结构及其与环境因子的关系 . 应用生态学报，22(12)：3329-3336.

顾慰祖，尚熳廷，翟劭燚，等 . 2010. 天然实验流域降雨径流现象发生的悖论 . 水科学进展，21(4)：471-478.

国务院 . 2015. 水污染防治行动计划 . 北京：人民出版社 .

何学敏，吕光辉，秦璐，等 . 2014. 艾比湖荒漠 - 湿地生态系统非生长季碳通量数据特征 . 生态学报，34(22)：6655-6665.

胡和平，刘登峰，田富强，等 . 2008. 基于生态流量过程线的水库生态调度方法研究 . 水科学进展，19(3)：325-332.

胡顺军 . 2007. 塔里木河干流流域生态环境需水研究 . 咸阳：西北农林科技大学 .

晋锐，李新，阎保平，等 . 2012. 黑河流域生态水文传感器网络设计 . 地球科学进展，27 (9)：993 - 1005.

姜维，赵虎，邓捷，等 . 2016. 环境 DNA 分析技术—— 一种水生生物调查新方法 . 水生态学杂志，37(5)：1-7.

康绍忠 . 1993. 土壤 - 植物 - 大气连续体水分传输动力学及其应用 . 力学与实践，15(1)：11-19.

李伟，崔丽娟，赵欣胜，等 . 2013. 北京翠湖湿地生境恢复及效果评估 . 湿地科学与管理，(3)：17-21.

李新，刘绍民，马明国，等 . 2012. 黑河流域生态 - 水文过程综合遥感观测联合试验总体设计 . 地球科学进展, 27(5): 481-498.

廖玉静，宋长春 . 2009. 湿地生态系统退化研究综述 . 土壤通报, 40(5): 1199-1203.

林光辉 . 2010. 稳定同位素生态学：先进技术推动的生态学新分支 . 植物生态学报, 34(2): 119-122.

林祚顶 . 2008. 水生态监测探析 . 水利水文自动化, (4): 1-4.

刘昌明，孙睿 . 1999. 水环境的生态学方面：土壤 - 植被 - 大气系统水分能量平衡研究进展 . 水科学进展, 10(3): 251-259.

刘昌明，陈志恺 . 2001. 中国水资源现状评价和供需发展趋势分析 . 北京：中国水利水电出版社 .

刘攀，冯茂源，郭生练，等 . 2016. 社会水文学研究方法和难点 . 水资源研究, (6): 521-529.

刘扬，刘景泰 . 2007. 碧流河水生生物调查及水质评价 . 环境保护与循环经济, 27(6): 33-34.

龙平沅 . 2006. 汉江上游流域生态环境需水量研究 . 西安：西安理工大学

龙平沅，周孝德，赵青松，等 . 2006. 区域生态需水量计算及实例 . 西北水力发电, (2): 28-30.

陆胤，许晓路，张德勇，等 . 2014. 京杭大运河（杭州段）典型断面水生植物多样性调查及其与水环境相关性研究 . 环境科学, 35(5): 1708-1717.

马乐宽，倪晋仁，李天宏，等 . 2008. 流域生态环境需水与缺水的快速评估（Ⅰ）：理论 . 水利学报, 39(9): 1023-1029.

门宝辉，刘昌明，夏军，等 . 2005. 南水北调西线一期工程河道最小生态径流的估算与评价 . 水土保持学报, 19(5): 135-138.

孟钰，张翔，夏军，等 . 2016. 水文变异下淮河长吻鮠生境变化与适宜流量组合推荐 . 水利学报, 47(5): 626-634.

倪晋仁，刘元元 . 2006. 论河流生态修复 . 水利学报, 37(9): 1029-1037.

庞忠和 . 2014. 新疆水循环变化机理与水资源调蓄 . 第四纪研究, 34(5): 907-917.

钱正英，张光斗 . 2000. 中国可持续发展水资源战略研究综合报告 . 中国水利, 2(8): 1-17.

乔长录 . 2012. 半干旱地区大型灌区水文生态系统动态监测与综合评价研究——以陕西省泾惠渠灌区为例 . 西安：长安大学 .

秦伯强，杨柳燕，陈非洲，等 . 2006. 湖泊富营养化发生机制与控制技术及其应用 . 科学通报, 51(16): 1857-1866.

宋献方，唐瑜，张应华，等 . 2017. 北京连续降水水汽输送差异的同位素示踪 . 水科学进展, 28(4): 488-495.

孙明波，谷孝鸿，曾庆飞，等．2013.基于水声学方法的太湖鱼类空间分布和资源量评估．湖
　　泊科学，25(1)：99-107.

孙晓敏，袁国富，朱治林，等．2010.生态水文过程观测与模拟的发展与展望．地理科学进展，
　　29(11)：1293-1300.

孙晓霞，孙松．2014.海洋浮游生物图像观测技术及其应用．地球科学进展，29(6)：748-755.

唐国强，龙笛，万玮，等．2015.全球水遥感技术及其应用研究的综述与展望．中国科学：技
　　术科学，45(10)：1013-1023.

唐敏．2016.重庆长寿湖浮游生物和水质周年变化以及基于 eDNA 技术的鱼类组成研究．重
　　庆：西南大学．

唐玉萍，杨瑞，戴全厚，等．2014.贵州喀斯特高原区几种灌丛下土壤水分蒸发模拟．林业资
　　源管理，(3)：97-100.

王改玲，王青杵，石生新．2013.山西省永定河流域林草植被生态需水研究．自然资源学报，
　　28(10)：1743-1753.

王琪，周兴东，罗菊花，等．2015.考虑生活史的太湖沉水植物优势种遥感监测．湖泊科学，
　　27(5)：953-961.

王西琴，刘昌明，张远．2006.基于二元水循环的河流生态需水水量与水质综合评价方
　　法——以辽河流域为例．地理学报，（11）：1132-1140.

夏军，丰华丽，谈戈，等．2003.生态水文学概念、框架和体系．灌溉排水学报，22 (1)：
　　4-10.

夏军，陈曦，左其亭．2008.塔里木河河道整治与生态建设科学考察及再思考．自然资源学
　　报，23(5)：745-753.

夏军，刘春蓁，任国玉．2011.气候变化对我国水资源影响研究面临的机遇与挑战．地球科学
　　进展，26(1)：1-12.

夏军，石卫，雒新萍，等．2015.气候变化下水资源脆弱性的适应性管理新认识．水科学进
　　展，26(2)：279-286.

严登华．2014.应用生态水文学．北京：科学出版社．

杨大文，雷慧闽，丛振涛．2010.流域水文过程与植被相互作用研究现状评述．水利学报，
　　39(10)：1142-1149.

杨志峰，崔保山，刘静玲．2004.生态环境需水量评估方法与例证．中国科学，34(11)：1072-
　　1082.

叶乐安，刘春平，邵明安．2002.土壤水、热和溶质耦合运移研究进展．湖南师范大学自然科
　　学学报，25(2)：88-92.

叶守泽，夏军．2002.水文科学研究的世纪回眸与展望．水科学进展，(1)：93-104.

于贵瑞，伏玉玲，孙晓敏，等．2006.中国陆地生态系统通量观测研究网络（ChinaFLUX）的研究进展及其发展思路．中国科学，(A01)：1-21.

于贵瑞，王秋凤，方华军．2014.陆地生态系统碳-氮-水耦合循环的基本科学问题、理论框架与研究方法．第四纪研究，34(4)：683-698.

章斌，郭占荣，高爱国，等．2013.用氢氧稳定同位素揭示闽江河口区河水、地下水和海水的相互作用．地球学报，(2)：213-222.

张思玉，杨辽，陈戈萍．2001.生态用水的概念界定及其在西北干旱区实施的策略．干旱区地理，24(3)：277-282.

张翔，夏军，贾绍凤．2005.干旱期水安全及其风险评价研究．水利学报，36(9)：1138-1142.

张翔，李良，吴绍飞．2014.淮河水量水质联合调度风险分析．中国科技论文，(11)：1237-1242.

张永勇，夏军，王纲胜，等．2007.淮河流域闸坝联合调度对河流水质影响分析．武汉大学学报(工学版)，40(4)：31-35.

张远，杨志峰．2002.林地生态需水量计算方法与应用．应用生态学报，(12)：1566-1570.

赵文智，程国栋．2001.干旱区生态水文过程研究若干问题评述．科学通报，46(22)：1850-1857.

中国科学院南京地理与湖泊研究所．2015.湖泊调查技术规程．北京：科学出版社．

周国逸．1997.生态系统水热原理及其应用．北京：气象出版社．

周章国．2009.水下浮游生物图像实时采集系统研究．青岛：中国海洋大学．

朱才荣，张翔，穆宏强．2014.汉江中下游河道基本生态需水与生径比分析．人民长江，(12)：10-15.

Eagleson P S .2008.生态水文学．杨大文，丛振涛，译．北京：中国水利水电出版社．

Li Z Q, Yu G R, Wen X F, et al. 2005. Energy balance closure at China FLUX sites. 中国科学；地球科学，48(s1)：51-62.

Acreman M, Arthington A H, Colloff M J, et al. 2016.Environmental flows for natural, hybrid, and novel riverine ecosystems in a changing world. Frontiers in Ecology & the Environment, 12(8):466-473.

Armentrout G W, Wilson J F. 1987. An assessment of low flows in streams in northeastern Wyoming. Water-Resources Investigations Report, U.S. Geological Survey.

Ban X, Du Y, Liu H Z, et al. 2011. Applying instream flow incremental method for the spawning habitat protection of Chinese sturgeon (Acipenser sinensis). River Research & Applications,

27(1):87-98.

Baron J S, Poff L R, Angermeier P L, et al. 2002. Meeting ecological and societal needs for freshwater. Ecological Applications, 12(5):1247-1260.

Basedow S L, Tande K S, Norrbin M F, et al. 2013. Capturing quantitative zooplankton information in the sea: performance test of laser optical plankton counter and video plankton recorder in a Calanus finmarchicus dominated summer situation.Progress in Oceanography, 108(1): 72-80.

Berbigier P, Bonnefond J M, Mellmann P. 2001. CO_2 and water vapour fluxes for 2 years above Euroflux forest site. Agricultural & Forest Meteorology, 108(3):183-197.

Bonan G B. 2002. Ecological Climatology: Concepts and Applications. Cambridge: Cambridge University Press.

Budyko M I. 1974. Climate and Life. San Diego English edition Academic.

Caylor K K, Scanlon T M, Rodriguez-Iturbe I. 2009. Ecohydrological optimization of pattern and processes in water-limited ecosystems: a trade-off-based hypothesis. Water Resources Research, 45: 2263-2289.

Covich A P, Palmer M A Crowl T A. 1999. The role of benthic invertebrate species in freshwater ecosystems: zoobenthic species influence energy flows and nutrient cycling.Bioscience, 49(2): 119-127.

Crockford R H, Richardson D P. 2000. Partitioning of rainfall into throughfall, stemflow and interception: effect of forest type, ground cover and climate. Hydrological Processes, 14(16-17): 2903-2920.

Eagleson P S. 1982. Ecological optimality in water-limited natural soil-vegetation systems.1 theory and hypothesis. Water Resources Research, 18(2): 325-340.

Eagleson P S. 2002. Ecohydrology: Darwinian Expression of Vegetation Form and Function. Cambridge : Cambridge University Press.

Ellen W, Stuart N L, Andrew C W. 2015. The science and practice of river restoration. Water Resources Research, 51(8):5974-5997.

Euser T, Luxemburg W M J, Everson C S, et al. 2014. A new method to measure Bowen ratios using high-resolution vertical dry and wet bulb temperature profiles. Hydrology and Earth System Sciences, 18(6):2021-2032.

Future Earth. 2014. Future Earth Strategic Research Agenda 2014. Paris：International Council for Science (ICSU).

Feng W, Zhong M, Lenmonine J M, et al. 2013. Evaluation of groundwater depletion in North China using the gravity recovery and climate experiment(GRACE) data and ground-based measurements. Water Resources Research, 49:2110-2118.

Fu B P. 1981. On the calculation of the evaporation from land surface (in Chinese). Sci Atmos Sin, 5(1): 23-31.

Gleick P H. 1998. Water in crisis: paths to sustainable water use. Ecological Applications, 8(3):571.

Gloss S P, Lovich J E, Melis T S. 2005. The state of the colorado river ecosystem in grand canyon: a report of the grand canyon monitoring and research center 1991-2004. Center for Integrated Data Analytics Wisconsin Science Center, 45(2):55-74.

Guardo M, Fink L, Fontaine T D, et al. 1995. Large-scale constructed wetlands for nutrient removal from stormwater runoff: an everglades restoration project. Environmental Management, 19(6):879-889.

GWSP (Global water system project). 2005. The global water system project: Science framework and implementation activities. Earth System Science Partnership. Global water system project office. Bonn, Germany.

Haghighi A T, Kløve B. 2015. Development of monthly optimal flow regimes for allocated environmental flow considering natural flow regimes and several surface water protection targets. Ecological Engineering, 82:390-399.

Halder J, Decrouy L, Vennemann T W. 2013. Mixing of Rhône River water in Lake Geneva (Switzerland-France) inferred from stable hydrogen and oxygen isotope profiles. Journal of Hydrology, 477: 152-164.

Hatton T J, Salvucci G D, Wu H I. 1997. Eagleson's optimality theory of an ecohydrological equilibrium: quo vadis?. Functional Ecology, 11(6): 665-674.

Hipsey M R, Hamilton D P, Hanson P C, et al. 2015. Predicting the resilience and recovery of aquatic systems:a framework for model evolution within environmental observatories.Water Resources Research, 51(9): 7023-7043.

Hobbie E A, Williams M M. 2000. Correlations between foliar $\delta^{15}N$ and nitrogen concentrations may indicate plant-Mycorrhizal interactions. Oecologia, 122(2):273-283.

Huffman G J, Adler R F, Morrissey M M, et al. 2001. global precipitation at one-degree daily resolution from multisatellite observations. Journal of Hydrometeorology, 2(1):36-50.

IGBP. 1996. IGBP report 43.

Jacob T, Wahr J, Pfeffer W T, et al. 2012. Recent contributions of glaciers and ice caps to sea level rise. Nature, 482: 514-518.

Jennifer A D , Vanni M J. 2002. Spatial and seasonal variation in nutrient excretion by benthic invertebrates in a eutrophic reservoir. Freshwater Biology, 47(6): 1107-1121.

Jimenez-Cisneros B. 2015. Responding to the challenges of water security: the Eighth Phase of the International Hydrological Programme, 2014-2021. Proc. IAHS, 366:10-19.

Kerkhoff A J, Martens S N, Milne B T. 2004. An ecological evaluation of Eagleson's optimality hypotheses. Functional Ecology, 18(3): 404-413.

Kerr Y H, Waldteufel P, Richaume P, et al. 2012. The SMOS soil moisture retrieval algorithm. IEEE Transactions on Geoscience & Remote Sensing, 50(5):1384-1403.

Kerr Y H, Al-Yaari A, Rodriguez-Fernandez N, et al. 2016. Overview of SMOS performance in terms of global soil moisture monitoring after six years in operation. Remote Sens. Environ, 180:40-63.

King A J ,Ward K A , Connor P O, et al. 2010. Adaptive management of an environmental watering event to enhance native fish spawning and recruitment. Freshwater Biology, 55(1):17-31.

Lake P S, Bond N, Reich P. 2010. Linking ecological theory with stream restoration. Freshwater Biology, 52(4):597-615.

Leblanc M J, Tregoning P, Ramillien G, et al. 2009. Basin-scale,integrated observations of the early 21st century multiyear drought in southeast Australia. Water Resources Research, 45:546-550.

Liu M, Xu X, Xu C, et al. 2017. A new drought index that considers the joint effects of climate and land surface change. Water Resources Research, 53：3262-3278.

Long D, Scanlon B R, Longuevergne L, et al. 2013. GRACE satellite monitoring of large depletion in water storage in response to the 2011 drought in Texas. Geophys Res Lett, 40: 3395-3401.

Ma Y, Song X. 2016. Using stable isotopes to determine seasonal variations in water uptake of summer maize under different fertilization treatments. Science of the Total Environment, 550(550):471-483.

McMillan H, Montanari A, Cudennec C, et al. 2016. Panta Rhei 2013—2015: global perspectives on hydrology, society and change. International Association of Scientific Hydrology Bulletin, 61(7):1174-1191.

Michelsen A, Schmidt I K, Jonasson S, et al. 1996. Sleep Leaf 15N abundance of subarctic plants provides field evidence that ericoid, ectomycorrhizal and non- and arbuscular mycorrhizal species access different sources of soil nitrogen Oecologia, 105: 53-63.

Montanari A, Young G, Savenije H H G, et al. 2013. Panta Rhei-everything flows: change in hydrology and society-the IAHS scientific decade 2013—2022. Hydrological Sciences Journal, 58(6): 1256-1275.

Monteith J L. 1965. Evaporation and Environment in G. E. Fogg (Ef.) Proceedings of A Symposium of the Society for Experimental Biology. The State of Water Movement in Living Organisms. New York: Academic Press.

Naeimi V, Bartalis Z, Wagner W. 2009. ASCAT soil moisture:an assessment of the data quality and consistency with the ERS scatterometert heritage. J Hydrometeorol, 10:555-563.

Nakaya S, Uesugi K, Motodate Y, et al. 2017. Spatial separation of groundwater flow paths from a multiflow system by a simple mixing model using satable iotopes of oxygen and hydrogen as natural tracers. Water Resources Reserch, 43(9):252-258.

Ometto J P H B, Ehleringer J R, Domingues TF, et al. 2006. The Stable Carbon and Nitrogen Isotopic Composition of Vegetation in Tropical Forests of the Amazon Basin, Brazil.Berlin: Springer Netherlands.

Pang Z H, Yuan L J, Huang T M, et al. 2013. Impacts of human activities on the occurrence of groundwater nitrate in an alluvial plain: a multiple isotopic tracers approach. Journal of Earth Science, 24(1).111-124.

Pate J S, Unkovich M J, Armstrong E L, et al. 1994. Selection of reference plants for 15n natural abundance assessment of n2 fixation by crop and pasture legumes in south-west australia. Australian Journal of Agricultural Research, 45(1):133-147.

Penman H L. 1948. Natural evaporation from open water, bare soil and grass. Proceedings of the Royal Society of London Series a-Mathematical and Physical Sciences, 193(1032): 120-145.

Reager J T, Famiglietti J S. 2009. Global terrestrial water storage capacity and flood potential using GRACE. Geophys Res Lett, 36:195-215.

Richter B D, Warner A T, Meyer J L, et al. 2006. A collaborative and adaptive process for developing environmental flow recommendations. River Research & Applications, 22(3):297-318.

Saigusa N, Li S G, Kwon H, et al. 2013. Dataset of CarboEastAsia and uncertainties in the CO_2, budget evaluation caused by different data processing. Journal of Forest Research, 18(1):41-48.

Savenije H H G. 2015. Panta Rhei, The new science decade of IAHS. Proceedings of the International Association of Hydrological Sciences, 366: 20-22.

Shafroth P B, Wilcox A C, Lytle D A, et al. 2010. Ecosystem effects of environmental flows: modelling and experimental floods in a dryland river. Freshwater Biology, 55(1):68-85.

Sivapalan M, Savenije H H G. 2012. Evaporation from sparse crops - an energy combinatwater. Hydrological Processes, 26(8):1270-1276.

Smith R B, Meehan T D, Wolf B O. 2003. Assessing migration patterns of sharp-shinned hawks Accipiter striatus using stable-isotope and band encounter analysis. Journal of Avian Biology,

34(4): 387-392.

Stoy P C, Mauder M, Foken T, et al. 2013. A data-driven analysis of energy balance closure across FLUXNET research sites: the role of landscape scale heterogeneity. Agricultural & Forest Meteorology, 171-172(3):137-152.

Sun J, Tang C, Wu P, et al. 2014. Hydrogen and oxygen isotopic composition of karst waters with and without acid mine drainage: impacts at a SW China coalfield. Science of the Total Environment, 487(1):123-129.

Tharme R E. 2003. A global perspective on environmental flow assessment: emerging trends in the development and application of environmental flow methodologies for rivers. River Research & Applications, 19(5-6):397-441.

Tsai W P, Chang F J, Chang L C, et al. 2015. AI techniques for optimizing multi-objective reservoir operation upon human and riverine ecosystem demands. Journal of Hydrology, 530:634-644.

Wang G, Wu B, Wang Z Y. 2005. Sedimentation problems and management strategies of Sanmenxia Reservoir, Yellow River, China. Water Resources Research, 41(9):477-487.

Wang H S, Jia L L, Steffen H, et al. 2013. Increased water storage in North America and Scandinavia from GRACE gravity data. Nature Geoscience, 6: 38-42.

Wang J, Bras R L. 2011. A model of evapotranspiration based on the theory of maximum entropy production. Water Resources Research, 47(3):77-79.

Wang J, Salvucci G D, Bras R L. 2004. An extremum principle of evaporation. Water Resources Research, 40(9):333-341.

Wang X, Linage C D, Famiglietti J, et al. 2011. Gravity recovery and climate experiment (GRACE) detection of water storage changes in the three gorges reservoir of China and comparison with in situ measurements. Water Resources Research, 47(12):1091-1096.

Xia J, Tan G. 2002. Hydrological science towards global change: progress and challenge. Resources Science, 24(3):1-7.

Xu X, Liu W, Scanlon B R, et al. 2013. Local and global factors controlling water-energy balances within the Budyko framework. Geophysical Research Letters, 40(23): 6123-6129.

Yang H B, Yang D W, Lei Z D, et al. 2008. New analytical derivation of the mean annual water-energy balance equation. Water Resources Research, 44(3): Artn W03410.

Yu G R, Wen X F, Sun X M, et al. 2006. Overview of ChinaFLUX and evaluation of its eddy covariance measurement. Agricultural & Forest Meteorology, 137(3-4):125-137.

Zhang X, Xiao Y, Wan H, et al. 2016. Using stable hydrogen and oxygen isotopes to study water movement in soil-plant-atmosphere continuum at Poyang Lake wetland, China. Wetlands Ecology & Management, 25(2):1-14.

Zheng S, Shangguan Z. 2007. Spatial patterns of foliar stable carbon isotope compositions of C3 plant species in the Loess Plateau of China. Ecological Research, 22(2):342-353.

第四章
生态水文学各分支学科的发展战略

生态水文学涉及陆地、森林植被、河湖与湿地、河口与滨海等各类涉水的生态系统。因此,生态水文学的各分支学科有森林生态水文学、草地生态水文学、湿地生态水文学、河流生态水文学、湖泊水库生态水文学、滨海生态水文学、农田生态水文学、城市生态水文学、西北干旱区生态水文学。本章将概述各分支学科的战略价值、优先发展方向与建议。

第一节 森林生态水文学

森林生态水文学是生态水文学科独具特色也是发展历史比较长、相对成熟的一个分支,是森林生态学、水文学、景观生态学等的多学科交叉领域。它对我国生态文明建设和现代林业发展具有独特的理论指导价值和技术支撑作用,是需要重点关注和加快发展的热点领域。其突出特征是在考虑气候、地形、土壤、植被综合影响的背景下研究森林的空间格局和结构动态与水资源水环境的相互作用及生态过程与水文过程的多时空尺度耦合机制。本节先简单介绍了森林生态水文学的概念与内涵,然后叙述了其科学意义和战略价值,并根据研究需求和不足确定了未来研究的关键科学问题,即在水分等环境因子驱动下的森林空间格局和系统结构动态、森林水文影响的时空差异与作用机理和尺度效应、森林生态过程与水文过程的耦合,提出了未来研究应该包括森林水文影响的基础理论、水分条件影响森林的基础理论、林水协调管理的基础理论三个方面,认为未来优先发展方向应该包括森林水量影响与区域差异、森林水质影响与调控应用、多尺度森林生态水文机理模型的研发、森林水文与其他服务的权衡关系和多功能优化管理、基于区域水热背景的森林生态水文学多尺度对比研究，并就促进学科发展提出了相关建议。

一、科学意义与战略价值

森林生态水文学是森林生态学和水文学等的交叉学科，重点研究森林生态系统的分布、结构和功能与水相互作用的过程、机理、效应和与应用等相关的问题（Vose et al.，2011；余新晓，2013）。研究重点会随时空尺度、研究对象等不同而有很大差异（Bracken et al.，2007；Deng et al.，2016）。森林分布格局具有特殊的水文作用，在各空间尺度研究时都必须考虑到，它不仅包括森林及其他土地覆盖类型的空间格局，也包括森林质量（层次结构）及作为生态系统组分的土壤、立地特征等的空间分布。森林结构一般垂直分为林冠层、林下植被层（灌木和草本）、枯落物层（有时含苔藓层）、根系层（土壤层）。根据需要，森林结构还可以继续细分亚层，都有影响水文过程的一系列结构指标。以往研究结果差异大和应用受限，其中一个根本原因就是对森林的垂直结构、分布格局及其水文影响重视不够或过分"静态化"处理。未来需要借助高新技术和学科融合，对森林的垂直结构和分布格局及动态变化加强详细刻画、准确预测、合理耦合，从而弥补"短板"，实现整体水平的提高和突破。森林生态水文学关注森林植被与水的相互作用，而不只是森林植被的水文影响。与反应迅速、易于监测、已经取得较多共识的森林植被水文影响不同，水分条件对森林植被的影响反应缓慢、难以监测，并因此而研究进展不足，是未来需要格外关注和加强的方面，特别是在常年或季节性干旱地区；在湿润地区的水分条件的重要性也会随气候变化（如极端干旱和高温）和环境变化（如土壤酸化减少林木根系导致吸水能力降低引起干旱胁迫）影响加剧而提高。只有同步研究森林植被与水的相互作用，才能实现生态过程和水文学过程的耦合。由于森林生态水文学研究的多因素、多尺度、多过程、多指标特征突出，仅是对比分析和统计分析越来越不能满足需求，越来越需要利用基于过程、考虑格局和结构影响的分布式生态水文机理模型（孙阁等，2007；Sun et al.，2016）。

森林生态水文学研究首先关注森林生态系统的结构特征、分布格局和其动态变化，简称为"生态过程"，然后是森林植被影响下水的数量、质量、组成、转换过程、时空分布、水量平衡及环境影响（洪水、枯水、产水、水质等）。它是降水截持、植被蒸腾、土壤入渗、地表径流、壤中流、坡面汇流、河道汇流、洪枯变化、水质调节等一系列水文过程与水文特征的综合作用结果，对此加深理解是揭示森林水文作用机理的需求。

森林生态水文学研究的应用导向非常突出。以往传统森林水文学（Sopper et al., 1967；Lee, 1980；Hewlett, 1982；马雪华, 1993；Likens, 2013）主要是通过样地对比、流域观测和对比（Bates et al., 1928；刘昌明等, 1978；马雪华, 1993；魏晓华等, 2005）、统计分析（刘世荣, 1996）等手段研究因自然过程和经营活动引起的森林数量和质量变化对水量、水质和洪枯流量等的影响，对森林结构特征和空间分布的水文过程动态影响关注不够，对水质影响研究更是不足。相对森林植被水文影响，有关水分条件对森林植被的数量、质量和空间分布及时间动态的研究非常不足，极大限制了考虑水资源管理要求的林业发展的合理规模、格局和经营决策，未来需要加强，以在各时空尺度上实现森林与水的协调管理。这就需要准确的定量决策。为此，一方面要提高特定条件下研究结果的广泛可用性，如深化理解森林植被水文影响的作用机理、量化水文影响研究结果的尺度效应和尺度变化规律并探讨可行的尺度转化途径；另一方面要发展并完善那些充分耦合了生态过程和水文过程的分布式生态水文机理模型（Krysanova et al., 2005；Yu et al., 2009；Sun et al., 2016），并发展为适合多目标、多尺度管理的决策支持工具（McVicar et al., 2007；潘帅, 2013），推动实现林水协调管理及生态系统综合管理。

几十年来，我国一直在大力恢复森林植被，相继实施了"三北"防护林、退耕还林、用材林培育、天然林保护等重大工程。然而，由于对森林水文作用和水资源承载力限制的研究不足、认识不深（郭忠升等, 2009；刘建立等, 2009），长期盲目造林和过度造林带来了生态耗水增加和流域径流大幅减少，降低了干旱缺水地区的供水安全程度，从而危及区域发展（黄明斌等, 2002；王彦辉等, 2018）。同时，土壤干旱和干化严重也降低了林木的成活率、生长量、稳定性与功能发挥。因此，林业发展规模和森林经营都必须考虑水文影响和水资源承载力限制（Wang Y et al., 2012），国内对此有着激烈而持久的学术争论。一些为数不多的研究表明，通过合理设计流域的森林数量（覆盖度）和系统结构及空间分布，就可以一定程度地减少不利的水文影响（刘建立等, 2009；潘帅, 2013）。只是目前有关研究还非常稀少，未按自然环境梯度系统研究，非常缺乏考虑水资源管理要求的林业规划与森林经营技术，因而也就缺乏林水协调管理政策，导致未能根据我国各区域的自然、社会、经济条件从合理利用水资源角度安排森林的数量和格局及指导森林经营，造成一些地方林业发展和森林经营出现偏差。未来应该通过加强应用导向的森林生态水文研究，并促进把林水协调作为一个原则落实到林业发展中，将林水相互作用作为发展规划与经营管理和效益评价的新内容和新指标（Wang Y et al., 2012），促进通过技术进步降低森林生态用水定额和增强水文服务功能，加快推出林水协调管理技术模式与形成林水综合管理决策支持能力。

二、关键科学问题

森林生态水文学的突出特点是研究森林与水的复杂相互作用关系。一方面，水的数量和质量及其时空分布在很大程度上决定着森林的种类、数量、质量空间分布等特征；另一方面，森林上述特征又不同程度地影响着各时空尺度上的水文循环和水质特性，从而产生森林水文影响。要合理指导林水综合管理，就需要从多部门、多尺度、多专业、多过程、多指标的角度全面深入理解林水相互关系，加强能把时空动态、生态格局、系统结构、水文过程、过程耦合等有机关联起来的机理性研究。然而，由于历史原因及学科发展阶段性，森林生态水文学科的内容发展还非常不均衡，国内外很多学者关注和研究的关键科学问题（Breshears et al., 2009；Lacombe et al., 2016；Sun et al., 2016）如图 4-1 所示。

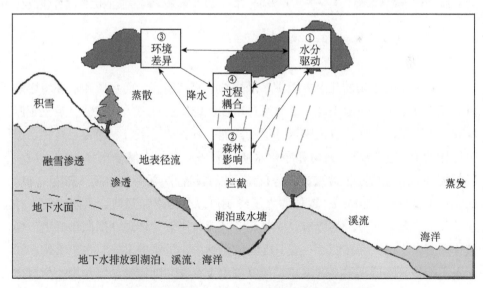

图 4-1　森林生态水文未来研究的关键科学问题

①水分等环境驱动下的森林空间格局和系统结构动态；②森林水文影响的时空差异与作用机理和尺度效应；③森林群落内外环境差异的影响；④森林生态过程与水文过程的耦合

详细描述水文过程（及其他环境条件）对生态过程的影响，除了基于明确的物理机制描述水量传输、水量转化、产流汇流等过程以外，要着重刻画根系层内植被可利用的土壤水分数量和水分运动过程，包括水分的垂向运动和侧向运动过程，以及根系和冠层对土壤水分胁迫的响应及由此导致的土壤有效水分变化，因为土壤水才是连接水文过程和生态过程的关键；还要准确描述受水分条件影响下的植物水分吸收和散失过程、光合作用过程、碳循环和营养循环过程、光合产物分配（植被生长发育）过程、能量传输过程等。有些相关学科对这些过程已经取得长足进展，需要充分借鉴应用；但有些过程还缺乏研究，如水分驱动下的森林结构特征和空间分布格局变化、土壤水文物理性质变化、不同树种的水分生理特征和水分胁迫响应等，需要加强野外和室内控制研究。在深入和完整认识生态过程与水文过程耦合关系的基础上，发展完善或开发一些生态水文模型或模块，或结合应用已有森林植被生态模型，可以扩大生态水文模型的适用范围，同时提高解决生态与水文问题的能力。

三、优先发展方向与建议

本节首先分析了森林生态水文学的发展趋势与前景，然后提出了林水相互关系的基础理论研究需求和未来优先重点发展方向，以及未来学科发展的优先内容建议。

（一）未来发展趋势与前景展望

在森林水文影响的几个方面中，水量影响研究最多，而水质和水环境影响研究还非常不足。一般来说，森林通过增加和维持足够高的地表覆盖及土壤厚度和土壤孔隙度等而具有改善水环境的功能。森林通过吸收、滞留、转化、吸附等作用而产生降低污染物和净化水质的服务。森林流域输出径流的水质一般都较好，通过构建植被过滤带等措施可以直接消减污染物负荷（Ellis et al.，2006；王良民等，2008）。森林的水量影响可以分为对年径流、洪水径流、枯水期径流及其时间分配的影响。森林调节径流作用首先体现在削减洪峰上，但其作用随洪水增大而减弱，一般只能有效消减中小洪水的洪峰，在土壤饱和情况下不能显著降低大洪水的洪峰；虽然理论上存在"削峰补枯"作用，但具体地点的森林"补枯"作用还取决于气候、土壤、植被、地形等因素的差异和多种水文过程的相互作用，难有统一结论（Bruijnzeel，2004），至少在土层深厚、土壤持水能力很强、植物根系发达和很深的干旱地区很难观测到森林增加枯水径流，因为这里的降水首先被储存在土壤中用于植物吸收，难有很多降水渗入地下水后形成基流；森林对年径流的作用有很多研究，倾向于森林增加会显著减少径流，但减少程度受气候、土壤、植被、地形等因素影响，为数不多的例外仅见于林冠拦截雾滴造成水平降水大幅增加或云雾降低饱和水汽压差而抑制树木蒸腾（Ritter et al.，2009）的案例。由此可见，森林水文影响存在很大时空差异，不能一概而论，需要区别对待和精细化管理。

在水分条件影响森林植被方面，包括仅考虑自然条件下和同时考虑社会经济发展要求条件下的水资源限制两个层面。自然条件下水资源限制常被简述为年降水量限制，如认为我国地带性森林一般分布在年降水量 400 毫米或 450 毫米以上。但实际森林分布是受降水量大小和时间分配及在地形、土壤等非气候因子的土壤水分再分配影响和地下水、灌溉等非降水水分输入影响下的土壤水分条件的直接限制，即还存在着森林的非地带性分布。除森林分布外，森林生长也受水分条件限制。在社会经济发展用水不断提高的条件下，有限的水资源必须均衡分配在生态、生产和生活的各个方面。林业发展和森林经营也必须考虑对水资源数量和用途配置的影响，或说必须考虑社会经济发展用水限制，量化并遵循水资源的森林植被承载力（郭忠升等，2009）。当然，除水资源限制外，还要考虑其他土地利用限制。水资源的森林承载力可以表述为合理的森林覆盖率、空间分布格局和林分结构，已有成功案例（潘帅，2013），但还有待不同条件下的更多案例和具有普遍指导意义的理论与技术发展。

近 40 年来，尽管我国林业得到显著发展，生态环境也得到巨大改善，但我国森林生态水文研究基础薄弱。以往过分偏重"森林水文效益"研究，对水资源限制研究非常不足，而且研究区域和研究尺度的限制突出，不能满足新时期林业发展的科技要求。为积极应对新时期的严峻挑战，需要认真面对多区域的巨大差异、多指标的评价需求、多方面的科技挑战，开展跨学科综合研究，不断完善森林生态水文学理论框架，综合利用各种来源数据，发展和利用各类模型，深入理解、定量评价、准确预测和合理利用林水相互作用，满足多样化的森林生态水文服务功能要求，提高森林生态水文学对林业发展的指导作用与实质贡献。为此，下面提出了森林生态水文学科的基础理论研究需求、未来优先重点发展方向及未来学科发展的优先内容建议。

（二）林水相互关系基础理论研究需求

森林生态水文学基础理论研究分为森林水文影响、水分条件影响森林、林水协调管理三个方面。

1. 森林水文影响的基础理论

以往研究中，限于科学认识、发展阶段、研究条件等，存在忽视植被以外因素（气候、地形、土壤）影响的问题，未来必须同时关注各因素影响，从而获得更全面的认识和结果，推动相关理论进展和技术提升。未来还需要深入理解和定量刻画森林水文影响。这就需要理解森林水文影响的形成机制，即一系列植被结构指标及其空间分布格局在特定气候、地形、土壤条件下如何对一系列水文过程发生作用而综合产生水文影响？需要把异质性的空间对象（如流域）划分为相对均质的很多空间单元（如林分、水文响应单元），在空间单元内重点关注植被结构的影响，同时在更大空间范围内关注分布格局的影响；从水文过程影响的角度，可以把森林结构垂直划分为林冠层、林下植被层、枯落物层、根系（土壤）等作用层（及进一步划分出亚层），然后研究各层结构特征对水文过程的作用，并进行定量刻画，包括明确响应线型、确定关键阈值、建立统计关系、提出机理模型等，尤其是按其本来关系耦合多种因素对多个过程的影响，以准确预测变化环境下的森林水文作用，提供具有坚实科学基础的决策支持，这是未来研究需要格外关注的一个方面。

未来还需要努力突破时空尺度效应限制。因为任何研究结果都存在尺度效应，所以不能随意推广应用。产生尺度效应的原因很多，如影响因素的空间异质性、主要因素和主导过程的时空尺度变化、各种水文影响的相互作用等，研究中不可避免地简化假设会导致计算结果与实测结果吻合程度的尺度变化。深入理解森林水文影响的尺度效应并进行合理的尺度转换，是未来研究的热点和重点。这需要合理划分水文循环和水文过程研究的尺度等级，明确不同尺度的主要过程和影响因素及植被参与程度，形成适应不同尺度的生态水文过程机理模型，提出尺度转换技术。由于水文要素的时空异质性是引起尺度效应的重要原因，应用具有过程机理基础的分布式流域水文模型可能是突破尺度限制和实现尺度转换的有效途径。

2. 水分条件影响森林的基础理论

水分和能量条件及其匹配情况，对森林的分布与生长至关重要，其中水分影响在具有干旱限制的地区格外重要，但过去研究重视不够，理论和技术基础薄弱，需要加强。

过去对水分限制研究主要是森林地带性分布规律的大尺度研究，采用指标主要是年降水量或年湿润度（年干燥度）。但是，非地带性森林分布在干旱地区格外重要。例如，山地森林的空间分布和生长均受到海拔、坡向、坡位、土壤厚度、坡度等的重大影响；再如依靠地下水或灌溉的河岸林及绿洲森林，以及黄土区造林后依靠土壤水生存生长但后期出现土壤干层限制生存生长的现象。深入理解、定量刻画水分参与影响下的森林地带性与非地带性分布规律，尤其是加强研究受空间再分配、空间异质性和动态变化影响的土壤供水能力的时空变化对森林分布与生长的限制作用，量化区域或流域的各种水资源利用配置及其他水资源管理要求（如减少洪水、改善水质等）导致的植被承载力变化，对合理制定森林恢复区域、规模和措施都很重要。

3. 林水协调管理的基础理论

为提高区域生态文明建设水平，同时实现供水安全和生态安全，必须注重林水协调管理，并先在基础理论方面取得突破性进展。

准确量化并足量提供植被生态用水，是维持森林稳定及其服务功能的基础。但生态用水研究长期发展缓慢，导致出现一系列问题，如干旱缺水地区忽视水资源承载力而盲目和过度造林，使森林生长不良、土壤干化严重、流域产水下降。未来需要按自然环境梯度部署一系列长期项目，采用统一方法研究量化森林耗水定额及其随林分结构、立地特征、气象条件的变化规律，在不同时空尺度上精确估计森林生态用水，奠定林水协调管理的基础。

未来需要追求林水协调管理，不能继续是单纯的水资源管理或森林管理。一方面，要把水资源管理链条从河道延伸到坡面产水区，渗入森林管理中；另一方面，在森林管理中要充分考虑水文影响和水资源管理限制。因为我国绝大多数森林都位于上游产水区，所以林水协调管理的关键是推动面向水资源管理的森林管理。要基于对森林的数量、质量和空间分布对产水量及其时间分配、减免洪水、提高枯水径流、改善水质等功能影响的准确量化，合理规划和科学管理森林植被的数量、质量和空间分布格局。这就需要在不同区域的不同类型立地上，研究林分结构特征和生长状态对一系列水文过程的影响及最终对蒸散耗水量、产水量、产流和汇流过程的影响及其时空变化规律，从而具备面向流域水资源管理的森林发展规划与管理的科学理论与数据基础。

（三）未来优先重点发展方向

为推动我国森林生态水文学发展和提高林水协调管理能力，保障全国各区域生态安全和水安全及可持续发展，需要按分区分类、顶层设计、统一方法、长期研究、数据共享、统一分析的指导原则，在全国生态功能分区和水安全框架下，进行森林水文功能的多级详细分区，确定各分区内主要森林类型和水问题，进行森林水文影响现状、要求与不足的详细评价与问题诊断，提出解决问题的策略与发展建议。下面是未来需要优先和重点关注的研究方向。

1. 森林水量影响与区域差异

（1）按环境梯度统一布设相关研究。森林水量影响的研究历史虽已很长，但因存在忽视非植被因素和森林结构与格局的影响、研究尺度多偏小且考虑尺度效应不足、研究地区分布不均匀、尚未形成统一的理论认识和数量关系及管理决策支持能力等，未来很长时间内仍将是重点研究方向。需要分区分类地统一选定代表性地点，于样地、坡面、小流域、流域等不同空间尺度上，在考虑气候、地形、土壤等非植被因素影响的前提下，研究环境驱动下的森林结构与格局的动态变化及由此引起的对一系列水文过程的影响，并借助机理性生态水文模型，耦合生态过程和水文过程，形成变化环境下森林植被水量影响的再现和预测能力。

（2）量化森林结构的水量影响。在样地尺度研究中，要重点理解森林结构的水文影响。为此，需要按环境和植被特征梯度选择一系列典型样地开展生态水文观测研究。对于给定立地特征的样地，需要先垂直分层［如林冠层、林下植被层、枯落物层、土壤根系层（及分层）等］，确定主要结构指标（如叶面积指数、冠层和枯落物层及土壤层的持水能力、土壤导水率等），同步监测各种非植被因素和植被结构特征的变化及水文过程，定量研究水、热、肥等环境条件及人工经营对各层植被结构特征的驱动作用（即生态过程），同时定量分析各种非植被因素和植被结构对一系列水文过程（如植被截持、土壤入渗、地表径流、壤中流、汇流、蒸腾、蒸发等）的影响，建立数量关系；基于土壤水分动态监测结果和水量平衡计算，得到样地产水量动态过程和其典型年份数值及多年均值。利用多样地研究结果，通过对比分析、统计分析、模型模拟等，定量分析变化环境下的森林结构特征的水量影响，以及其影响随多个环境因素梯度的变化规律。

（3）量化森林水量影响的坡面变化规律。在坡面尺度开展研究，以便确定植被本身和其他各种因素的坡位差异和其水文影响。这在干旱地区格外突出和重要。需要按环境梯度和植被特征梯度，选择一系列的不同典型坡面，在不同坡位设立一系列样地（或连续样地），同步开展不同坡位样地的森林植被特征及其水文过程影响研究。通过不同坡位样地的水文影响对比，确定代表性坡位，以提高典型样地研究结果的坡面代表性；通过分析森林影响的坡面均值与不同坡位样地结果的数量关系，探寻将坡位样地研究结果上推到坡面的尺度转换方法，推动山坡生态水文学这个多年进展缓慢的分支学科的理论与技术发展。利用多个坡面研究结果，采用对比分析、统计分析、模型模拟等手段，在作为流域基本空间单元的坡面空间尺度上，定量分析变化环境下森林结构特征的水量影响及其影响随多个环境因素梯度的变化规律。

（4）量化流域内环境与植被分布格局的水量影响。在小流域和流域尺度的研究中，需要重点关注气候、地形、土壤等非植被因素和植被特征本身及其水文影响的空间异质性和时间动态性，同时考虑植被结构动态和其分布格局的影响。为此，需要按环境梯度和植被特征梯度，选择一系列典型流域（最好设计为大小不一的系列研究流域及包括研究坡面和研究样地的嵌套研究流域），综合利用遥感和地面调查数据，分析气候、地形、土壤、植被因素的主要指标及水文特征的空间变化和时间动态。在通过对比分析和统计分析等研究后理解森林水量影响的同时，加强分布式研究，即把流域划分出许多内部差异相对较小的水文响应单元，综合运用在坡面和样地尺度获得的研究结果及各种数据，发展完善分布式生态水文模型的合理结构和优化确定模型参数；通过多流域联合研究，分析模型参数随环境与植被特征的变化规律，提高分布式模型的广泛适用性；通过设立各种情景，区分和预测给定环境下植被结构和格局变化的水量影响及其时空变化。

（5）准确预测和评价森林对极端流量的影响。准确预测和评价森林结构特征与空间分布对洪峰流量和枯水流量的调控作用，对精细指导林业建设和森林管理、减免旱涝灾害都非常重要。影响洪水的因素很多，除暴雨特征外，还有流域地形、河槽特点及人为活动等，所以森林只能在一定程度上消减中小洪水和局部洪水，不能替代防洪工程。但从长时间尺度来看，森林仍可以通过减少土壤流失和水体淤塞而一定程度地影响大洪水。要有效减免洪水，就必须充分利用森林的减洪作用。这需要区分出林冠层、林下植被层、枯落物层、土壤层的结构变化对坡面产流、坡面汇流、河道产流、河道汇流等的作用，发展和完善分布式生态水文模型并进行多情景模拟分析，从不同时间尺度上量化森林结构特征、空间格局对各水文过程、径流总量和时间分配及洪峰流量的影响，准确预测和评价森林在不同类型与级别洪水中的削减洪峰作用及其随气候、地形、土壤、植被条件的变化。对于森林能否像很多人期盼的那样通过消减洪水径流而增加枯水期径流，现有研究结论非常不一致。这是由于森林增加入渗的降水能否转为在枯水季节补充河道流量的基流受很多其他条件影响，森林增加入渗形成基流和增大蒸散减少基流两个作用会互相抵消。例如，当土层深厚且林木蒸腾旺盛时，或降水量不足以使入渗雨水渗透到根系层以下时，储存在土壤中的水被用于蒸腾消耗的比例就会增加，形成基流比例就会减小。因此，要准确评价森林对枯水径流的作用，不但要研究气候、地形、土壤、植被对水文过程和产水量的影响，而且需要深入理解特定流域的完整水文循环特点，理解根系层与根系层以下的土壤和地质条件及蒸散耗水对基流形成的影响。

2. 森林水质影响与调控应用

充分利用森林独特而重要的水质调控作用是治理水污染的措施之一，可以弥补常规治理措施的不足。然而，我国森林水质影响研究非常有限，缺乏系统性和完整性，限制着其主动和充分利用，非常需要加强这方面的基础与应用研究。

（1）维持良好水质的森林结构与经营管理。林区径流一般水质优良。这是由于林区污染轻、人类活动少，所以一般增加和维持森林覆盖会利于维持和改善水质。但在经营不当（如大面积皆伐、过分扰动土壤、破坏地表覆盖）、经济林和用材林过度集约经营、发生森林自然灾害和进行病虫害防治等情况下，也可能产生不利的水质影响。为此，需要研究理解森林结构对水分和元素循环及水质的影响，探讨利于维持和改善水质的林分结构及配套经营措施；在流域尺度需要研究森林植被合理空间格局，提高森林水质服务功能；在干旱缺水地区，由于水质和水量关系更紧密，也需要格外关注森林水量影响，探讨同时满足水量和水质要求的森林合理结构和优化布局。

（2）提高水质功能的植被过滤带优化结构。建设植被过滤带是防治农田面源水污染等的有效措施（Ellis et al.，2006；王良民等，2008），可以有效补充工程措施，在欧美国家和地区已经相当普遍，美国 1978 年就将其确定为流域管理的一种"最佳经营措施"，美国农业部 1997 年出台了"国家保护缓冲带倡议"，英国和其他欧洲国家及加拿大、新西兰等也不同程度地提倡植被过滤带。但我国的相关研究才刚开始，缺少具体技术，未来需要格外加强。要选择河流、溪水、农田、果园、村落、道路等不同土地利用的排水路径，建立不同类型、结构、宽度的植被过滤带研究站点，从生物、土壤、化学、物理、水文等多学科角度，研究农田径流污染等的时空变化过程和运移特征，剖析植被减少径流污染和净化水质的过程与机理，研究典型植被过滤带及传统的农田防护林、农林混作、四旁植树和社区绿化等形式的林木结构和空间格局及其他立地因素和污染特点对拦截与减少地表径流、降低土壤侵蚀与污染物输出的影响，理解生长吸收、土壤吸附、微生物降解等净化水质机理，为植被过滤带的设计、经营和管理提供理论基础；从满足改善水质要求、提高单位土地面积的改善水质功能、降低治污成本、增加土地利用效益等多目标出发，提出不同地形、气候、土壤和污染条件下的植被过滤带合理结构，开发优化设计技术支持工具，形成成套的技术规范。

3. 多尺度森林生态水文机理模型的研发

能真实反映森林的结构和格局的过程影响的生态水文模型，是进行森林、环境及水资源综合管理决策的重要支持工具。近几十年来，生态建设和环境保护综合管理要求不断提高，给生态水文模型的发展与应用不断提出新挑战，过分简化水文过程的生态学模型或过分简化生态过程的水文学模型都面临着很大限制，必然地走向了将生态-水文过程紧密耦合的多尺度的生态水文模型发展阶段。

（1）提高模型的多源数据利用能力。流域生态水文模型的发展趋势是不断融合生态、气候、水文、土壤等自然过程，最终形成 个复杂的地球模拟系统。这使模型的数据需求不断提高。要不断提高流域生态水文模型预测精度，除改进模型结构外，最重要的是不断提高对时空分辨率不同的多源数据的充分利用能力，包括各类遥感观测、定位监测和模型模拟数据。这就需要发展相应技术，融合不同来源数据，利用各自优点和克服不足，高效管理海量数据，得到高精度的时空连续覆盖数据，支持生态水文模拟。此外，还需要克服数据采集与管理方面的制约，引入"物联网"和"云平台"等技术，实现相关数据的高效采集、科学管理、有效分享与实时分析，促进及时、科学地管理决策。

（2）加强对水分等环境驱动的详细刻画。森林的分布和生长及服务功能形成同时受到气候、地形、土壤、植被几类因素的复杂影响，若在模型模拟中将任意一个方面或过程过分简化或静态化处理，都可能造成模拟结果的严重偏差。相对生态模型而言，水文模型取得了长足进步，出现了一系列水文模型，为水资源、水污染、水环境、水灾害等的管理提供了重要支持，但其对生态过程及生态-水文过程联系的描述缺乏或过分概化，如传统的集总式水文模型忽视水文要素的空间异质性；随遥感和信息技术进步而出现的分布式水文模型虽然可以考虑空间差异，但常将动态水文要素进行静态化处理，限制着模拟精度提高和模型广泛应用。因此，未来需要加强研究如何精细化描述水分等环境条件驱动下的森林植被结构等生态过程及其水文过程影响，如下渗、产流、汇流等水文过程导致的土壤水分和营养空间异质性对林木生长与演替的影响；土壤水肥条件或胁迫对林木根系数量和分布深度的影响；根系层土壤水分变化与运动受植被蒸腾、降水截持、地表覆盖的影响等。

（3）促进对生态与水文过程耦合的详细模拟。森林生态过程与水文过程的耦合有很大时空差异，还需要很长的研究与发展历程才能在模型中准确反映。例如，在干旱地区，需要格外详细刻画土壤水分对植被生长的影响，湿润地区需要格外关注营养、光照等对植被生长的影响。这需要一方面加强研究和理解不同地区的主要生态过程与水文过程的耦合特点与数量关系，另一方面加强开发一系列专用模块或链接已有的考虑环境驱动的生态模型，依据数据基础或研究需求等合理地采用概念性、半物理性和物理性的模型耦合途径，从而形成能同步动态模拟植被结构特征的时空变化和其水文过程影响的分布式生态水文模型，提高对环境驱动下的森林结构动态预测能力和管理决策支持能力。在现有模型中，耦联生态过程与水文过程时最常用的植被结构参数就是叶面积指数，其同时参与或影响生态过程及水文过程，但同时还需要应用更多生态系统结构指标，以便更完整和准确地反映生态过程与水文过程的复杂耦合联系。例如，加强刻画伴随森林生长发生的土壤水文物理性质的缓慢变化，也需要把不断增强的森林与水土资源管理活动（如造林整地、水土保持、农业灌溉、地下水抽取、水库调度等）作为特殊生态过程引入流域生态水文模型中。

（4）克服森林水文影响与模型模拟的尺度效应限制。森林水文影响有很大时空尺度效应或尺度限制，这在很大程度上限制了研究结果应用。因此，如何理解和克服尺度限制并实施尺度转换，是多年的研究热点与难点。产生尺度效应的主要原因可能包括水文要素的时空异质性及其导致的林水相互作用、主要生态水文过程的尺度依赖性、具体研究的时空局限性、研究中对真实系统与过程的简化。影响林水相互作用的重要因子在较大地理空间尺度上是气候，在景观尺度上是影响小气候、土壤特征、水分养分和植被生长空间差异的地形地貌，在林分尺度上是生态系统结构特征。特定过程具有特定的特征尺度，如超渗产流属于点过程，而蓄满产流过程在一定空间范围才能发生，坡面和沟道汇流过程更需要一定的空间范围。在小于特征尺度范围阈值的粒度上刻画这些生态过程或水文过程没有意义，还可能引入人为误差。因此，要合理描述流域内的生态水文过程及其相互作用，就需要深入理解生态水文要素与过程的时空异质性规律，量化各种过程的特征尺度及森林水文影响随尺度变化而变化的数量关系，避免不合理的时空离散化导致的过程特征尺度与模拟尺度的不匹配及由此引入的人为误差。未来需要加强研究林水相互作用的尺度效应和尺度转换，包括水文循环和生态水文过程研究的尺度等级划分、不同尺度的主要生态水文过程和影响因素及植被的参与程度、不同尺度的主要生态水文过程的机理模型、生态水文过程和森林植被水文影响的尺度转换、大规模植被建设的水文影响预测和评价的理论与技术等。产生尺度效应的根本原因在于时空异质性，所以研发和完善分布式流域生态水文模型可能是实现森林水文影响尺度转换的有效途径。

4. 森林水文与其他服务的权衡关系和多功能优化管理

所有森林都同时具有包括水文调节在内的多种生态服务功能和生产功能，充分发挥我国有限面积森林的多种服务价值，为区域和全国可持续发展提供基础和支持，是生态文明观指导下的现代林业应该努力追求的目标，也是森林生态水文学努力的方向。

我国林业发展经历了单纯采伐利用、以木材为核心的永续利用、森林多效益永续利用、森林生态系统管理四个阶段，现正在进入多功能林业阶段（中国林业科学研究院"多功能林业"编写组，2010；Wang Y et al.，2015），其突出特征是注意通过保护和改善森林生态系统的结构来维持和提高森林的多种服务功能，合理调控森林多种服务功能的竞争关系，从而使森林服务于国家、区域和局地可持续发展要求的整体功能得到优化。由于理论认识和实用技术缺乏，我国一些林业发展规划决策出现了较大问题。在北方干旱缺水地区，由于对森林降低流域产水的影响与其他服务功能的竞争关系认识不到位，往往过分追求森林覆盖率提高。面对不断增加的森林多功能需求，尤其在我国人多、林少、环境压力大的国情下，森林能自然提供的各种服务功能的数量和比例都不能满足发展要求，这就需要主动设计能满足多功能需求的森林分布格局和系统结构，并研究提出对应的管理和经营技术措施，合理调控各种功能间的关系，尤其是那些具有竞争限制的功能关系。

在我国未来水安全问题越来越突出的背景下，林业发展和森林管理必须在努力增加森林多种生产和服务的同时，尽量提高其解决当地各种水问题的能力与贡献。由于各地水安全问题及发展林业的自然环境和社会经济条件差别很大，林业发展政策和森林经营管理技术必须因地而异、因水而宜，必须分区分类地追求林水协调管理（Wang Y et al.，2012）。

分区管理，是指在以往主要基于林木生长的林业建设分区外，还要考虑水安全问题的区域差异及其对林业发展的特殊要求。在降水稀少、难以满足林木生存需水的干旱地区，不能盲目造林，只能在有外来水源（河流、地下水）且林木生态用水能得到保障的局部区域，根据对林木功能的特殊要求适度造林。

在降水不足、干旱缺水的半干旱和半湿润地区，林业发展规模（森林覆盖率）必须限制在区域（流域）水资源承载力以内，使林业发展兼顾生态安全和水安全，而不是过分追求林产品生产；必须合理选择适宜的造林地点和造林树种，追求节水、调水、净水的水文功能；必须设计和维持合理的森林植被结构，在不降低其服务功能的前提下尽量减少生态耗水，保证水量供给安全。在降水充足、水量限制不突出的湿润地区，森林水文调节功能首先是削减洪水、提高水质、减少侵蚀，同时努力追求林业的生产功能和其他生态服务功能。在水源区或水质问题突出的地方，必须把保障足量优质水源供给作为首要或重要森林功能，并以此来规划和指导林业发展和森林经营。

分类管理，是指进一步明确各类森林的主导功能，在满足主导功能的同时尽力发挥森林的水文功能和避免过度生态耗水、降低水质等不利作用。对于用材林，要防止经营不当降低地表覆盖造成土壤流失，尤其避免过度林下经营、林木密度过大耗水过多、过量施用化肥引起水质污染。对于干旱地区山地水源涵养林，主导功能就是水源涵养和水土保持，其林水协调管理需要基于水资源承载力，合理确定发展规模和经营模式，构建同时具有节水、净水、调水功能的高效水源涵养林。对于南方陡峭山地的水源涵养林，主导功能是保护土壤、涵养水源、削减洪水，因此严禁陡坡林地采伐造成水土流失。对于"三北"地区的防风固沙林和水土保持林，仍需要坚持其防风固沙、保持水土等主导功能，但在发展和管理中需要多考虑水分限制，依据不同立地的水分承载力，多采用乡土树种，恢复稳定高效的近自然植被，因地制宜地构建乔灌草有机组成的防护林体系。对于平原农田防护林，主导功能仍是改善农区环境、保障粮食生产，并兼顾木材等多种林产品生产，但以后还要结合植被过滤带建设发挥其拦截农田地表径流、削减农业面源污染的作用。对于各地不同类型的经济林，在注意生产丰富多样的林果产品的同时，要格外注意避免过分施用化肥、农药造成污染，还要结合植被过滤带建设发挥其拦截径流、降低污染的作用。

5. 基于区域水热背景的森林生态水文学多尺度对比研究

森林生态水文规律受控于区域水热环境及各空间尺度下的地貌类型，在此前提下才有森林结构改变对水文过程的影响。因此，森林生态水文学研究必须同时着眼于不同层级的驱动因子，开展基于区域水热背景及集水区等各地貌尺度的森林生态水文对比研究。

为此，需要准确做出全国等湿润指数（降水／蒸散潜力）或等干燥指数（蒸散潜力／降水）的时空分布图。由于地形调节作用，等湿润指数或等干旱指数的空间分布将不会与区域性水热分布图重合；在地形复杂的区域，地形调节作用将使等湿润指数曲线在海拔、坡向、坡位上相差很大。同时，由于降水、气温的季节性，特别是降水的季节性差异，加之地形的影响等，等湿润指数或等干旱指数的时间分布将更显出区域和地形地貌的独特性。建议能最终制作和提供按月及年平均的等湿润指数或等干燥指数的时空分布图。

在此基础上，研究等湿润指数或等干燥指数的时空分布对森林恢复、人工造林等国家行为实施的指导作用，尤其是对比研究和量化森林对水资源的影响，以得到客观规律。

（四）未来学科发展的优先内容建议

在我国将森林植被建设作为生态文明建设重要内容、水资源和水灾害及水环境问题严重、加强山水林田湖草系统管理的要求不断提高的背景下，需要高度重视森林生态水文学研究及其成果应用，深入研究林水相互关系并提出针对性的管理战略与技术，为此提出如下优先发展内容建议。

1. 促进交叉学科发展并设立森林生态水文学二级学科

为促进森林生态水文二级学科发展，需要制定切实可行和领先的中长期学科发展规划，加强人才和设备能力提升，这包括：

（1）制定整体规划。针对国家研究需求和区域特色，考虑学科发展规律，基于以往基础和针对薄弱环节，尽快制定全国范围的森林生态水文学研究整体规划，确定优先领域和方向，推动建立"结构完整、布局合理、层次分明、机制完善"的学科体系，全面促进森林生态水文学科发展，尽快占领国际领先地位。

（2）建立研究团队。认真梳理国内相关研究单位及高校在森林生态水文方面的优势与基础，按学科研究内容、区域研究需求、单位研究优势，打破部门和单位壁垒，建立一个分工明确、紧密合作的研究团队，统一部署具体研究计划，实现人才、物力、数据、设备及技术的广泛交流、融合与共享，形成超强的研究能力。

（3）保障稳定支持。需要从国家层面设立长期连续的研究计划和一系列研究项目，给予新生交叉学科长期稳定支持，参与团队的各单位和部门也应该加大人力、物力、财力投入。近期应该在科技部的国家重点研发计划里设立专门研究领域及项目；在国家自然科学基金委员会设立专门支持方向和重大研究计划，并在重大、重点、面上、国际合作等类型项目立项上予以倾斜；各相关部门也应该专门支持森林生态水文应用基础和应用研究；各研究单位应该选择短期内不能获得国家计划支持但对单位学科发展很重要且有前景的领域，用单位的基本科研业务费立项倾斜支持。

（4）实施人才计划。依据森林生态水文交叉学科发展需要，增加相关研究团队人员编制，引进多个相关领域的国际国内人才，满足近期学科发展要求；需要增强对森林生态水文学科方向的研究生培养，制定相关人才培养教育计划；需要加强对现有研究人员及野外工作技术人员的跨学科培训，为野外研究台站高效运行和各种基础数据的收集与分析提供保障。

（5）提升研究平台。面对森林生态水文研究需求，应该结合利用已有森林生态系统定位站，扩大在坡面、小流域、流域尺度的研究站点建设和设施配置，完善研究与监测站点的网络布局，提高在野外监测、站点运行、数据采集等方面的技术水平，形成覆盖全国、布局合理的林水相互关系研究平台体系，如在黄土高原泾河流域（内有国家林业和草原局宁夏六盘山森林定位站）开展的森林生态水文基础研究和林水综合管理技术研究中逐渐形成的"典型流域+典型小流域+典型坡面+典型样地"的多级研究站点体系模式。对于共性研究问题，可以建立多部门联合的全国性森林生态水文研究中心或国家/部门重点实验室。

（6）更新技术装备。目前普遍存在技术装备与国外先进水平的明显差距，且数量配备不足，更是缺乏自主研发仪器设备的能力，严重影响了野外实验开展和研究创新。应该加大力度支持最新科研技术设备的更新与配备，注重科研仪器设备自我研发队伍建设和能力提升，提高森林生态水文野外监测站的硬件水平。

（7）加强国际合作。加大与国外优秀团队及学术组织的森林生态水文科研合作，专门支持相关领域的国际合作项目，并加大对研究团队的国际合作项目、成员出国交流、国外留学生培养等方面的支持。

2. 近期的研究项目布局建议

（1）分区分类布置。为了减少盲目和重复研究，提高研究结果应用的针对性，首先需要在全国生态功能分区和全国水安全框架下进行全国森林植被水文生态功能的多级详细分区，确定各分区内的主要森林类型和水问题，进行森林水文功能现状、要求与不足的详细评价，诊断产生问题的原因，提出需要解决的问题和可能应对策略，明确未来研究方向和主要内容。

（2）编制统一规划。针对全国和不同区域待解决的问题，详细制定森林生态水文研究发展的短期（5年）、中期（10年）和长期（20年）研究发展规划，设立专家咨询机构，动态制定和及时提交国家研究计划建议与项目申请指南，分区、分类地提出要解决的基础性和技术性问题，明确先进可及的阶段目标和长远研究目标及实施计划与方案。在山水林田湖草系统管理思想指导下，促进学科交叉融合，加强多学科、多尺度、多地点、多目标的综合研究，为我国森林植被恢复、水环境保护、水安全和生态安全提供有力的科技保障。

（3）制定统一方法。为增强数据的可比性和共享性，需要逐步制定统一的森林生态水文观测与研究方法。因而需要制定一个探索与编制研究方法的发展规划，以生态水文问题为导向，从各学科现有研究方法出发，吸取国外有关经验，针对生态水文研究特殊需求，补充缺乏的研究方法，完善不足的研究方法，建立在利用不同方法取得的数据之间进行转换的技术途径，针对不同研究内容提出不同研究目标和适宜研究方法建议，最终形成颇具特色的森林生态水文研究方法技术体系（或标准）。

（4）注意均衡支持。要注意对学科内各类研究内容的均衡支持，在不断补齐短板中提高整体水平。一方面，需要关注对基础研究、应用基础研究、应用研究的均衡支持，既使基础研究有应用导向和加快转换为实用技术，也使技术成果具有理论基础从而保持广泛适用性和全球先进性；另一方面，需要关注对不同区域研究重点内容的均衡支持。例如，西北及其他干旱缺水地区，需要格外关注森林植被的减少侵蚀、固碳释氧等生态功能与生态耗水的关系，在保障区域和局地供水安全的前提下追求多种服务功能的优化管理；在重要水源地，需要格外关注森林植被的水质调控作用，发展保护水质、减少污染的基础理论和实用技术；在洪水威胁很大的湿润地区，需要格外关注森林削减洪水方面的作用。

（5）强化成果应用。受我国特殊的气候、地形及人口多和发展压力大等的影响，我国各地都存在很多与森林和水及其相互作用有关的严重生态环境问题，如水土流失、荒漠化、水资源短缺、旱涝灾害、水质污染、气候变化极端事件等，加之未来林业生态环境建设任务很重及存在着严重不合理的森林空间布局规划和结构经营问题，急需森林生态水文研究提供针对性的科技支持。因此，我国森林生态水文研究必须有很强的应用导向性，尽快提出解决各地区林业发展和水资源管理问题的跨学科、多尺度、多目标的优化管理方案，支撑各地的可持续发展和满足国家重大科技需求。

3.近期重点支持内容建议

为保障森林生态水文新兴学科起步良好，提出国家层面近期重点支持内容的建议如下。

（1）长期研究规划。在全国统一的学科发展规划中，提升生态水文学及其下属森林生态水文学在学科体系中的定位，在新设立的交叉学科大类中分别确定为一级学科和二级学科。制定全国统一的森林生态水文研究计划，编制近期、中期、长期重点研究方向和项目指南，列入国家重点支持研究领域，设立专门项目；构建全国森林生态水文监测与研究网络和研究团队；制定统一研究方法，支持全面、系统、均衡的研究能力建设。

（2）作用形成机理。在不同时空尺度研究森林分布格局与系统结构的动态变化（生态过程）及其水文过程影响或水文作用，以及水文过程对生态过程的影响，深入理解林水相互作用机理和时空变化规律，提升预测能力和研究结果的广泛适用性，发展完善相关基础理论。

（3）森林生态耗水与稳定性。加强研究森林植被耗水特征与水分稳定性，理解不同植物的个体水分传输机理和针对生存与生长的水分生理阈值；在林分、坡面、小流域、流域、区域等不同空间尺度，量化植被生态耗水动态变化规律和与环境条件的关系，发展同时考虑供水安全、植被稳定、经济及生态效益、植物水分利用效率的水分植被承载力计算方法，以及基于植被承载力的森林植被空间分布规划和森林生态系统优化管理的决策支持工具。

（4）尺度效应和尺度转换技术。为提高在不同具体条件和时空尺度下获得研究结果的可应用性，需要促进研究林水相互作用的尺度效应和尺度转换，包括水文循环和水文过程研究的尺度等级划分、不同尺度的主要水文过程和影响因素及森林植被参与程度、不同尺度的主要生态水文过程的机理模型、生态水文过程和森林植被水文影响的尺度转换、大规模森林植被建设的水文影响预测和评价的理论与技术。鉴于水文因素时空差异可能是尺度效应的重要原因之一，发展分布式生态水文模型可能是实现尺度转换的有效途径。

（5）森林的水质影响。随着我国环境污染加重和水质退化，对森林的水质影响及酸沉降等环境污染背景下的森林流域水质变化这些薄弱环节应特殊重视和专门支持，包括研究森林生态系统内的污染物传输、转化、吸收、降解、驻留等过程，森林生态系统的水质净化作用机理与临界负荷及其动态变化，污染对森林植被健康的影响，森林植被净化水质功能的维持和恢复，典型污染区森林植被建设的特殊要求和技术。

（6）林水协调的多功能管理。为促进流域和区域的可持续发展，实现山水林田湖草系统管理，需要加强研究和发展不同时空尺度的森林与水协调管理的基础理论及技术体系，包括流域森林植被和水资源的多种服务及其形成机制、森林植被建设和有关人为活动对流域水资源及其服务功能的影响、流域水资源管理的理论基础和森林植被调控途径、不同类型地区森林植被生态用水的合理确定、基于水资源管理的林业建设规划和森林经营管理、森林水文影响与其他服务功能的权衡关系和多功能优化管理等。这就需要开展多部门、多学科、多尺度、多过程、多指标的联合研究和长期研究，深刻认识林水复杂相互作用，在发展森林生态水文学新兴学科的同时提供山水林田湖草系统管理的理论基础和技术支撑。

第二节　草地生态水文学

　　草地生态水文学是生态水文学的一个分支，是以草地生态系统为研究对象，研究草地生态系统过程与水文过程相互作用关系的一门学科。草地生态系统是陆地生态系统的主要组成部分，变化环境下草地生态退化具有全球性并且不断加剧，因此开展草地生态水文学理论和应用研究，是促进生态水文学理论与人类社会可持续发展的共同需要。现阶段草地生态水文学前沿问题表现为草地生态系统对极端降水事件的响应及其适应策略与机理、流域径流形成与演化过程中的草地生态系统作用与模拟、草地生态系统水功能与生物多样性及其他服务间的权衡、草地生态系统水碳氮耦合循环过程与机理、变化环境下草地生态水文响应过程与草地生态系统保护等。建议未来优先发展方向为草地生态系统对变化环境响应的区域能水循环反馈与水文过程模拟、草地生态系统的界面水碳氮耦合循环过程与碳管理、不同区域草地恢复重建的生态水文机理与模式、基于生态水文学理论的草地生态系统服务持续维持与提升途径和对策及多尺度实验观测网络体系构建和生态水文模型发展。

一、科学意义与战略价值

　　全球草地生态系统分布于许多不同的气候带，约占全球陆地生态系统面积的 40%，其中大约 80% 的草地生态系统分布于干旱和半干旱地区。我国各类天然草地约占国土面积的 42%，总面积仅次于澳大利亚，居世界第二位。我国天然草地可以划分为草原、草甸、草丛和草本沼泽四大类，分别占草地总面积的 50.40%、36.60%、10.70% 和 2.30%。这四类草地与不同的气候、土壤或地

形因子结合，又可以进一步分为 12 类草地（依面积大小排序），如表 4-1 所示
（沈海花等，2016）。我国绝大部分草地（约占总草地面积的 82%）分布于高寒
与干旱半干旱地区。这些区域草地生态系统因降水稀少、热量限制、水资源储
量低、年际与季节性降水变化大等特点而形成十分独特的水文循环特征，也是
全球气候变化高敏感区和水资源供需矛盾最突出的区域。

表 4-1　我国主要草地类型及其分布面积

草地类别（天然草地）	面积 / 平方千米	比例 /%
高寒草甸	683 200	24.4
高寒草原	641 200	22.9
温性草原	453 600	16.2
亚热带热带草丛	243 600	8.7
荒漠草原	226 800	8.1
岩生草甸	156 800	5.6
山地草甸	123 200	4.4
草甸草原	92 400	3.3
沼泽化草甸	64 400	2.3
寒温带温带沼泽和温带草丛	58 800	2.1
高寒沼泽	小于 28 000	小于 1

相比森林生态系统和湿地生态系统，草地生态系统变化对水文过程的影
响研究相对较少，这在很大程度上制约了草地生态水文学理论与方法的发展。
长期以来，人们对不同区域和不同草地类型的退化、草地植被群落结构演化
等方面的生态水文学机理认识不清，也对不同退化草地生态系统恢复重建的
生态水文学规律缺乏系统了解，不仅限制了对草地生态系统演变发生与发展
机制的准确理解，也极大制约了对不同退化草地生态系统制定适宜的高效恢
复重建对策。我国超过 50% 的草地资源分布于对气候变化极度敏感的高寒地
区，但对于如何应对气候变化的草业可持续经营管理，缺乏关键的学科理论
支持。

草地生态水文学的主要研究方向是在不同时空尺度上和一系列环境条件下
探讨草地生态过程和水文过程间的相互关系与影响（王永明等，2007）。草地
生态水文学的最终目标是在维持草地生态系统生物多样性、保证生态系统水资
源的数量和质量的前提下，提供一个生态环境健康稳定、经济－社会可持续发
展的草地生态系统管理模式。

二、关键科学问题

（一）草地生态系统对极端降水事件的响应及其适应策略与机理

　　草地生态系统生产力对降水变化的响应相对森林、湿地甚至部分荒漠生态系统都要显著，但是迄今，有关草地生态系统生产力及其时空格局对降水变化的响应程度与应对机制的认识，国际上仍存在较大争议。虽然人们早已知道降水减少或极端干旱将减少草地生产力，但近年来有些温带草原的研究发现，在极端干旱条件下，虽然地上生物量有所减少，但地下生物量却得到提高，类似的情况也在寒区草地生态系统中发现。在欧洲中部草原生态系统的研究发现，即便是在百年一遇的极端降水和干旱条件下，其生产力水平依然能够维持稳定（Kreyling et al.，2008）。有研究认为，草地群落不同物种之间的互补效应、植物与土壤之间的交互作用都能够减缓降水波动导致的生态系统生产力变异（Bloor et al.，2012），从而提高系统的稳定性。最近也有研究认为，草原优势植物种的化学计量内稳性也是生态系统生产力稳定性维持的重要机制（Yu et al.，2011）。但是，这些机制上的认识尚无法去解释极端降水和极端干旱条件下生物量显著减少的草地生态类型，说明极端降水和极端干旱影响下，草地生态系统的应对机制和演变趋势尚存在较多的未知领域。由于草原占我国陆地面积的41.7%，迫切需要深入理解全球气候变化对草原生态系统功能的影响，为制定更加科学的应对策略提供科学依据。

（二）流域径流形成与演化过程中的草地生态系统作用与模拟

　　草地生态系统不同于森林和常绿灌丛，其"一岁一枯荣"的显著季节性生长节律，形成了生长前期、旺盛期和枯萎期显著不同的水循环规律。因此，在地表冻融循环、草地植被动态与土壤结构等多因素共同作用下的地表产流过程中，因存在复杂多变的产流方式及其交替变化，尚不清楚草地坡面产流模式及其形成机理。以寒区草地生态系统为例，人们对以草地植被的生态过程耦合土壤冻融过程的坡面和流域尺度的三水转化过程了解不多，降水、土壤水、地下水及河水等的相互转化及其在冻融过程中的变化、水分相态变化的影响等也均不清楚，核心问题是对寒区复杂地下水系统及其与降水、地表水间的水转换关系及它们的时空分异规律不清楚（Kool et al.，2014）。正是由于上述原因，冻土流域径流形成过程与机制、流域径流分析理论与数值模型的研究是寒区水文学亟待解决的前沿难题之一，其核心在于两个方面：①地表产流模式、季节转换规律与形成机制；②地下水径流过程及其对地表河流的水力关系（Yang et al.，2011）。水均衡关系与动态变化不仅与均衡要素的水量有关，还与某一时期的温度场特性有关，是水动力和热力双要素共同驱动的结果。

近年来，关于寒区水文模型的研究成为水文学的热点研究领域之一，水热耦合传输控制土壤水分动态和地表产流过程在大部分模型中均予以高度关注，并构建了多种刻画水热耦合过程的解析方程和集成模式（Pomeroy et al.，2007；Zhou et al.，2014）。但限于对冻土流域径流形成过程与机理认知的缺乏，特别是在叠加植被覆盖变化和积雪覆盖变化等诸多水循环因素的影响后，复杂的水热交换与传输过程及其多元协同作用的水均衡与产流机制的改变，导致多年冻土作用区水文过程数值模拟研究始终未能取得显著突破。将草地植被动态乃至草地生态系统一些关键要素变化的水热效应、积雪变化的水热效应及冻土变化的水热效应等诸因素耦合起来，共同集成于统一的流域水文过程中，并实现精确的定量描述，就成为寒区水文模拟模型发展的关键所在（图 4-2）。

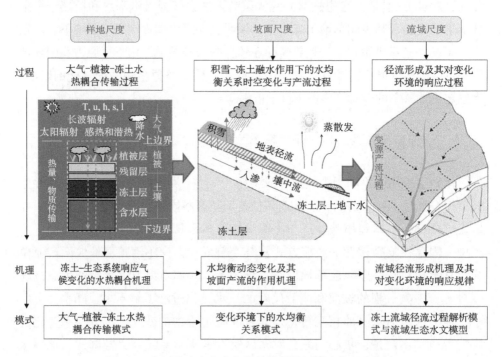

图 4-2　寒区草地生态水文学前沿科学问题及其理论体系

（三）草地生态系统水功能与生物多样性及其他服务间的权衡

生物多样性维持只是生态系统诸多服务的一个方面，以水功能为基础的其他生态系统功能（如生产力、碳汇等）均是人类发展需要生态系统提供的重要服务，如何协调和权衡这些功能，是最具挑战的前沿科学问题之一。近年来，生态最优性理论的提出，为模拟生态水文功能与生态系统其他功能间权衡关系分析与模拟提供了新的思路（Yang et al.，2011）。一个区域经过长期演化形成的植物群落类型必然是该区域特定自然环境最优选择的具有稳定生态功能的最优性类型，其组成结构、物种多样性、繁衍策略及生产力等是这一特定环境下的最优化选择。基于这一原理，引出了植被最优水分利用策略、植被最大生产力、最大"净碳"产出、最大生物多样性维持及最小水分胁迫等决策因子（祁瑜等，2011；魏金明等，2011）。生态系统对于环境要素的最优性选择和适应策略，给了生态水文学研究新的思路，同时提出了一些理论假设（闫钟清等，2017）。例如，群落中每种植物个体为了减缓水分胁迫将趋于协同作用，在空间上呈现不同植被类型。其中，草本和木本植物间的相互作用可以更加有效地利用水分，通过不同层位和不同水质水分的利用策略，提高现有水分的利用率，从而优化水分胁迫的影响，最为关键的问题可以分解为以下三个方面：①生态最优性基础上的能量分布格局，需要明确植被最优性模型与能量平衡模型间的作用与反馈双向耦合定量关系；②需要将生态最优性与水量再分配关系、植被能量耦合关系作用下的水分迁移转化关系这两个关系过程进行系统耦合与量化；③探索生态最优性理论下的植被最优性模型（包含由此产生的土壤有机质和根系动态变化）、能量平衡模型（包含生态最优性下的能量分布）、水量平衡模型三者间耦合方式和参数化。

（四）草地生态系统水碳氮耦合循环过程与机理

对于气候-植被互馈作用控制下的草地生态系统水碳氮耦合循环过程及其形成机理，在温带草原有较多研究，取得了多方面新的认知（Fay et al.，2008；赵风华等，2008；Pau et al.，2011）。例如，土壤水热过程对土壤碳库及植被-土壤界面碳氮交换的影响是土壤碳库形成与稳定维持的重要因素。全球变化下土壤呼吸排放增加，植被凋落物和根系对土壤碳归还也趋于增强；对于冻土区则还存在一种潜在因素，即在增强的冻融作用下，土壤碳向下迁移而进一步增加了深层碳累积。因此，需要针对不同区域土壤碳循环过程中的水热作用关系，深入解析水热传输对土壤碳库及其分布格局影响的作用方式与机理。一般而言，土壤水分是调控土壤呼吸的重要因素。对于冻土区，不同生态系统土壤含水量对增温响应还存在较大差异性，由此产生的土壤异养呼吸排放格局的差别及其对土壤碳变化的不同影响，形成了更加复杂的土壤水碳耦合关系（Bockheim，2007；Schuur et al.，2009）。因此，对于寒区，特别是有较强土壤冻融过程影响的区域，草地生态系统水碳氮耦合循环过程需要探索的未知领域是多方面的。系统刻画不同区域草地土壤水碳耦合关系，是理解草地土壤碳库及其动态过程的关键。对不同气候区草地生态系统的植被－土壤界面的水碳耦合传输关系及其碳排放机制的认识，是制约草地生态系统碳循环与准确评估碳源汇变化的核心问题。

全球变化，除了气温显著升高以外，CO_2浓度增加和氮沉降不断加强也是其中重要的变化因素，对寒区生态系统水碳循环过程也产生较大影响。温度增加与CO_2浓度增加对寒区生态系统水分利用效率和生物量产生何种影响，目前也没有明确的统一认识，其问题的复杂性之一体现在土壤水分的响应变化存在高度时空变异性，需要深入探索。

（五）变化环境下草地生态水文响应过程与草地生态系统保护

气候变化、草地植被覆盖与利用变化等是最常见和影响最大的环境变化类型。其中，草地是土地利用方式变化最频繁的生态系统。近年来，全球草地利用方式频繁转变，主要包括放牧、围栏封育、农用开垦等。不同草地利用方式通过改变草地群落结构与植被覆盖度、凋落物分解过程等，影响系统内的地表裸露程度和土壤侵蚀、土壤水分入渗过程，进而影响区域能量分配和水分收支，改变近地表小气候条件甚至水文循环系统，从而对坡面尺度或流域尺度的径流形成过程产生影响。在各种草地利用方式中，当前研究关注最广泛的是放牧、围封、刈割等。不同草地利用方式对生态水文过程的影响涉及以下三个方面：①不同草地利用方式的生态水文过程特点、控制要素；②草地利用方式对生态系统蒸散发影响的量化与评估（Jouven et al.，2006；Wang G X et al.，2012a；Larreguy et al.，2014）；③未来气候变化情景下，草地利用方式对流域径流过程的影响模拟与预测（Li et al.，2007；Aires et al.，2008）。

在变化环境下，寒区河流系统生源物质的迁移转化及其通量变化规律、对河

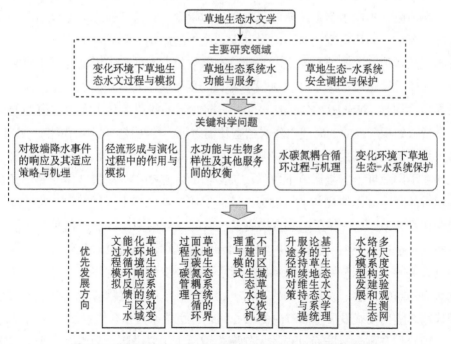

道及海洋或湖泊水生态系统的影响，是目前的前沿热点。寒区流域水循环自然伴生的关键过程以生态过程、土壤侵蚀与水沙过程、生源要素和污染物迁移转化与水环境变化过程等为主。这些关键过程是水文过程密不可分的链生环节，也是变化环境下对寒区流域综合管理和适应性利用必须要统筹的核心问题。

三、优先发展方向和建议

生态水文学近 10 年来已经进入迅速发展阶段，在建成创新型国家战略背景下，我国生态水文学需要从现阶段的追踪与并行发展阶段跨越到自主创新和引领阶段。目前，我国在草地生态水文研究主要前沿问题上的研究仍没有跻身国际尖端行列。同时，与森林生态系统生态水文研究相比，草地生态水文的研究仍然比较薄弱。我国草地生态系统类型多样，具有广袤的温带草地、荒漠草地，同时拥有世界上独特的青藏高原高山草地和实施退耕还草工程的黄土高原，人类活动强度大，生态问题十分突出，为我国草地生态水文学研究未来发展提出了现实需求。实现综合分析生态水文学研究现状和关键科学问题，我国草地生态水文学的研究既要紧跟国际前沿动态，又要考虑我国实际情况，建议未来在以下几个方向展开重点研究（图 4-3）。

图 4-3　草地生态水文学的关键科学问题与未来优先发展方向

（一）草地生态系统对变化环境响应的区域能水循环反馈与水文过程模拟

在全球变化下，陆地生态系统的强烈响应与适应性变化所产生的巨大能水效应是水文学诸多领域面临的重要课题，涉及区域或流域水循环、流域水文与水环境过程及水资源适应性利用等。准确识别生态系统演化的水热效应与水文反馈影响，探索定量模拟、预测方法与数值模拟，既是最具挑战性的前沿难点，也是生态水文学发展的重要方向。

在气候变化、人类活动等日趋加剧的影响下，草地生态系统原有群落物种组成与结构、生产力、生态系统空间分布格局与分带等均发生较大变化，也伴随着植被生长期和物候等发生改变。上述这些草地生态系统对变化环境的响应，必然对区域能量和降水的再分配过程、植被－土壤间的水热耦合传输过程及蒸散发过程等产生较大影响。虽然对草地植被覆盖变化、土壤有机质厚度或含量变化的土壤水热效应等有了较系统的研究，但是对草地植物群落结构、分布格局与生产力、凋落物和土壤有机质层的综合变化所产生的土壤水热耦合过程、降水再分配及蒸散发动态等缺乏系统研究，尚没有针对草地生态系统变化的区域水循环响应规律与流域水文效应等方面定量描述的有效方法，因而这一领域将是未来高度关注的焦点。

在寒区，不同生态系统响应积雪变化的幅度、方式和适应策略等不同，如何准确评估不同积雪变化对不同尺度生态系统的影响、明确空间差异性的形成机制，是亟待解决的前沿问题。不同植被参数化方案的积雪模型的对比研究发现，一些关键过程的参数化要么没有考虑，要么基于特定观测点数据，缺乏空间异质性属性（Wang G X et al., 2009）。同时，一些驱动分布式积雪模型的关键变量，如积雪性质的时间、降水相态及辐射等，存在较大的不确定性。另外，植被积雪的互馈作用关系还直接与冻土环境变化密切相关，积雪与植被覆盖变化均在不同程度上直接影响下覆活动层土壤的水热动态，而植被覆盖变化又影响积雪的时空分布格局与动态过程，从而形成三者之间十分复杂和密切的水热耦合作用关系。这一作用关系直接决定土壤的水均衡和径流形成过程。系统揭示积雪－植被－土壤－冻土间的水热耦合传输规律、变化机理及其对气候变化的响应规律，是未来寒区生态系统变化、水循环变化研究的热点，也是全球变化研究的重要内容。发展新一代积雪－植被－冻土三要素耦合的水热模型，是现代寒区陆面模式发展急需解决的核心问题，也是寒区水文模型发展的基础。

现阶段利用含有陆面过程的大气模式输出（主要是降水和蒸发）驱动水文

模式，成为很多陆面过程模型模拟陆面水文过程和水文模型对流域尺度水文过程模拟的较成熟和有效的技术途径（Juday，2009；AMAP，2011）。针对典型草地生态系统分布区域特点，由于寒区草地分布的广泛性和水源涵养的重要性，寒区草地生态陆－气－水耦合模拟应该成为今后研究的重点。通过对大气－植被－活动层土壤－冻土连续体水热传输过程的完整描述，改进寒区陆面过程模式，并与寒区草地生态系统基于能量平衡驱动的水量平衡变化过程模拟相结合，驱动大尺度流域水文模型，实现对寒区流域尺度水文过程精确模拟（Yang et al.，2011）。由于人们对寒区草地生态系统特殊的 SPAC 系统的水热交换认识有限，缺乏植被和土壤有机质等生态系统因素参与下的大气－土壤－冻土水热交换与热量传输的定量模型（Pomeroy et al.，2007；Yi et al.，2009），严重制约了地表能量平衡驱动下寒区流域水量平衡变化的系统分析。因此，上述前沿领域包含十分重要的两个方向：①寒区大气－植被－活动层土壤－冻土连续体水热传输过程精细描述基础上的陆面过程模式，将水循环中大气过程、地表过程、土壤过程和地下水过程紧密结合起来，将冻土过程和陆面生态过程与水循环过程相耦合；②寒区陆面过程模式、流域生态水文模型与区域气候模式的耦合与集成。

（二）草地生态系统的界面水碳氮耦合循环过程与碳管理

在环境变化下，植物受到不同程度的水分胁迫，采取不同的策略适应环境水分条件变化，如根系吸水的可塑性功能、气孔调节、水分利用效率、水力再分配及生物量再分配等（陆桂华等，2006）。一般而言，植被类型与群落结构、植物根系分布特征、土壤性质及养分供应条件、降水时空分异性、地下水位、气候条件、地形及海拔差异等是影响植被水分利用来源的主要因素（杨传国等，2007）。土壤养分供应能力和水分含量对植物根系分布具有决定作用，浅层土壤微生物在适宜的水分条件下较活跃，往往形成高养分含量土层，导致很多植物具有较大的浅层根系生物量。特别是寒区植物，表层较高的热量和有机质分解提供的高养分使大部分植物类型具有高效利用浅层水分的能力。植物水分利用来源与水分利用效率变化是生态系统响应变化环境的重要适应策略，是陆面水循环极其重要的变化因素之一，在生态水文学领域具有重要的理论和实践价值，始终是人们关注的核心领域。在准确评估植物水分利用来源及其变化的基础上，结合水分利用效率的变化，可以解决区域或流域尺度植被－土壤水分运动过程及其对变化环境的响应规律。同时，有效揭示了植物群落对变化环境的水分利用适应策略及其稳定维持机制。其中，水分利用效率及其动态变化就与植被的水碳耦合关系相关联，是指示水碳耦合关系及其动态变化的重要指标和分析途径。

寒区草地植被－土壤－冻土界面间随水循环伴生的水碳氮耦合循环过程，是区域或流域生源要素迁移转化、碳平衡与氮平衡变化等一系列问题的主要核心策动源。首先，如何检测冻融过程作用在较短时期内变化对土壤组成物质迁移的影响是当前全球变化影响下多年冻土区研究急需解决的难点。其次，多年冻土区由于其长期的低温环境及冻融迁移的作用，积累了大量的老碳，如何准确甄别现代土壤呼吸中冻土退化引起的水热状态变化导致的老碳释放程度、动态过程等，是辨识多年冻土区植被－土壤－冻土界面碳循环过程的关键问题。综合上述向上和向下不同的碳氮水耦合循环迁移的两个过程，探索多年冻土区植被－土壤－冻土系统界面的水热耦合传输驱动下的碳氮迁移转化过程、形成机理及其定量模拟方法与模式，在寒区水文、环境和生态等方面的研究及寒区陆面过程和区域生态安全领域均是具有重要影响的前沿问题。

由于全球变化和人类活动的影响，水分限制的干旱区草地生态系统承受的压力与日俱增。水循环过程直接驱动生物化学过程，进而影响草地植物生理生态特征、植物群落演替及草地生产力。今后应该进一步加强草地生态水文过程与生物系统相互作用中物理、化学过程的耦合，如碳－水耦合、碳－氮－水耦合过程，揭示草地生态水文过程驱动下的生物地球化学循环特征及调控机理，为保持和实现草地生态系统的可持续服务功能提供科学基础。

（三）不同区域草地恢复重建的生态水文机理与模式

近年来，典型草原生态系统出现多年生根茎禾草和丛生禾草被豆科类灌木或具根茎和不定根茎杂类草代替，但是不同功能群之间演替的生态水文学机理尚不清楚。全球草地生态系统 80% 以上分布在干旱半干旱区，作为对气候变化敏感的区域，气温升高、极端降水事件的发生、干旱持续时间的延长等将对草地生态系统生态水文过程和生态系统结构产生深刻的影响。人类活动及气候变化通过直接或间接影响水文过程的变化而引起植物群落结构和组成的变化。植物与水文过程之间相互作用形成反馈机制：土壤水分通过影响植物水分吸收，进而影响植物光合作用、蒸腾作用等过程，限制植物生长和发育，是影响群落物种组成、植被格局、生产力的重要驱动力（Jelinski，2013；Liu et al.，2013；

Strauss et al., 2015）。同时，群落的物种组成和植被格局等也能通过影响降水再分配过程、降水入渗及蒸散发等水文过程，进而改变土壤水分垂直分布格局和季节动态，进一步影响土壤水分的空间格局及有效利用。

　　在全球变化背景下，充分认识草地生态系统生态水文过程与草地退化的作用机理，将为草地恢复与重建提供新的视角。如何将草地生态系统的生态水文过程精细刻画，明确不同功能群、生活型水分利用来源的时间和空间差异，解析不同物种之间的水分竞争关系，量化生态位分离的生态水文效应，是未来草地恢复与重建的重点和难点。目前，对退化草地恢复的探讨主要依赖于对干扰因子的认识。利用人工干扰来加速自然演替和生态恢复过程可能需要几十年甚至几个世纪。实际上，退化草地的恢复依赖于生态水文过程的调节，如果在深入了解生态水文关系功能的基础上，通过调节或自然恢复生态水文机理，草地恢复是可以永续进行的（Li et al., 2013）。未来的草地恢复研究中，应该重点探讨草地灌丛化的生态水文学机理、灌草竞争的水分机理、生物多样性维持机制等方面，为干旱半干旱区植被恢复和生态建设提供理论依据。

（四）基于生态水文学理论的草地生态系统服务持续维持与提升途径和对策

　　草地生态系统的生态、生产和生活功能相互联系、相互制约，存在非线性的多元耦合和多重反馈机制。由于生态功能是系统所固有的用于维持系统其他功能的基础，包括生物多样性维持、养分循环、水土保持等，其本质与系统的生态－水文耦合关系密切。研究草地生态系统中的生态过程与水文过程相互关系，能更深入地分析提升该生态系统服务功能的途径与对策。一方面，水分条件的变化，改变了草地生态系统的生产力、土壤养分条件、土壤蓄水能量等，进而改变了该生态系统的格局和功能（Wood et al., 2007）；另一方面，草地生态系统结构的变化，如植被覆盖程度、植被组成等，也会反作用于水文过程。因此，我们应该更关注于草地生态系统水文过程的伴生过程，寻找草地生态系统服务功能提升的途径与策略。未来研究重点主要包括以下两个方面：

　　（1）草地生态系统生物地球化学循环过程、机理与模拟。探索在陆面生态水文过程作用下，草地生态系统碳氮循环过程对变化环境的响应规律与机理，发展草地生态系统生物地球化学循环模型。

　　（2）水分条件改变与草地生态系统覆被情况的相互影响。开展不同尺度研究，分析在不同水分条件改变情况下，草地生态系统地上、地下关键生态过程的响应规律及机理；在流域尺度上，评估草地生态系统覆被变化对产流的影响。

（五）多尺度实验观测网络体系构建和生态水文模型发展

不论是水文要素的监测，还是生态要素的测量，新方法和新技术的应用极大地提高了草地生态水文研究的精度，促进了该领域研究水平的提高。目前，运用稳定同位素技术对草地植物水分利用来源与利用效率的研究及蒸散发分割，草地生态系统碳通量、水汽等的通量观测等已经取得了大量研究成果，今后需要继续发挥先进技术和方法的作用，同时推动草地生态系统多尺度实验观测网络体系建立和生态水文模型模拟研究。

（1）建立草地生态水文多尺度综合观测网络体系。相对于森林生态系统，目前草原生态系统水文要素长期自动监测资料相对较少，极大地限制了我国草地生态水文学的发展。今后应该加强国家尺度上的草地生态系统生态水文观测平台的建设，获取连续的、可靠的多尺度生态－水文时间序列数据。草地生态水文过程观测研究的发展趋势：基于野外实验观测和土壤－植物－大气系统的通量观测，探讨草地生态水文过程微观机理；基于气象、水文观测网和卫星遥感的长期观测，开展宏观生态水文规律研究。在此基础上，建立微观过程机理与宏观生态水文规律之间的联系。

（2）实验观测与模型模拟相结合，解决误差大、不确定性高的问题。多尺度的生态－水文过程综合观测和耦合体系是草地生态水文学研究的重要挑战。长期以来，草地生态水文的研究多以实验观测为主，因此存在实验结果是否适用于更大尺度的争论。解决这一矛盾除了在实验设计中建立足够多的重复外，模型模拟是实现不同尺度生态水文信息转换的常用方法，未来应该在多尺度、多手段的草地生态水文观测的基础之上，寻求适用多尺度的生态水文参数化方法、发展尺度推绎与尺度转换的方法。

第三节　湿地生态水文学

一、科学意义与战略价值

湿地与森林、海洋并称为全球三大生态系统，是自然生态空间的重要组成部分，在涵养水源、净化水质、蓄洪抗旱、调节气候和维护生物多样性等方面发挥着重要作用，支撑着人类的经济社会和生存环境的可持续发展。湿地水文过程在湿地的形成、发育、演替直至消亡的全过程中起着直接而重要的作用。在全球气候变化与人类活动影响的共同作用下，湿地–流域水循环及其伴生的物理、化学及生物过程发生了深刻变化，导致湿地水文情势改变、水资源短缺、水质恶化、面积萎缩、生物多样性减少和生态功能退化（章光新等，2008；章光新，2012；董李勤等，2013）。据生物多样性和生态系统服务政府间科学–政策平台（Intergovernmental Science-Policy Platform on Biodiversity and Ecosystem Services，IPBES）报告，过去 300 年来，全球有 87% 的湿地损失，自 1900 年以来，全球有 54% 的湿地损失（Robert et al.，2018），已经成为全球遭受破坏最严重的生态系统之一。第二次全国湿地资源调查（2009~2013年）结果显示，全国湿地面积 5360.25 万公顷①，湿地率为 5.58%，远低于世界8.60% 的平均水平。其中，自然湿地总面积 4667.47 万公顷，占全国湿地总面积的 87.08%，与 2003 年第一次调查同口径比较，自然湿地面积减少了 337.62万公顷，减少率为 9.33%。当前，湿地面积减少和生态退化是我国水安全和生态安全面临的重大问题，影响并制约着我国经济社会可持续发展，成为我国水资源可持续利用和水生态文明建设急需解决的重要课题。

湿地生态水文学以湿地生态系统为研究对象，揭示不同时空尺度湿地生态格局与生态过程的水文学机制，是研究湿地水文过程如何影响以湿地植物为主要组分的生物过程及其反馈机制的生态学和水文学的交叉学科。湿地生态水文学学科建设和发展可以增强对湿地生态–水文相互作用的双向机制及反馈机制重要性的科学认识和理解，为湿地生态保护与修复、流域水资源综合管理和应对气候变化等领域提供重要的理论依据与实践指导，是生态学家和水文学家关注的焦点。湿地生态水文学研究的科学意义与战略价值主要体现在以下四个方面。

（一）认识和理解湿地生态–水文相互作用的双向机制重要性

湿地发育于水、陆环境过渡地带，具有独特的水文过程，创造了不同于陆地和水生生态系统的环境条件，进而影响湿地生态系统的结构与功能。水是湿地的"血液"，良好的湿地生态系统依赖一定的供给水量和水质来维持，湿地

---

① 1公顷=10000平方米。

水文过程在湿地形成、发育、演替直至消亡的全过程中起着决定性的作用（章光新等，2014）。周期性水文过程、湿生植被与水成土壤构成了湿地的三大要素，湿地植被类型、格局及演替是其与气候、水文、地貌、土壤等环境要素相互作用的综合结果（陈宜瑜等，2003；Todd et al.，2010；Fan et al.，2011）。在湿地的三大特征中，湿地水文是决定性因素，对土壤环境、物种分布及植被组成具有先决作用，是控制湿地发生、类型分异和维持湿地存在的最基本因子（邓伟和胡金明，2003）。

　　湿地生态系统的特性决定了其是一个非常敏感的水文系统，湿地水文过程可以直接、显著改变湿地营养物质和氧的可获取性、土壤盐渍度、pH 值和沉积物特性等物理化学环境，影响物种的组成和丰富度、初级生产力、有机物质的积累、生物分解和营养循环及使用，进而影响湿地的类型、结构与功能，控制湿地生态系统的形成和演化。反过来，湿地生物组成通过多种机制对湿地水文及理化环境进行反馈，从而影响控制湿地水文过程，如图 4-4 所示（Mitsch et al.，2007）。

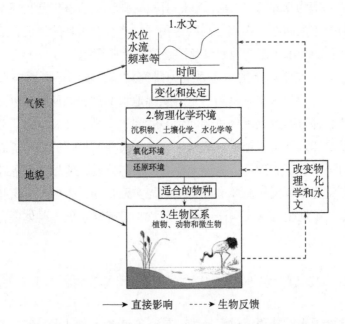

图 4-4　水文对湿地生态系统的影响及其反馈机制的概念图

　　在流域尺度上，水文过程是决定湿地景观形成与维持的最重要的因素。Fan 等（2011）提出了水文控制湿地的概念模型（图 4-5），阐释了不同气候-

排水状况组合下水文对湿地的控制作用。气候、地形地貌和地质条件是决定自然湿地水文的主要控制因素。图 4-5 中从左到右，气候条件由冷湿的高原气候变为暖干的沿海气候；地势条件由陡峭的高坡变为平缓的洼地；土壤由浅层基岩变为厚厚的砂质海岸平原沉积物。气候、地形和地质条件的过渡转变导致水文条件的过渡改变，由左侧的局部径流到右侧的区域地表、地下汇集。水文条件的过渡变化导致了湿地形成机制的不同。反过来，湿地景观格局也同样影响和调节流域水文过程与水量平衡。

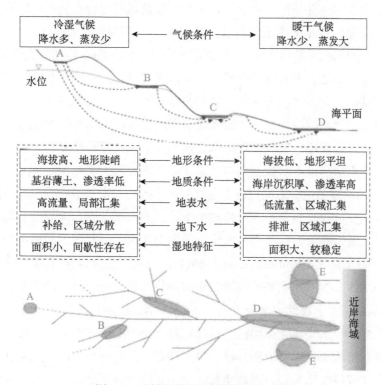

图 4-5　流域尺度水文控制湿地示意图

湿地 -A 依靠降水和局部地表径流补给；湿地 -B 和湿地 -C 介于端元之间的连续体；湿地 -D 依靠地表汇聚但由潜水位支持；湿地 -E 依靠地下水补给，位于区域地下水汇聚区

　　综上可见，水文过程控制着湿地生态格局与过程的形成机制；反过来，湿地生态格局与过程重塑和调节着湿地 - 流域水文过程。湿地生态 - 水文相互作用的双向机制是湿地生态系统形成和演化的重要驱动力，也是维持流域水量平衡的重要调节器。因此，认识和理解湿地生态 - 水文相互作用的双向机制可以更好地为湿地生态水文调控与流域湿地水资源综合管理提供理论支撑。

（二）湿地生态保护与恢复重建的前提和基础

　　21世纪被喻为湿地保护与恢复的世纪。水是湿地生态系统物质循环和能量流动的载体，是影响和控制湿地生态系统健康稳定的关键性因子。湿地生态水文学研究可以为湿地生态保护与恢复重建提供水文学依据和水资源安全保障。

　　湿地水文情势自然、合理的波动是维持湿地水文环境及其生物多样性最重要的驱动力之一。湿地水文情势恢复和合理有效的水管理是恢复湿地生态特征的重要环节和前提条件。湿地生态水文调控是恢复湿地水文情势的重要途径和手段。湿地生态水文调控不仅要解决"水少"的问题（如何补水），还要解决"水多"的问题（如何排水），依据湿地水文、水质与生物的相互作用关系，以恢复与维持湿地生态系统"合理的水文情势、安全的水质标准和良好的生态功能"为目标，对湿地生态系统进行水文水资源调控，实现湿地生态效益、经济效益和社会效益的协调统一和最大化。湿地生态水文调控技术包括湿地水文情势恢复的多维调控、洪泛平原洪水管理与湿地水文过程恢复、湿地－河流水系连通、地表水－地下水联合调控、水库生态调度和生态补水等技术（章光新等，2018）。流域湿地在不同尺度上往往具有不同的水文连通性并驱动着湿地生态系统的演变过程，集中表现为流域上下游之间的水文纵向连通性、湿地（如河道、河滨湿地等）与所处集水区水文横向连通性，以及湿地地表水与地下水之间的垂向连通性（Hermoso et al.，2011）。因此，湿地恢复不仅应该关注退化湿地的水体、植被和土壤等构成要素的原位恢复，还应该促进恢复湿地与其他水系的水文连通性（李晓文等，2014）。Acreman等（2007）认为，科学理解湿地生态－水文相互作用机制可以更好地指导湿地恢复实践，并列举了欧洲国家控制湿地水位、微地貌构建、洪水储存、湿地－河流水文连通和持续水供给等水文调控技术来恢复湿地生态特征。崔丽娟等（2011）认为，湿地水文过程恢复是当前湿地生态恢复的重要手段和措施，主要是通过筑坝（抬高水位）、修建引水渠等水利工程措施来实现，具体包括湿地水文连通、蓄水防渗和生态补水等技术。湿地生态补水是恢复湿地自然水文情势的重要举措，吕宪国（2010）提出了半干旱区退化湿地生态补水原则，在弄清湿地自然水文过程的基础上，确定湿地生态补水的方式、时间，建立湿地生态补水长效机制；杨志峰等（2012）提出了湿地生态补水的基本原理，并对湿地生态补水效应及其合理性进行了评价。这些生态补水的基本原理、原则、方法和程序为湿地水文恢复提供了基本理论和实践指导，具有重要意义。21世纪以来，我国黑龙江扎龙国家级自然保护区、吉林向海国家级自然保护区和白洋淀湿地等国际重要湿地实施的生态补水工程，保障了湿地生态用水量，取得了良好的生态效益、经济效益和社会效益。目前，正在实施的吉林省西部河湖水系连通工程是中国最大的面向湿地恢复与保护的生态水利工程，恢复河流 - 湖沼湿地系统的水文连通性，同时解决湿地"水少"、"水多"和"水脏"的问题，保障湿地水量和水质需求目标（章光新等，2017）。

新时期湿地水文恢复与水资源管理应该顺应我国治水理念的改变，要从工程水利向资源水利、生态水利转变，控制洪水向洪水管理转变，通过筑坝围堰、修建引水渠道、水库生态调度、跨流域调水、流域水资源综合管理和洪水资源利用等工程与非工程措施，改变湿地水文过程与水量平衡来恢复湿地自然、合理的水文情势，从流域（区域）层面上统筹经济社会发展与生态文明建设的需求，以水资源配置的社会效益、经济效益和生态效益的相统一和最大化为目标，科学调配水资源，合理配置湿地生态水量，恢复湿地生态特征。

（三）流域水资源综合管理的需求

湿地生态系统是流域水循环和水资源的重要组成部分，既是供水户又是用水户。流域水循环研究是水资源合理配置的科学基础，湿地是流域水循环和水量平衡的重要调节器，流域水循环与湿地水文过程相互影响、相互制约。流域水资源开发利用强度、降水量大小、面积范围、地形地貌、地质条件、土壤特征、土地利用 / 覆被状况及水利工程建设等因素都会影响控制湿地水文过程和水资源量的多少。湿地具有涵养水源、调蓄洪水和补充地下水等水文功能，湿地的类型、面积大小和景观格局等特征对流域水循环过程与水资源补给具有重要影响。随着全球人口剧增和经济的高速发展，经济社会用水量不断增加，过度挤占或挪用湿地生态用水的现象时常发生，致使湿地生态需水量得不到基本保障，导致湿地严重退化乃至消失，影响和危胁着区域生态安全和社会经济的可持续发展。为了解决湿地缺水危机，维系稳定健康的湿地生态系统，如何在水资源配置中保证合理的湿地生态水量成为一个迫切需要解决的重要问题。因此，将湿地生态供水和生态用水纳入流域水资源综合规划与管理中，积极发挥流域管理机构的宏观调控作用，进行统一调度和管理，协调好上、下游用水的关系，保证湿地生态用水的需求（钱正英等，2001；严登华等，2007；章光新等，2008），同时发挥湿地水文调蓄功能，维持流域湿地健康水循环和水资源可持续供给，实现流域

"人 - 水 - 湿地"和谐共生，是新时期流域水资源综合管控的重要目标之一。

2004 年第七届国际湿地会议中，将"流域管理在湿地和水资源保护中的作用"列为主题之一；2009 年世界湿地日的主题是"从上游到下游，湿地连着你和我"，呼吁人们运用流域综合管理的方法来推进湿地生态保护与修复。鉴于流域与湿地之间的密切联系，把湿地作为重要的水文单元纳入流域中去研究，不仅有利于湿地的保护和管理，而且也凸显了湿地在维系流域水安全和生态安全中的重要作用。《关于特别是作为水禽栖息地的国际重要湿地公约》（*Convention on Wetlands of International Importance Especially as Waterfowl Habitat*，简称《湿地公约》）中提出了流域湿地生态配水与水管理框架（图 4-6），从国家层面上制定湿地保护法律法规、政策制度和决策框架，宣传和鼓励利益相关者参与湿地保护。在国家宏观政策指导下，流域或地方管理机构采取适应性管理、长期规划和科学监测等原则和措施，分析水文情势变化对湿地的影响，评估湿地生态系统服务功能，从而制定湿地生态保护目标并确定其生态需水量，从流域层面上进行水资源合理调配和综合管理，确保湿地合理生态用水量。

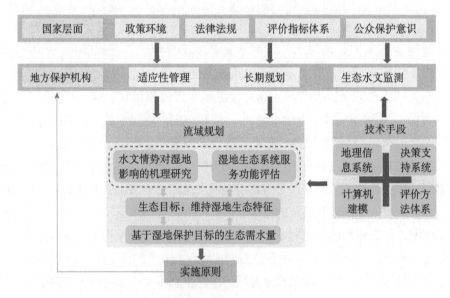

图 4-6　流域湿地生态配水与水管理框架图

（四）应对未来气候变化的战略需求

全球气候变化的不确定性将使未来湿地水文恢复与水资源管理变得更加复

杂和困难，湿地保护与恢复工作将面临更大的挑战。气候变化对湿地水资源供需的影响及适应对策研究，也是全球变化研究计划的一项重要内容。我国是世界上湿地和生物多样性最丰富的国家之一，保护好我国湿地和生物多样性，应对气候变化，直接关系我国乃至全球的生态安全、水安全和气候安全。

近百年来以变暖为主要特征的全球气候变化加剧了水文循环过程，驱动了降水量、蒸发量、径流量等水文要素的变化，增加了洪水、干旱等水文极值事件发生的频率和强度，进而改变了流域水量平衡，影响了水资源时空分布（Dore，2005）。湿地系统易受到供水的水量与水质变化的破坏。可以预期，在重大全球变化背景下气候变化通过改变水文情势对湿地产生深远的影响，尤其改变水文周期的自然变率和极端水文事件的数量和严重程度（Erwin，2009）。一方面，气候变化可以直接影响湿地降水量补给，温度上升增加湿地蒸散量，同时流域水循环改变可以影响与之有水文联系的湿地水文情势，两者叠加共同影响着湿地生态水文格局、过程与功能；另一方面，气候变化带来的洪水、干旱极端水文事件严重干扰湿地正常的水位波动和水文周期，影响湿地景观格局向消极方面演替，功能退化乃至消失。同时，湿地作为流域水文循环的重要调节器，具有强大的涵养水源、调节径流、蓄洪抗旱等水文功能；反过来，湿地可以减缓气候变化带来的不利水文影响，抵御洪旱灾害，重新调整分配水资源以支撑社会经济可持续发展。因此，未来湿地生态系统的保护、修复与管理必须考虑气候变化带来的水文水资源的影响及其后果，重点开展气候变化对湿地补给水源、生态需水机理及规律的影响研究，预测与评估未来气候变化情景下湿地景观格局演变趋势及其生态需水量，为应对气候变化的湿地生态水文调控与水资源管理提供科学依据；从流域尺度上研究湿地变化的水文效应，定量评估湿地涵养水源、调蓄洪水、维持基流和补给地下水等水文功能，优化流域湿地生态保护与恢复重建的空间格局，以期适应与减缓气候变化带来的不利水文影响，尤其洪水、干旱极端水文事件的严重干扰，提出应对气候变化的流域湿地水资源适应性管理的对策措施和政策建议，提高流域湿地系统整体应对气候变化的能力，保障流域水安全、生态安全及经济社会的可持续发展。

二、关键科学问题

基于对国际湿地生态水文学发展历程、研究进展及热点的综合分析，本节从基础理论与应用实践两个层面上提出了未来湿地生态水文学研究发展的主要方向及急需解决的四大关键科学问题。基础理论方面需要重点解决的关键科学问题有：基于"多要素、多过程、多尺度"的湿地生态水文相互作用机理及耦合机制。应用实践方面需要重点解决的关键科学问题有：①气候变化下湿地生态水文响应机理及适应性调控；②湿地"水文－生态－社会"耦合系统的互作机理及互馈机制；③基于湿地生态需水与水文服务的流域水资源综合管理。四大关键科学问题相互联系如图 4-7 所示。

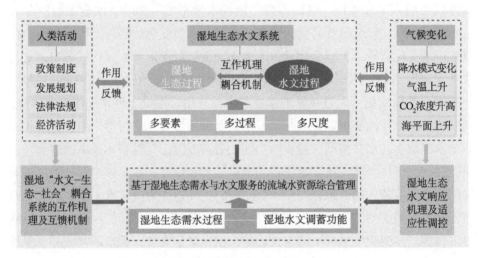

图 4-7　四大关键科学问题相互联系

三、优先发展方向与建议

基于国际湿地生态水文学研究热点及科学前沿和中国湿地生态水文现状及存在的问题综合分析，紧密结合新时期中国湿地保护修复工程、大江大河流域水生态安全保障和应对气候变化等国家重大需求，以国家重大任务推动学科纵深发展，相互促进、相得益彰。建议优先考虑以下研究方向。

（一）湿地生态水文学研究理论方法与技术创新

湿地生态水文学是 20 世纪 90 年代兴起的一门生态学和水文学的新兴交叉学科。为了加强和推进湿地生态水文学学科建设和发展，当务之急是在国家重要湿地（含国际重要湿地）和地方重要湿地建立水文、水质和生态监测网络体系，并结合湿地多源遥感动态监测，为湿地生态水文过程、机理研究和模型构建提供数据支撑，强化湿地生态 - 水文过程互作机理及定量模拟研究。同时，大力推进湿地生态水文学研究理论方法与技术创新，主要包括：①基于"多要素、多过程"的湿地生态水文相互作用机理；②湿地生态水文过程多尺度转化及耦合机制；③湿地水文 - 水动力 - 水质 - 生态响应综合模型研发；④基于多要素 / 多目标协同的分时分区湿地生态需水精细化计算；⑤面向湿地生态精准配水的流域湿地多水源优化配置理论方法与调控技术；⑥气候变化对湿地生态水文的影响机理及适应性调控；⑦湿地"水文 - 生态 - 社会"系统综合管理研究。

（二）大江大河流域湿地水文功能演变与水资源综合管理

结合新时期我国生态文明建设战略部署和长江黄河生态保护与高质量发展战略，走生态优先、绿色发展之路，建议优先开展我国长江、黄河、松花江等大江大河流域湿地水文功能演变与水资源综合管理研究，为流域社会经济可持续发展和生态文明建设提供水资源安全保障。重点关注以下几个方面研究：①流域湿地景观格局演变及其水文效应；②流域湿地水文连通性演变及量化评价；③流域湿地水文功能时空演变及维持机制；④洪水干旱对湿地生态水文的影响及适应性调控；⑤湿地生态需水规律及精细化计算；⑥面向湿地生态需水与水文服务的流域水资源优化配置与综合管理。

（三）气候变化对我国湿地生态水文的影响及适应策略

应对全球气候变化，保障湿地生态安全。因此，亟须加强气候变化对我国湿地生态水文的影响及适应策略研究，可以重点关注以下几个方面研究：①海平面上升影响下滨海湿地生态水文格局演变与脆弱性评价；②气候变化对高原寒区湿地生态水文过程的影响机理与调控；③内陆湿地生态水文对洪水干旱的响应及适应机制；④未来气候变化情景下我国湿地水资源供需及其演变趋势的预测评估；⑤应对气候变化，中国湿地生态水文格局优化与过程调控的适应性策略。

（四）面向湿地生态保护与恢复的水系连通理论与技术

湿地在维护全球生物多样性和区域水量平衡、减轻洪涝灾害、改善水质、调节气候、提供生物生产力等方面发挥着极其重要的作用。然而，过去几十年间，在气候变化与高强度人类活动（如上游水库和灌区、防洪堤坝等修建）的共同作用下，湿地与江河水系之间的纵向、横向水文连通性显著下降，湿地来水量锐减、生态水文格局破坏、水质恶化和生境退化等问题日益突出，我国已经从区域、流域或跨流域尺度规划和建设面向湿地生态保护与恢复的水系连通工程，是从水文连通全新视角来考虑湿地水文系统健康恢复的现实问题。然而，面向湿地生态保护与恢复的水系连通理论与技术研究仍处于探索起步阶段，是一项重要而亟待研究的科学与技术课题。可以从以下几个方面开展研究：①湿地－江河水系连通性评价与优化网络构建；②湿地水文连通格局、方式及强度变化的生态效应与调控机理；③湿地群连通的生态补水优先次序评价；④湿地多水源生态补水技术与模式；⑤基于河湖水系连通工程的水资源优化配置与调度。

（五）湿地"水文－生态－社会"系统综合管理研究

湿地是非常敏感和有价值的生态系统，为人类社会提供各类产品和服务。人们缺乏认识和理解湿地的众多价值与地下水、地表水和湿地植被之间存在着复杂而隐形的关系，造成农业发展和水资源开发利用等社会经济活动直接或间接影响湿地生态水文过程，致使湿地生态功能退化和社会服务价值下降，难以满足人类社会的需求。人类社会经济活动对湿地生态水文系统的影响与反馈的双向作用越来越显著，一些学者开始探讨基于湿地研究背景下的社会科学和自然科学的模型、概念、信息的集成，在湿地管理中引入了生态经济学原理，运用水文－生态－经济模型评价湿地管理方案（图4-8），阐释湿地生态水文系统与社会经济系统协同耦合关系（van den Bergh et al.，2004）。国家政府或地方管理机构制定的政策制度和发展规划无疑将会约束和控制影响湿地生态水文过程的经济活动，制约湿地生态服务功能的发挥。反过来，湿地生态水文系统的变化也会反作用于社会经济系统，从而使人们相应地调整和修订湿地管理的政策制度和规划方案，提升湿地生态系统服务功能。在理解社会水文学研究内涵的基础上，针对湿地生态水文系统与社会经济系统相互作用的双向机制和反馈机制的特点，推动和加强湿地"水文－生态－社会"系统综合管理研究，可以为解决我国众多复杂的湿地生态水文问题提供新思路和更有效的方法。

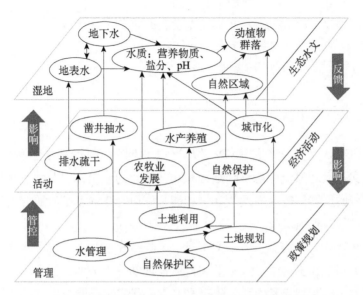

图 4-8　湿地水文-生态-经济协调发展研究思路

　　建议可以在我国重要的粮食主产区和湿地集中分布区的松嫩-三江平原开展"水-湿地-粮食"协同安全保障关键技术与配置战略研究，重点关注区域水系统演变、湿地生态系统退化与以灌溉农业发展为主要经济活动的社会系统之间的相互作用关系及互馈机制，阐释人-水-湿地系统协同演变过程与机理，提出面向粮食安全和湿地生态安全的水资源优化配置与综合调控方案，以期应对未来变化环境下水资源利用过程中面临的诸多挑战。

第四节　河流生态水文学

　　本节首先从河流生态水文学的概念、内涵、研究内容切入，阐述河流生态水文学的科学意义与战略价值。其次，总结了该学科发展中的关键科学问题，认为河流物质循环和生态过程对水文过程的响应机制、河流生态-水文-经济过程动态耦合机理、河流生态流量或生态水位的确定及河流健康评价理论与面向河流健康的多目标调控是学科发展需要重点突破的四个方向。最后从河流生态健康评价指标体系、影响河流生态系统结构和功能的关键水文要素、河流生态水文过程量化研究新方法及气候变化下河流生态水文典型过程调控理论与方法四个方面提出了河流生态水文学优先发展方向和建议。

一、科学意义与战略价值

（一）学科内涵与简介

国外研究认为，河流生态水文学是河流生态学和水文学的亚学科，它所关注的是水文过程对河流生态系统结构和功能变化的影响，以及生态系统变化对水循环过程的反馈，需要在质量守恒和能量守恒定律的基础上研究河流生态系统和水文过程的互馈机制。

国内学者认为，河流生态水文学是一个集地表水文学、地下水文学、植物生理学、生态学、土壤学、气象学和自然地理学等于一体、彼此间相互影响渗透而形成的一门新型交叉学科。生态水文学是研究生态圈与水文圈之间的相互关系及由此产生的相关问题的科学，河流生态水文学则主要研究河流各种水生动植物的生态学特征及河流水文水质变化与水生生物的关系。

河流生态水文学的内涵可以归纳如下：①流域或区域水文循环过程中生态与水文的相互作用和影响问题，研究生态过程如何影响流域或区域的水文循环过程，包括河道内水生生态系统对河流水文过程的作用；②流域水利工程措施如何作用和影响流域内的生态系统，即流域水文过程或水文情势变化对生态系统的影响；③生态水资源问题，研究流域内各种生态系统的水资源需求和水消耗规律，如生态需水、生态流量、生态水位等（李翀等，2009；刘君等，2011）。

河流生态水文学研究可以概括为以下三个层次。

（1）识别并量化影响河流生态系统结构和功能的主要水文特征。河流的水文特征对河流生态系统的影响主要表现在河流的物质循环、能量过程、物理栖息地状况和生物相互作用。不同的水文特征对应不同的生态过程，河流中高流量过程输移河道的泥沙；大洪水过程通过与河漫滩和高地的连通，大量地输送营养物质并塑造漫滩多样化形态，维系河道并育食河岸生物；小流量过程则影响着河流生物量的补充及一些典型物种的生存。水流的时刻、历时和变动率，往往和生物的生命周期相关联。例如，在长江，涨水过程（洪水脉冲）是四大家鱼产卵的必要条件，如果在家鱼繁殖期间（每年的5~6月）没有一定时间的持续涨水过程，性成熟的家鱼就无法完成产卵。由于河流生态系统和水文特征的紧密联系,河流生态水文学研究首要就是识别与生态相关的这些水文特征,然后通过各种方法将其量化,从而为下一步分析研究奠定坚实的基础。

(2)揭示影响河流生态系统的水文机制。找出并量化影响生态系统结构和功能的主要水文特征后,需要进一步探讨生态系统和水文特征的交互影响机制,即深层次研究水文特征是如何影响生态系统的结构和功能的。例如,水量交换有助于有机物的分解,增加藻类的歧异度及丰富度;降低流速后又有助于悬浮质沉淀,悬浮质可以吸收污染物如重金属、杀虫剂及酚类等。

(3)发展调控生态水文特性的方法。在量化了影响生态系统结构和功能的主要水文特性,并理解了水文特性与生态系统间的交互机制之后,通过发展调控生态水文特性的方法和技术,实现河流生态系统的保护和恢复。发展调控生态水文特性的方法和技术,涉及物理、化学、生物等各种因素。在了解水文与生态相互作用机制的基础上,合理设定生态目标,根据河流的具体情况制定科学的河流管理规划,使河流生态系统得以持续地为人类社会发展做出贡献。

具体来讲,河流生态水文学研究内容可以概括为以下四个方面。

(1)气候变化对河流水文生态的影响规律。近百年来全球气候与生态环境的重大变化,对人类的生存和社会经济的发展构成了严重的威胁,使全球气候与生态系统成为世界各国共同关注的研究主题。水是维持生态系统平衡的重要因子,流域空间地理位置不同,气候要素(如降水量、蒸发量和温度等)也随之发生变化,直接影响着流域水循环过程和植被分布规律。不同类型流域(如西北干旱区内流河流域、南方热带雨林区流域、东北半干旱内陆河流域等)各自具有独特的水循环特征和生态水文景观。近年来,我国高度重视气候变化对河流水文生态的影响,具有代表性的"中国西部环境和生态科学研究计划(2003年)"将"西部环境系统的演化及未来趋势"、"水循环过程与水资源可持续利用"、"生态系统过程与调控"和"人类活动与环境"作为计划的重大研究主题,重点开展西北地区水分循环与气候变化(区域尺度)、植被与水分循环、西部资源开发中水资源利用战略与流域管理理论、沙漠节水与植被恢复的新方法和新技术、多重胁迫下典型生态系统(特别是西南地区)受损与重建机理、人类活动对地表环境和生态系统的影响及其控制原理与技术、土地利用/土地覆被变化环境效应的评估模型、城镇体系建设的资源承载力与环境经济效应等内容的研究。

(2)水利工程的长期生态学效应。大型水利工程对重要生物资源(特别是对水生生物资源)的长期生态学效应是一个综合的多学科的课题。水利工程造成的环境条件改变及生活在受影响环境范围内的生物能否适应这种改变，构成了问题的核心。生态效应的逐渐显现使水利工程的长期生态环境影响受到高度重视。研究的前沿重点包括：①径流变化对水生生态系统及生物多样性的影响；②大坝拦截与调蓄对下游洪泛区生态系统及渔业生态系统的影响；③拦河筑坝导致生态系统扩大的次生环境效应；④流域梯级开发的累积效应；⑤缓解水利工程对生态系统影响的措施；⑥失衡生态系统的修复与重建、水利工程对局地生态系统及其功能的长期影响等。其中涉及的难点是生态效应定量评估方法。

（3）河道生态需水量及关键生物生态水文（力）过程。生态系统对水的需求是近十几年最热门的研究内容之一。研究的热点已经从河流生态基流（最小生态需水量）的单一指标转向考虑满足生态全过程需求的生态需水过程（水位过程和流量过程）。同时，旨在满足大坝下游关键水生生物生态水力学条件（如产卵要求等）的人造洪峰补偿措施研究也受到广泛重视。目前开展的水功能区划也逐渐地从单一水质指标向水质、水量和生态指标过渡。

目前，热点前沿研究包括关键生物产卵的生态水力学条件、水力学条件变化与关键生物种群数量的响应关系、生命体在水体中的输移与消长规律及其流场控制机理、受损水体的生态水力学条件修复等。此外，钉螺的生态水力学特性、钉螺在水中的迁移及扩散规律也是生态水力学研究的前沿课题，对于血吸虫病防治具有重要意义。

（4）河流生态健康与流域层面水利水电规划的生态环境影响。"生态系统健康"（ecosystem health）是新兴的生态系统管理学概念，是新的环境管理和生态系统管理目标。这一概念产生于20世纪70年代末，Rapport等（1998）相对于人类和生物个体的健康诊断提出了"生态系统医学"（ecosystem medicine），旨在将生态系统作为一个整体进行评估。随后，逐步发展形成了"生态系统健康"概念及其评价。Schaeffer等（1988）、Karr（1999）、Costanza等（1992）先后提出不同侧重的解释，Rapport等在1998年将"生态系统健康"的概念总结为"以符合适宜的目标为标准来定义的一个生态系统的状态、条件或表现"（Rapport et al.，1998）。发展至今，"生态系统健康"的概念已经不单纯是一个生态学上的定义，而是一个将生态－社会经济－人类健康三个领域整合在一起的综合性定义。

生态系统的健康评价作为一种交叉科学的实践，不仅包括系统综合水平、群落水平、种群及个体水平等多尺度的生态指标来体现生态系统的复杂性，还兼收了物理学、化学方面的指标，以及社会经济、人类健康指标，反映生态系统为人类社会提供生态系统服务的质量与可持续性。Costanza 等（1992，1998）从系统可持续性能力的角度，提出了描述系统状态的三个指标——活力、组织和恢复力及其综合评价。很多学者认为生态系统健康就是生态完整性。Karr（1999）应用生物完整性指数，通过对鱼类的组成与分布、种多度及敏感种、耐受种、固有种和外来种等方面变化的分析，来评价水体生态系统的健康状态。此外，在群落水平，物种多样性已经被广泛使用；在种群及个体水平，选择具有指示作用的种（即指示种）来评价。生态系统健康评价的社会经济指标集中反映了生态系统要满足人类生存与社会经济可持续发展对环境质量的要求，它必须能够：①保持人类的健康；②保证对资源的合理利用；③提供适宜的生存环境质量。这些指标包括经济学的指标（如收入和工作稳定性等）和非生物环境物化指标，以其功用被分为早期预警指标（early warning indicator）、适宜程度指标（compliance indicator）、诊断指标（diagnostic indicator）三类。

作为一种重要的生态系统，河流生态系统的健康越来越受到国际社会的广泛重视。尽管生态学家至今尚未就河流生态系统健康的内涵达成共识，但是国外众多评价方法已经在实际中得到运用。国外对河流生态健康的评价研究工作开展得较早。19 世纪末期，从已经严重污染的欧洲少数河流开始，20 世纪 80 年代，出现了两种重要的河流健康评价和监测的生物学方法，即生态完整性指数（index of biotic integrity，IBI）和河流无脊椎动物预测和分类计划（river invertebrate prediction and classification system，RIVPACS）。IBI 产生于美国中西部，最初用于鱼类，后又推广到其他物种。

目前，国际上的研究前沿包括河道萎缩形成和演变机理、河流生态健康评价指标体系、河流生态健康评价的尺度效应等。在国内，河流生态系统健康方面的研究刚起步，代表性研究如国家重点基础研究发展计划（973 计划）项目"黄河流域水资源演化规律与可再生性维持机理"探索了黄河水资源可更新和可再生性维持问题，为更系统深入地开展黄河健康生命研究奠定了基础。

水利水电工程规划的生态环境影响评价与河流生态系统健康评价密切相关。在这两方面，我国目前还缺乏系统的理论、技术、方法及标准体系。未来我国水利水电工程规划的生态环境影响评价迫切需要从末端单项评价转向源头评价、从微观发展为微观与宏观相结合、从局部发展到局部与整体相结合、从单个要素发展到系统的综合性评价。为此，河流生态系统健康理论、区域开发与规划的生态评价指标体系、区域生态补偿理论、生态服务功能评价方法、自然资源价值核算理论与方法、生态影响评价方法、累积生态影响评价方法及水资源开发生态环境风险评价方法等成为水利水电规划环境影响评价理论中需要重点研究的内容。

国内研究起步较晚，以下问题需要重点关注：①耦合水利工程学和河流生态学，创新学科理论、技术方法和评价体系；②建立全面的河流生态系统监测网络，注重河流生态系统和水文因子监测数据的长期积累；③创新河流生态健康评价理论与方法研究，注重跨学科理论与技术方法的交叉研究；④创新河流生态需水计算理论与方法体系，探索适合我国河流特点的、高强度人类活动下河流生态需水量的计算方法；⑤强化大数据等高新技术与河流生态学及水文学研究的交叉，探索河流生态水文要素（如流量、流速、水质等）新型监测方法体系。

（二）战略价值

由于人类活动对河流的干扰日益严重，河流生态系统退化已经是全球性的生态环境问题。为此，河流生态水文学的研究被寄予厚望，成为生态水文学研究的中心问题之一。越来越多的研究人员将理论生态学应用于河流管理，研究营养物在河道、洪泛平原和河岸区内的迁移规律，以及河流廊道对生物种群结构和空间生态结构的影响，以便保护沿河生物群栖息场所。水文过程对河流生境，如水温、溶解氧、营养盐等物理化学过程及河流地貌过程起到了主导作用。人为干扰在一定程度上改变了河流自然水文过程，对河流生态系统造成了一定的负面影响。大坝拦截导致氮磷硅等生源要素在水库内累积，在水动力联合作用下，水库内局部区域发生水华，而坝下由于营养盐缺乏，河流生产力降低。在水库运行条件下，长期向下游河道下泄与下游河道温度差异较大的水流，导致下游某些对温度敏感的鱼类产卵时间推迟、产卵量减少、产卵成活率降低及幼鱼的成长推迟等现象发生。大坝的泄流过程（如自由射流、水跃、水舌破碎等）伴随着水气界面的强烈交换，使下游水域形成气体过饱和状态，造成鱼类因患气泡病而大量死亡。要研究影响河流生态系统结构和功能的关键水文要素，量化河流水文过程对河流生态过程的影响，为河流适应性管理提供基础依据。

营养物在河道、洪泛平原和河岸区内的迁移转化，以及河流廊道对生物种群结构和空间生态结构的影响等方面的研究，成为河流生态水文学的学科前沿。河流生态系统的物质循环主要包括水循环、碳循环、氮循环、磷循环。水是物质循环和能量传递的介质，其他物质循环必须依托水的循环进行迁移和运动，因此水循环是物质循环的核心。在水文循环过程中，河流携带泥沙和营养物质在纵向、横向和垂向进行输移和扩散，通过河流生态系统中分解者、生产者和消费者之间的复杂关系完成物质和能量流动。发生洪水时，河漫滩形成较浅的缓流区，同时洪水带来丰富的营养物质，为鱼类的繁殖和生长创造了有利条件。在洪水回落后的旱季，滩区植物的生长仍然依靠洪水携带的营养物质及水生植物的分解物维持。探明河流物质循环和生态过程对水文过程的响应机制，提出河流特征水文过程调控理论和方法，为缓解河流生态系统退化提供重要理论基础和技术支撑。

河流生态修复是水生态文明建设的核心，是"山水林田湖草"生态环境综合治理目标实现的关键，当前我国正处于水利工程生态修复的关键阶段，但对工程的生态学过程与机理缺乏深入了解，还停留在对国外技术部分吸收、消化与适应性转化阶段。同时，由于我国水资源问题严峻，剧烈人类活动与河流生态系统保护之间的矛盾日益突出。河流生态水文学是一门新兴的交叉学科，是水资源管理的重要理论基础，学科发展的目标之一是为水资源开发利用、水利工程的生态调度及河流适应性管理提供科技支撑，为修复我国不断恶化的生态环境提供可持续的理论与方法体系（刘君等，2011）。

二、关键科学问题

（一）河流物质循环和生态过程对水文过程的响应机制

河流生态系统由生命系统和生命保障系统两大部分组成，两者之间相互影响、相互制约，形成了特殊的时间、空间和营养结构，具备了物种流动、能量流动、物质循环和信息流动等生态系统服务和功能（董哲仁等，2007）。水文过程作为河流生境条件的重要组成部分，对生物过程、物理化学过程及河流地貌过程起着主导作用。人类活动改变了自然水文过程，对河流生态系统造成了许多负面影响。一方面，大坝等水利工程的建设人为改变了河流原有的物质场、能量场、化学场和生物场，直接影响生源要素在河流中的生物地球化学行为（如生源要素输送通量、赋存形态、组成比例等），进而改变河流生态系统的物种构成、栖息地分布及相应的生态功能，给流域（区域）造成了一系列生态环境问题，包括水沙平衡破坏、水污染加剧和水生态退化等，引起人们的广泛高度重视。另一方面，建坝蓄水既影响库区和下游陆地生态系统，又影响河流生态系统或直至河口生态系统。水库淹没破坏了陆生动物的栖息地；库区内生物机体的分解，加上氮磷等盐类入流，导致水体富营养化频繁发生；流动的河流变成了相对静止的人工湖，流速、水深、水温及水流边界条件都发生了变化，这种变化对珍稀濒危水生生物的种群、栖息和繁殖场造成致命影响；水库在放水过程中由于兴利需要，人为调节下泄流量大小，会对下游河道形成冲刷，改变河道原有的地貌，自然河流的渠道化和非连续化对生物的多样性造成了严重损失。因此，河流物质循环和生态过程对水文过程的响应机制的研究是河流生态水文学的基础，可以为修复受损河流生态系统及更好地管理河流提供理论指导。

（二）河流生态－水文－经济过程动态耦合机理

河流生态、水文、社会经济是有机联系的，存在着复杂的互馈关系。社会经济发展速度、对资源的利用程度决定着河流生态水文过程。反之，河流生态水文过程直接决定着为社会经济提供服务功能的数量和质量。随着我国社会经济的快速发展，水资源开发利用程度不断增强，水利工程建设规模迅速扩大。目前为止，我国已经建成 9.70 万余座水库大坝，占地表水资源量的 16.80%，在建和已建水电工程 4.60 万余座，泵站工程 42.40 万余座，江河湖库各类堤防总长 41.30 万余千米。长江三峡工程、南水北调工程等，黄河龙羊峡－青铜峡 15 级水电站、小浪底水利枢纽工程等，淮河临淮岗水利枢纽、入湖水道工程等，这些重大水资源开发工程相继建设和运行，不仅能带来能源的效益，还能在一定程度上调节水资源配置，改变河流自然水文情势，导致河流生态系统退化。河流生态系统给社会经济提供了丰富的服务功能，包括河流生态系统产品和河流生态系统服务。河流生态系统产品包括供水、水产品生产、内陆航运、水力发电功能、休闲文化功能和文化美学；河流生态系统服务包括调蓄洪水、河流输沙、蓄积水分、土壤持留、净化环境、固定 CO_2、养分循环、提供生境和生物多样性。在河流上修建水坝，会引起环境、生物生境、生物多样性等河流生态系统服务的变化。水质变差，将散发出难闻的气味，影响空气质量，同时会影响水体自身的纳污净化能力，降低生物多样性。为此，在探明河流物质循环和生态过程对水文过程的响应机制的基础上，应该进一步开展河流生态－水文－经济过程动态耦合机理与模拟方面的研究，为人与河流和谐发展提供技术支撑。

（三）河流生态流量或生态水位的确定

山区河流生态流量或平原河流生态水位是保证河流生态功能的最基本要素，也是近年来的热点研究领域。虽然目前已有百余种生态流量计算方法，但生态流量的理论方法尚不成熟。由于对生态过程与水文过程相互作用关系认识的欠缺，生态流量计算方法均难以从生态系统整体平衡的角度定量分析维持生态系统健康的生态需水量时空变化规律。相应提出的不同类型生态流量分析方法均假定在保证生态系统特定要素对径流输入要求的情况下，实现对生态系统整体健康目标的要求。近些年来，随着水资源利用矛盾的日益加剧及面向生态需水要求的水资源配置措施（如生态补水）的逐步推广，人们对参与水资源分配的生态流量计算结果精度的要求也逐渐提高。在尚未充分认识生态过程与水文过程间相互作用关系的基础上，根据传统水文学方法、水力学方法及整体法计算得到生态流量具有的局限性逐渐引起关注。如何合理确定生态流量成为亟待解决的问题。河流生态系统健康的维持需要多种水流条件来满足，河流生态系统需水在时间上应该是一个过程，即生态流量过程。未来生态流量的研究应该强化生态流量过程性，重点关注洪水期的生态需求，强调模拟分析不同类型生态要素对水文过程的响应关系，同时考虑全球环境变化的影响，确定不同生态保护目标要求下的生态流量或水位过程，以便更有效地支撑水资源配置、水利工程调度运行及水生态调控。

（四）河流健康评价理论与面向河流健康的多目标调控

河流生态系统作为生物圈物质循环的重要通道，具有调节气候、改善生态环境及维护生物多样性等众多功能（阎水玉等，2001；蔡庆华等，2003）。随着河流生态系统不断受到人类活动的干扰和损害，科学有效地评价、恢复和维持一个健康的河流生态系统已经成为近年来流域河流管理的重要目标（许木启等，1998；Brookes et al.，2001）。近20年来，河流健康状况评价的方法学不断发展，形成了一系列各具特色的评价方法，如河流无脊椎动物预测和分类计划（RIVPACS）、生态完整性指数（IBI）、澳大利亚的河流评价计划（AUSRIVAS）、瑞典的岸边与河道环境细则（RCE）、澳大利亚的溪流状态指数（ISC）、南非的河流健康计划（RHP）、新西兰的城市河流栖息地评价标准（USHA）等。就评价原理而言，可以大致将这些评价方法分为模型预测（predictive model）法和多指标（multi-metrics）评价法。模型预测法首先通过选择参考点（无人为干扰或人为干扰最小的样点）建立理想情况下样点的环境特征及相应生物组成的经验模型，然后通过比较观测点生物组成的实际值与模型推导的该点预期值的比值进行评价。多指标评价法使用评价标准对河流的物理学、化学、生物学特性指标进行打分，将各项得分累计后的总分作为评价河流健康状况的依据。这一指标体系包含了反映河流健康不同信息的指标，能反映复杂河流生态系统的多尺度、多压力的特征，利于全方位解释河流存在的问题，是近年来国际上应用最广泛的一种方法。然而，这些方法也存在如何综合地评价一个生态系统的完整性及如何对这些综合指标进行合理解释等问题，评价标准难以确定，因此精度有所欠缺。

随着生态过程与水文过程相互作用机制研究的深入、河流生态流量过程计算方法的日趋成熟，建立生态水文模型，量化研究河流生态系统对水文过程的响应，提出相应的调控措施是河流生态水文学研究的主要任务。因此，今后河流生态水文学的研究重点为采用多学科综合研究方法，开展河流生态健康的理论与方法研究，定义河流生态系统健康的内涵，识别表征生态系统健康的主要影响因素，筛选影响河流生态系统健康的关键敏感因子，构建河流健康生态系统诊断体系和健康指标体系，研究水文情势、水动力、水环境与河流生态健康的响应关系，提出敏感因子的定量化指标和诊断评估模式，开展面向河流健康的多目标调控的河流健康评价理论方法研究。

三、优先发展方向和建议

河流是陆地和海洋联系的纽带，在生物圈的物质循环中起着主要作用。河流生态水文学作为一门新兴的交叉学科，是实现"山水林田湖草"生态环境综合治理目标的关键。目前，我国河流生态系统十分脆弱，人类活动与河流生态保护的矛盾日益突出，河流生态水文学的研究不仅要紧跟国际前沿动态，还要结合我国水资源开发利用、水利工程的生态调度及河流适应性管理等实际需求，建议未来在以下几个方向展开重点研究。

（一）河流生态系统健康评价指标体系

河流健康作为 20 世纪 80 年代出现的崭新概念，相关理论研究与评价实践得到迅速发展。由于河流生态系统自身的复杂性、研究者不同的学科背景和评价视角，政府机构、专业团体及学术界等对河流健康内涵的理解仍然比较多元。认识分歧主要集中于河流健康概念是否应该包含人类价值观（社会、公众等对河流生态系统的评估），即河流健康的评估中是否应该反映公众对河流的环境期望，或强调河流对人类的生态系统服务功能的发挥（吴阿娜等，2008）。随着不同区域、不同尺度研究的持续深入，人类对河流生态系统的复杂性和动态性有了更深刻的认识，基于理化水质指标、河流形态及水文指标、生物物种指标等开展综合性河流生态系统健康评估，已经形成基本共识。从综合和系统的角度评判河流健康状况已经成为河流保护与管理的国际趋势（Karr，1999；Ladson et al.，1999；Bain et al.，2000；赵彦伟等，2005；Norris et al.，2007）。随着国内河流环境问题的日益突出及对河流管理新方法需求的不断增强，近年来国内学者在河流健康概念辨析、河流健康评价方法等理论探讨方面开展了一定的工作（蔡庆华等，2003；赵彦伟等，2005；张远等，2006）。总体而言，我国河流健康评价研究相对滞后，近年来"健康黄河"、"健康长江"、"健康珠江"等理念逐渐提出，但还没有建立完善的水生态系统生物监测的方法、评价的基准与标准，缺乏相应的规范和体现我国区域分异特点并具实际指导意义的评价指标、生态基准与实践案例（吴阿娜等，2008）。水生态系统生物监测与评价方法和技术及其规范是未来河流生态水文学研究的基础。

RS、GIS 等新兴的信息科学技术也为河流研究提供了新的方法和强有力的技术支持。从 20 世纪 90 年代开始，RS 和 GIS 开始广泛应用于国内外河流研究领域，如利用"3S"技术进行河流调查与信息分析、河流动态监测、河流数据更新、河流资源与水环境分析等，为实现河流管理与环境的持续发展提供了可靠的基础数据和决策服务（Liu et al.，2003）。在河流健康领域，直接从GIS 数据库中提取相关的河流信息，如遥感水质监测数据、地形图的相关属性值等，利用 GIS 的空间分析技术对图像或数据进行分析处理，获得可以直接利用的数据，如自然岸线比例、河流蜿蜒性等，综合以上数据进行河流的水质评价、生态评价、综合评价等。目前，RS、GIS 技术在河流生态健康研究中的利用率远远不足，急需开展学科交叉，利用各类新技术突破传统方法的静态性、主观性等不足，综合考虑生态系统健康与社会经济需求规律，开展面向河流健康的多目标调控的河流健康评价理论方法研究。

（二）影响河流生态系统结构和功能的关键水文要素

目前，国外对河流水文情势变化的研究已经日渐成熟。Richter 等在 1996

年提出了一种评估水文情势变化程度的指标体系 IHA（indication of hydrologic alteration）。IHA 法包括月流量值、年水文极值大小和历时、年极值水文状况发生时间、高与低流量脉冲的频率及历时和水流条件变化等 5 类指标体系，共包括 33 个指标，每个指标代表不同的生态意义（Richter et al., 1996）。澳大利亚的 Growns 等（2000）提出了一套包括 7 类指标体系共 91 个指标的水文情势评价指标体系。欧洲 Fernández 等（2012）根据《欧盟水框架指令手册》提出了 21 个水文指标等。水文情势的变化分析已经从最开始的只研究中值，发展到如今建立了全面完整的水文指标体系，为从不同角度描述和量化水文情势特征提供了依据。在河流系统中，考虑河道的生态需水是当前研究河流健康的一个重要指标，根据河道内生物的生境要求确定动态的流速、流量等指标也是当前研究的新方向。

在河流生态水文指标体系研究中，量化河流生态水文特征的研究，从开始的单一指标发展到综合指标。生态水文指标体系方法，是从整个生态系统的角度出发，通过分析与生态相关的流量过程的幅度、频率、历时、时刻和变动率的变化，选用指标表征河流生态水文特征及其变化。生态水文指标体系的方法是由生态学家根据河流生物对流量的具体需要提出来的水文指标，能更加系统地表征河流的生态水文特征，而且操作简单，只需要日流量数据就可以进行指标的计算。但对于生物所需生态流量的认识，目前以定性的认识为主，在水文和生态相关性上缺乏大量的生物数据支持，给研究结果带来了很大不确定性。

（三）河流生态水文过程量化研究新方法

河流生态水文模型是量化研究生态水文过程的重要工具，同时也为相关问题提供了解决的方法。美国、德国、澳大利亚、荷兰等国在河流生态水文模型的构建上走在世界的前列，探索开发了较多生态水文过程模拟模型。卫星数据作为一种新的易于获取的数据源在近几年得到了稳定的增长，许多学者对卫星数据估算河流流量进行了相关研究。因为河流流量不能直接从遥感数据中读取，Bjerklie 等提出利用遥感数据首先获得与河流流量相关的水力学要素（如水面宽度、流速和水深等），然后根据这些要素计算河流的流量（Bjerklie et al., 2003）。遥感估算河流流量主要有基于河流水量平衡（Hannah et al., 2011；van Beek et al., 2011）、基于河流断面水位（Getirana, 2010；Milzow et al., 2011；Pereira-Cardenal et al., 2011）、基于河流纵向坡度（Bjerklie et al., 2003；

2005；2007）、基于河流断面宽度（Schumann et al.，2009；Jung et al.，2010）四种方法。但这些方法都需要地面观测站点的水文、水力或气象数据进行预先假定。Gleason 和 Smith 研究发现了多站水力几何法（at many stations hydraulic geometry，AMHG）。这种方法并不需要任何地面观测或者先验信息，仅仅根据河流宽度的时空变化就可以计算得到河流流量，其中河流宽度信息可以通过不同时相的 Landsat 影像获得（Gleason et al.，2014）。将 AMHG 方法应用在全球 34 条不同气候条件的大型河流，将模拟与实测流量进行比较，误差在 20%~30%（Gleason et al.，2014）。以上河道流量的估算方法，由于卫星数据的精度限制，仅适用于大型河流，难以从流域角度对河流水系的流量过程进行时空分布规律的探索。随着低空遥感技术的发展，利用无人机估算小型河流流量的研究，已经逐渐成为新的研究热点，有望通过无人机耦合遥感卫星数据反演流量与水面流速的研究，为分布式水文模型提供子流域层面的验证真值，解决水文模型中"异参同效"的难题。此外，非接触式流量在线监测技术，由于传感器不需要入水，特别适合陡涨陡落、漂浮物多、流速大的河流环境，不仅少受水毁及泥沙影响，避免污水腐蚀，还能保障测流人员安全，实现实时在线测流。相比传统测验模式驻守观测，非接触式流量在线监测技术具有明显优势，能够解决山区河流测流困难、流量数据时间不连续或缺失问题。

（四）气候变化下河流特征水文过程调控理论与方法

全球气候变化导致区域乃至全球水文循环过程发生改变，进而显著影响了河流水文特征是不争的事实（IPCC，2013）。基于不同陆面模型模拟结果，IPCC 给出了未来全球不同区域温度、降水等气候因子的变化趋势及可能性，且对干旱与暴雨等极端气候事件的发生频率进行了预估，这些因子在不同的地区存在不同的潜在变化，导致未来各区域径流过程变化剧烈，且不确定性增加。同时，气候变化导致的气温、辐射等条件的变化，对河流生态系统本身存在深刻的影响。例如，温度变化影响鱼类产卵周期和岸边带植被群落结构及生长周期，进而影响河流湿地水鸟等动物的生境。在河流生态水文的研究中，气候变化的影响已经成为关键议题之一，也是未来研究中不可忽视的重点领域之一。今后在气候变化背景下的河流生态水文研究，应该聚焦气候变化因子对河流生态水文过程的影响机理，量化二者之间的关系，建立可靠的数值模拟模型系统，深入阐释河流生态水文学对气候变化的响应机制及预测不同气候变化情景下的河流生态水文变化过程。

当前，我国河流的可持续发展面临着严峻的挑战。气候变化和人类活动严重地干扰了河流径流过程和生物生境的动态平衡。一方面，大坝工程的建设为人类和社会提供了防洪、供水、航运、发电、灌溉、休闲娱乐等服务，推动了人类和社会的进步，为社会的经济发展做出了巨大的贡献。另一方面，大坝的建设也打破了河流生态系统的稳定性和连续性，对河流生态系统造成了不利的影响。"生态调度"的提法是近几年才明确在文献中出现的，但是对其概念内涵的理解，各方表述并不一致（钮新强等，2006；董哲仁等，2007；胡和平等，2008）。其差异主要集中在人类需求与生态目标的优先次序问题上。当前，我国水库生态调度方面的实践基本处于概念性探索阶段，在理论与实证性方面尚存在不足。国外方法虽然较成熟，但与我国的地域差异、发展观念和现实条件相差较大，能适用我国河流特点和基本国情的方法较少，亟待补充与发展。

第五节　湖泊水库生态水文学

湖泊水库生态水文学是以湖泊、水库作为基本的研究单元，应用生态水文学的理论和方法，研究影响湖泊水库生态过程及生态格局的水文学机制，即在不同时空尺度上，研究流域内的水文过程如何影响湖泊水库生态格局、生态过程和生态功能，以及湖泊水库生态系统变化如何反作用于水文过程。目前湖泊水库生态水文学的关键科学问题主要有：人类活动导致的水文要素与过程改变对湖泊水库生态系统的影响机制，全球变化条件下湖泊水库生态系统的响应机理，水文要素变化与环境污染对湖泊水库生态系统的耦合作用。未来应该注重在多学科融合发展湖泊水库生态水文学理论，湖泊水库生态系统对气候变化及极端气候的响应、湖泊水库生态过程数值模拟与预测及湖泊水库生态系统调控和生态修复等方向上优先发展。

一、科学意义与战略价值

尽管地球 70% 都被水覆盖着，但只有 0.8% 的水能够被人类直接利用，这些可利用的淡水主要分布在河流、湖泊和水库之中，其中湖泊和水库担负着全球几十亿人的饮水供给（Gleick，1993）。良好的水域生态环境是维护湖泊水库水质安全的重要保障，是关乎民生的大计。此外，湖泊水库还具有调节区域气候和维护生物多样性的生态功能，并且与陆地、海洋等全球尺度生态系统紧密相连。

（一）湖泊水库生态水文学的定义

湖泊水库生态水文学是指研究湖泊水库中水文要素及其变化过程对生态系统的影响，包括水量、水位、湖流、波浪、光照和温度等对生态系统的直接影响和间接影响及生态系统的反馈过程。直接影响指水流速度、温度和光照等对微生物、浮游植物、水生植物及其他各种生物生长的影响；间接影响则指水文要素通过影响光照、温度和生源要素（C/N/P）迁移转化等进而对生态系统产生的影响。

我国是一个湖泊水库众多的国家，根据第二次全国湖泊调查，我国共有 1.0 平方千米以上的自然湖泊 2693 个，总面积 81 414.6 平方千米（杨桂山等，2010）。同时，我国拥有已经建成的水库共 98 002 座，总库容 9323.12 亿立方米，其中大型水库 756 座、中型水库 3938 座（中华人民共和国水利部，2013），是世界上水库最多的国家，并且拥有世界上最大的水利水库工程——三峡水利水库工程（韩博平，2010）。日益增强的人类活动对湖泊水库生态系统产生了持续的负面影响，造成湖泊水库生态功能退化和物种多样性降低等问题。例如，太湖富营养化直接导致了 2007 年无锡"水危机"事件，造成了巨大的经济损失。随之而来的一系列治理与管理工作需求极大地促进了我国湖泊水库生态水文学的发展。

（二）湖泊水库生态水文学的研究内容

1. 水文要素及变化过程
1）物质平衡
物质平衡指的是湖泊水库环境中各要素在湖泊水库之中的收支状况。湖泊水库水体中的物质平衡主要包括水量、营养盐、矿物质等。

（1）水量平衡。影响湖泊水库水量大小的因素有湖泊水库出入流、蒸发、降水、地下出入径流等。其中，咸水湖中蒸发量大于随河流而流出的流量，当蒸发量与入湖流量和出湖流量的差值相接近时，湖泊在枯水期和丰水期则可能会形成咸水湖与淡水湖交替出现的现象，过水性湖泊出入湖流量则会远远大于蒸发量。为了维持水量平衡，湖泊水库需要源源不断地补充水源，而相较于水库，湖泊水量受到更多水文过程影响，其所处的位置、地形特征和气候等因素均会决定湖泊水量补给（Fowe et al.，2015）。我国最大的微咸水湖——青海湖，自 20 世纪 60 年代到 2000 年水位持续下降了约 3.35 米，这与青海湖流域的降水在此期间持续减少有很强的相关性（Kebede et al.，2006）。

（2）营养盐平衡。水体中营养盐随着地表径流的流入及大气的干湿沉降等方式进入湖泊水库之中，并随河流的流出和渔业捕捞等方式出湖，其中氮元素因为参与气体循环，所以其来源和去向部分通过固氮作用和反硝化作用与大气紧密相连。从流域中输入的营养盐与流域面积、坡度和流量等成正比，同时还受到植被、土地利用类型和气候类型的影响。高纬度地区土地利用率相对较低，其向水体中输入的营养盐也较少；位于低纬度地区的农业区域，由于施肥等，往往会向水体中输入大量的营养盐，造成水体富营养化。

（3）矿物质平衡。湖泊水库水体中的矿物质主要由 Ca^{2+}、Mg^{2+}、Na^+、K^+、HCO_3^-、CO_3^{2-}、SO_4^{2-}、Cl^- 八大离子组成。它们占据水体中离子总含量的 95%～99%，其余离子的含量则非常低（低于 1 毫克 / 升）。水体中的离子除了作为水生生物体生长发育所必需的元素外，还对水环境的维持有重要的作用。例如，钙是湖泊水库中软体、双壳类动物的主要组成部分，同时碳酸盐作为水体中的缓冲离子，为维持水体的 pH 值有不可估量的作用。湖泊水库水体中的离子来源于补给水，但两者的化学成分可能相差很远，气候、地质、生物条件等都会对其产生影响，而人类活动也会改变水体中离子的含量。

2）波浪与湖流

按照其动力来源，湖泊水库水体的运动可以分为风生流、密度流和吞吐流三类。风生流指的是由风引起的水体运动；密度流是指水温分层造成的密度不均匀而引起的水体运动；吞吐流是指湖泊水库的出入流带来的水体运动。水的运动不仅会改变营养物质和有机物的分布，还会引起热量、溶解性气体的变化，水生生物对这些变化会产生响应，长时间的水体运动造成的环境因子梯度差异还会引起生物群落的改变。对于浅水湖泊，风浪引起的扰动造成了沉积物中营养盐再悬浮，增加了水体中营养负荷。再悬浮引起的磷释放会使浮游植物生物量的增加，并可能改变其群落结构。例如，富营养湖泊水库中蓝藻门会占据优势，而重度富营养化水体中绿藻可能更占据优势。

3）换水周期

湖泊水库的换水周期 τ 指的是湖泊水库中全部的水被置换一次所需要的平

均时间，可以简单地用湖泊水库的容积 V（米³）比平均出水量 Q（米³/年）表示，即

$$\tau = \frac{V}{Q} \tag{4-1}$$

对于没有水流出口的盐水湖来说，水流只通过蒸发形式离开，这种情况称为理论上的换水周期。换水周期可以表示水量或者水体中的某些元素在湖泊水库中的停留时间，因此换水周期可以运用到湖泊水库水质、风险评价、污染物修复、特征描述、栖息地恢复和毒理等方面的研究之中。水体中的浮游动物与浮游植物也与换水周期密切相关，换水周期短的湖泊水库因浮游植物会被水流快速带走而不易形成蓝藻水华。例如，太湖与洪泽湖营养盐水平相似，但是洪泽湖一直没有发生过类似太湖的大面积水华，主要原因就是太湖的换水周期约为 309 天，而洪泽湖仅为约 27 天。在一些换水周期更短的水库之中，浮游动物可能还未更新换代就随水而去了，尤其是发育时间较长的桡足类，因此浮游动物的密度与换水周期关系非常紧密。

4）光照与透明度

湖泊水库水体的光学特征决定了水下光照强度和光谱的分布，进而决定了湖泊水库水体初级生产力。光合有效辐射进入水体后一部分被有机颗粒物吸收（浮游植物死亡产生的有机碎屑及湖底底泥再悬浮产生的有机无机颗粒物），一部分被有色可溶性颗粒物吸收（主要是黄腐酸、腐殖酸等组成的溶解性有机物）（张运林等，2003）。

透明度是指水体的澄清程度，是湖泊水库水体的主要物理性质之一。透明度通常用塞氏盘方法来测定，以厘米或米表示。影响湖泊水库水体透明度大小的因素主要是水中悬浮物质和浮游生物含量。悬浮物质和浮游生物含量越高，透明度越小；反之，悬浮物质和浮游生物的含量越低，则湖水透明度越大。湖水透明度与生物量间表现出双曲线关系，并非直线关系。因此，利用这种曲线关系在一定范围内，透明度的大小可以指示浮游藻类的多少。而浮游藻类的多少又与水质营养状况直接相关，所以在很多水质和富营养化评价标准中，均把透明度这一感官指标作为重要的评价参数。

5）温度与热力分布

湖泊水库水体的温度状况是影响水体中各种理化过程和动力现象的重要因素，也是湖泊水库生态系统的重要环境条件。温度不仅影响生物的新陈代谢和物质分解，还直接决定湖泊水库生产力的高低，与渔业、农业均有密切的关

系。由于太阳辐射能的变化和水体在垂线上增温与冷却强度的不同，湖泊水库水体在垂直分布上会呈现分层现象，而且这种分层现象具有明显的日变化和年变化。一般，春、夏两季白天以正温分布为主，夜晚－清晨以同温分布为主；秋季降温期是中午前后为正温分布，夜晚－清晨是同温和逆温分布；冬季则以逆温分布为主。

6）营养盐与生物地球化学过程

湖泊水库水体中营养盐的生物地球化学过程主要包括氮、磷的循环。营养物质输入过多会导致湖泊水库的富营养化。

虽然有机体中磷的含量仅占其体重的 1% 左右，但由于磷是构成核酸细胞膜、能量传递系统和骨骼的重要成分，且磷为沉积型营养盐，最终归宿为在水体中沉积，因此其成为制约湖泊水库初级生产力的主要因素。这也是迄今为止湖泊水库水体富营养化防控项目重点关注磷控制的原因。湖泊水库中的磷酸盐被浮游植物吸收后，通过食物链的传递进入浮游动物体内，然后被鱼类和底栖生物所捕食，一部分通过排泄作用向水体中排入有机磷酸盐和无机磷酸盐，无机磷酸盐可以被浮游植物重新利用，有机磷酸盐则被微生物利用。湖泊水库水体中的磷最终都是随着动植物的残体进入沉积物中；但在浅水湖泊中，部分沉积物中的磷会通过微生物作用降解和释放，其中溶解态的磷会在风浪等物理扰动下重新进入上覆水参与循环。

相比于磷循环，氮循环则为典型的气体型循环。湖泊水库生态系统中，初级生产者通过吸收水体中的氨氮和硝态氮合成自身的蛋白质，部分浮游植物能够通过固氮作用利用大气中的氮气。浮游植物利用氮合成的蛋白质通过捕食者的捕食作用进入浮游动物、底栖动物和鱼类体中。一部分被用于合成这些物种自身所需要的蛋白质，另一部分通过排泄作用以氨氮的形式排出到环境之中。水体中动植物死亡后的残体通过微生物分解而将有机态氮转化为无机态硝酸盐氮，进而可以被植物重新利用，或者被反硝化细菌利用形成氮气重新返回到大气之中。

7）悬浮物与泥沙

湖泊水库中的泥沙一般由河流带入，流域的面积、坡度、土壤类型和植被覆盖度等都会影响水体中泥沙的含量。一方面，水底的泥沙能够为生物（如水生植物、底栖生物、底栖藻类等）提供栖息场所；另一方面，泥沙在湖底的淤积容易阻碍航道，影响湖泊的通航能力，如水库蓄水会使得过水断面增加、流速减缓、水流挟沙能力降低，容易造成泥沙在库区淤积。水底的泥沙在风浪扰动作用下会再悬浮，这类再悬浮颗粒物直径一般较小，沉降速率较慢，其上吸附的大量磷、铁、镁和无机氮等营养物质会随着颗粒物的分解释放到水体中形成再循环。再悬浮的颗粒物也会降低水体的透明度，进而影响太阳辐射在水柱的分布和浮游植物对光照的利用，成为湖泊水库初级生产力的决定性因素（张运林等，2004b）。

2. 水文要素与过程对湖泊水库生态系统的主要影响

1）温度、光照和悬浮物对湖泊水库生态系统的直接影响

在湖泊水库之中，温度通过影响呼吸作用影响生物的生长发育。例如，温度是影响浮游植物群落结构、季节效应的主导因子之一，同时还影响着鱼类幼体的生长速率、性成熟和繁殖时间及成体大小，并且是很多物种繁殖的触发因子。经典的生态学代谢理论认为，温度增加会使得消费者对能量的支出增加，对食物资源的需求也随之增加。光照通过改变光合作用影响生物的生长分布。在一定条件下，随着光强的增加，植物光合作用也随之增加。水生植物在浑浊的水体中最多分布在水深几厘米的水下，而在透明度较高的水体中，能够分布在水下十几米。悬浮物通过影响水下光照进而影响初级生产者的光合作用，也可以对底栖动物中的滤食者和鱼类等的滤食作用产生直接影响。

由于近年大量湖泊水库呈现富营养化和出现灾害性藻类水华，浮游植物在水生生态系统中受到重点关注，越来越多的学者探索环境因子对浮游植物生长的影响。尽管不同物种对光照的利用率大不相同，但在温度和营养盐适合的情况下，浮游植物的生长速率随着光照的增强而增强，直到光强达到一定程度后（光饱和点）才开始保持稳定。Edwards 等（2016）对 57 种浮游植物的研究表明，强光条件下浮游植物的生长对温度不敏感，而在饱和光的条件下较敏感；当出现光限制的情况，浮游植物对温度的敏感性也会降低，其最适温度平均下降约 5℃。这有可能是光限制使得浮游植物对温度的响应范围变得更窄，也有可能是在光照由饱和转向限制过程中，浮游植物逐渐开始适应低温而对高温的耐受能力降低了，因为在自然界中温度和光照一般呈正相关关系。

而在光照和营养盐充足的时候，温度则成为影响浮游植物生物量的主要因子。湖泊水库中浮游植物有明显的季节演替，不同温度下浮游植物各门类的生长速率各不相同（Paerl et al.，2013）。一般而言，各门类浮游植物生长速率曲线随着温度的增加呈开口向下的抛物线（图 4-9）。硅藻门的生长速率在 15℃左右最大；甲藻门的生长速率在 20℃左右最大；绿藻门的生长速率在 25℃左

右最大，蓝藻门对高温的适应性最强，在30℃时生长速率达到最大。因此，湖泊水库冬春季节一般以硅藻门物种占据优势，随着温度上升逐渐转向绿藻门物种占优，到夏季后蓝藻门物种逐渐占据优势。

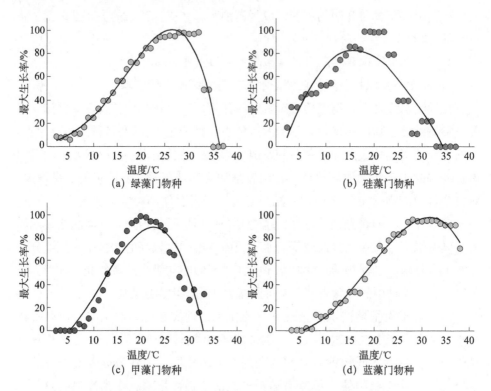

图4-9　四种门类浮游植物在特定条件下随温度的生长曲线（Paerl et al., 2013）

2）水文要素与过程对湖泊水库生态系统的间接影响

换水周期、波浪和湖流等水文要素通过影响营养盐的迁移转化直接影响浮游植物的生物量，进而间接对消费者（包括食物链上行与下行效应变化等）及整个生态系统产生影响。

湖泊水库换水周期长短在一定程度上决定着流域输入营养盐量的多少。换水周期短的湖泊水库从流域输入的营养盐较充分，有利于浮游植物的生长。但当换水周期更短时（水库比较常见），水体中的浮游植物与浮游动物一般还没来得及生长繁殖便被水流冲走。此外，浮游动物对浮游植物的捕食具有选择性，因此浮游植物的物种组成与生物量变化也会影响和改变浮游动物的群落结构，进而使得主要以浮游动物为食的鱼类和底栖生物的种群数量也会因为食物的改变而受影响。

波浪、湖流等物理运动会对湖泊水库中的沉积物产生不同程度的扰动，不断造成沉积物营养盐再释放。我国长江中下游地区的湖泊水库富营养化较严重，且大多数的湖泊水库都是浅水水体，因此风浪扰动条件下沉积物释放的营养盐是水体营养盐的主要来源之一。例如，在太湖中，波浪引起的剪切力贡献了 70% 的沉积物再悬浮，且当风速大于 6 米 / 秒时，沉积物就开始大量悬浮。Li 等（2014）通过太湖原位监测建立了太湖悬浮颗粒物浓度（suspended solid concentration，SSC）与风浪引起的底部剪切力（τ_w）之间的关系，将其分为四个阶段：① τ_w<0.02 牛 / 米^2 时，SSC 以约 45 毫克/升保持稳定；② τ_w 介于 0.02～0.07 牛 / 米^2 时，湖底沉积物开始被扰动，SSC 值在 45～60 毫克/升；③ τ_w 介于 0.07～0.30 牛 / 米^2 时，湖底沉积物中等幅度被扰动，其 SSC 在 60～150 毫克 / 升；④ τ_w 大于 0.30 牛 / 米^2 时，湖底沉积物被大范围剧烈扰动，此时 SSC 在 150～300 毫克 / 升。

充分的营养盐输入或再悬浮释放均会促进浮游植物生长，理论上增加了浮游动物的食物资源，而浮游动物数量过多也会通过牧食浮游植物的下行效应降低浮游植物的生物量。实际上，浮游动物对浮游植物的大小、数量、营养价值、口味和化学物质等有不同的要求。经典的生物操纵理论认为，通过放养食鱼性鱼类可以控制小型鱼类以壮大浮游动物种群，然后借助浮游动物控制浮游植物。

3. 湖泊水库生态系统对水文要素及过程影响的反馈

水文要素与生态系统之间的影响是相互的，波浪、光照、温度和悬浮物等会直接或间接地对生物产生影响，反过来生物也会改变湖泊水库的水文条件。例如，蓝藻形成水华漂浮在水面会阻碍光照进入水体，死亡的蓝藻分解会消耗水体中的大量溶解氧；在营养盐循环中，底栖鱼类和底栖动物对沉积物 - 水界面的扰动会促进营养盐释放，而鱼类捕捞和昆虫羽化等又会将营养物质带离湖泊水库。生态系统对水文要素的反馈作用近年来关注较多的是水生植物对波浪的消减作用及水华对水下光照和溶解氧的影响。

水生植物对波浪和湖流的影响包括阻碍湖流及消浪。水生植物能阻碍波的传播、降低波高，同时还能减少悬浮颗粒物以增加水体透明度。水生植物的密度、枝叶数和茎直径等都会对曼宁粗糙系数与拖拽系数产生影响。一般来说，水生植物越高，拖拽作用越强，对水流阻力越大。此外，植物的柔韧度也是影响水流阻力的重要因素之一。植物对波浪的消减作用也受到水深的影响，沉没比（水深与水生植物的高度比值）大小可以用来衡量水深与植物高度对波浪消减作用的影响。沉没比越小，植物对波浪的消减作用越明显。

富营养水体中藻类会呈暴发式生长，极易在下风向水面聚集形成水华，使得光照在进入水面后迅速衰减，影响水下光照条件。以蓝藻为主的水华藻类在生长过程中会形成聚集体以增加对光照的利用，加剧阻碍了光照透过水面进入下层水体，并使得水面温度急剧上升。另外在微风条件下，高生物量藻类在夜间的呼吸作用会大量消耗水体中的溶解氧。此外，水体中藻类死亡之后在微生物作用下分解也会很快消耗掉水体中的溶解氧，导致水体严重缺氧，造成鱼类等水生生物窒息死亡，进而极大地影响水体中生物的种群数量、组成及生态系统的稳定性。

（三）湖泊水库生态水文学研究的科学意义与战略价值

1. 生物多样性和生物栖息地保护的理论依据

湖泊水库生态系统作为地球生态系统的重要组成部分，其生物多样性价值巨大。湖泊水库生物多样性难以估测并且对人类有潜在的巨大影响，其直接价值包括为人类提供丰富的水产品与生产原料，以及休闲旅游的客观环境；其间接价值包括净化水质和大气、参与全球的物质循环及为人类提供良好的生态环境等。全球变化、水质恶化、生境丧失和片段化、物种入侵、水生资源过度开发等都会对湖泊水库生物多样性造成严重的威胁。例如，人类活动造成的点源或面源污染引发的日益严重的水体富营养化，使得水生生物中耐受富营养物种渐成优势，造成生物多样性降低，部分物种甚至灭绝；水体中有毒有害物质浓度不断增加，长期通过食物链的传递作用聚集在生物体内，可能会造成水生生物变异畸形；对湖泊水库的过度开发导致生物资源不断减少、湖泊面积日渐萎缩，越来越多的湖泊正在消失，这一系列的问题都会给湖泊水库生态系统造成致命的破坏。

湖泊水库生态水文学一定程度上也是伴随着这些问题的不断出现而发展的，相应的理论成果运用到对生物多样性和栖息地的保护显得至关重要。人类必须在对湖泊水库资源的需求与生态系统的稳定健康发展之间找到平衡点，在不损坏生态环境的情况下使得利益最大化，厘清生态红线如何划定才能使得水生生物得到最好的保护，以及退化的生态系统如何最大限度地恢复到原来的状态。对湖泊生物与生源要素之间相关关系的研究有助于我们更好地保护湖泊水库水环境和水生生物多样性，维持生态系统的长期稳定。例如，水生植物受到水深、营养盐、悬浮物浓度、光照、波浪、水位、底质等因素的影响，认清这些因素之间的相互关系及其对水生植物的影响必然会有利于水生植物的保护。浮游植物是生态系统中的初级生产者，为整个生态系统提供能量，不同的营养水平及氮磷比会使得不同的物种占据优势，如何削减营养盐才能在经济所能承受范围内达到保护多样性的目的是亟待解决的问题。由于生态系统是相互关联的，在生物多样性的保护中仅针对单个物种远远不够，因此对栖息地进行保护成为人们关注的重点。栖息地保护涉及整个生态系统，各种生物通过食物链和食物网联系在一起，相互之间存在着竞争、捕食、共生和寄生等关系。此外，各种影响因素之间也是相互影响、各有制约，生源要素对单个物种的最适条件很难适用于栖息地保护，栖息地保护必须考虑维持整个生态系统的平衡。这无疑对湖泊水库生态水文学研究提出了更高的要求与挑战。

2. 饮用水供应安全保障技术支撑

湖泊水库担负着全球几十亿人的饮用水供给，是关系国计民生的重要水源。然而与人类日益提高的生活水平和对饮用水质量越来越高的要求相反，全球湖泊水库的污染状况却日益严峻。我国湖泊水库水污染主要是氮、磷和有机物超标。水体中大量的低浓度有机污染物会产生联合致毒效应并危及饮用水安全。氮、磷超标则会导致和加剧水体富营养化，引发藻类水华灾害，造成巨大的经济损失和社会损失，2007 年无锡"水危机事"件就是一个典型的例子。自 1974 年以来，美国的饮用水中发现了大约 2100 种化学物质，其中有 99 种致癌或可疑致癌物质、82 种致突变物质、28 种急性或慢性致毒物质及 190 种可疑有毒有害物质。对全球而言，保障饮用水安全已经迫在眉睫，提高水源地水安全更是重中之重。

湖泊水库生态水文学服务于饮用水供应安全主要有两个方面。

（1）深入开展湖泊水库水质保护污染控制的机制研究。结合污染物迁移转换规律，运用生态水文学理论从本质上提高湖泊水库水质；与水质生态模拟相结合，对污染物和生物的迁移扩散进行预测预警，防患于未然，进而保障饮用水供应安全。污染物在环境中的迁移转换涉及众多的生物地球化学过程，水文要素、环境因子、生物群落都影响着污染物在水体中的浓度。调节生态系统使得污染物在水体中得到最大的净化，寻找污染物在湖泊水库中的阈值都是湖泊水库生态水文学为保障水质安全所要完成的使命。

（2）研发和开展水质和水生态预测预警。水质、水生态精准模拟对饮用水安全的重要性不言而喻，成功的预警能指导对潜在风险的及时应急处理，有效保障饮用水供给安全，最大限度地降低损失。例如，蓝藻水华在取水口附近聚集就有可能影响水源地水质，对饮用水供给安全产生威胁，如果能够成功地提前数小时预测蓝藻水华在该区域的分布，就有足够时间采取相应的处理措施。要预测蓝藻水华在取水口附近区域的分布，就要根据水华的分布结合温度、辐射等数据计算出水华藻类生长速率，考虑不同风向和风速条件下不同水层中蓝藻生物量及其占整个水柱中总生物量的百分比，以及各种风速条件下水华蓝藻的漂移速率等重要参数，构建蓝藻水华预测预警模型（孔繁翔等，2009）。

3. 优质渔业可持续发展的科学保障

为人类提供优质的渔产品也是湖泊水库的一项重要功能。近年来，湖泊水库渔业生产面临的主要问题是水体中污染物通过食物链的传递作用在鱼类体中富集，以及生态系统退化使得鱼类生存环境恶化，导致产量和质量降低。

鱼类的生物积累和生物放大作用能够使其体内的污染物浓度远高于周边环境，所以优质的渔产品对水质要求更高。在现阶段还不能达到各类污染物零排放的前提下，为了保证优质的渔产品，污染物在水体中不能超过一定的阈值。不同生态系统的自净能力不同，因此各类污染物的控制阈值不尽相同，在不同的湖泊水库中也有差异，而且污染物在生态环境中的迁移转换、生物间的传递、生物体的放大规律牵涉多种学科背景，如何配置生态系统各要素以便水体中的污染物在环境中加速转换，如何改善水体中物理化学指标使得污染物向无毒无害的方向降解等一系列问题，都需要湖泊水库生态水文学的研究参与其中。

生态系统退化是当今湖泊水库面临的一个重大问题，鱼类作为湖泊水库生态系统的组成部分，渔业的产量和质量首当其冲受到影响。鱼类的产量受其食物影响，因此水体富营养化在一定范围内会提高鱼类产量。但富营养化持续加剧就会造成藻类大量生长、暴发水华，影响水体光照和溶解氧，最终导致鱼类生存环境恶化和大量死亡。此外，渔业养殖过程中投放饵料等也会加剧水体的富营养化，鱼类吞噬产毒微囊藻后不仅会使得藻毒素在体内积累，还会导致鱼本身散发土腥味，造成品质下降。我国湖泊水库富营养化严重。相对于促进渔业发展而言，富营养化问题可能更为棘手，如何在保证渔业健康发展的同时防止水体富营养化加剧是一个相互矛盾但又不得不面对的问题。

4. 休闲旅游生态服务功能的长效维护

近年来，"生态旅游"一词越来越被社会所熟知。但是生态旅游至今还没有相对权威的定义，Buckley（1994）认为其应该包括以下四个方面：①依托

于当地的自然环境；②具有可持续发展性；③为当地能带来经济效益；④具有
环保教育意义。湖泊水库为人类提供的休闲旅游功能也应该本着生态旅游的宗
旨，以促进湖泊水库水生态环境的可持续发展为前提。

休闲旅游服务是湖泊水库生物多样性的直接价值之一。随着生活水平的提
高，人们对美好生活越来越向往，湖泊水库具有休闲观赏性的价值也变得越来
越重要，但我们面临的湖泊水库生态环境却不那么乐观。人类活动对生态系统
的干扰造成的水质污染、水环境恶化和景观恶化都在不同程度地损害着湖泊水
库的休闲旅游功能。人类对湖泊水库生态旅游功能的需求与人类活动对湖泊水
库的伤害似乎永远背道而驰，和谐相处与可持续发展的科学理念能否在人类社
会的不断索取和湖泊水库的生态环境稳定之间完美连接，需要整个社会的远见
卓识。湖泊水库生态水文学应当为其出谋划策，充当智囊团的角色。

二、关键科学问题

湖泊水库生态水文学主要的研究内容是水文要素及其变化过程在不同的
时空尺度上对生态系统直接和间接的影响，以及生态系统对上述影响过程不同
程度的响应及反馈。其关键的科学问题就围绕这些因素的相互作用过程而展开
（图 4-10）。

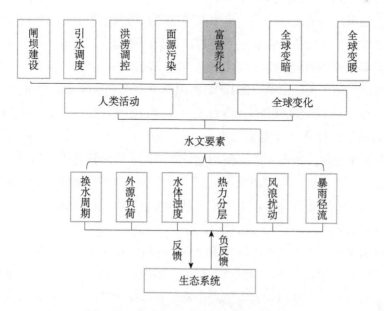

图 4-10 湖泊水库生态水文学的研究内容

（一）人类活动导致的水文要素与过程改变对湖泊水库生态系统的影响机制

1. 河流闸坝建设改变河湖连通状态进而影响换水周期

几千年前，人类就已经通过修建闸坝控制洪水和保证水资源供应，如我国著名的都江堰水利工程，2000 年来一直发挥着防洪灌溉的重要作用。现代，闸坝建设还用来进行水力发电和增加航运调控能力。尽管存在上述有利之处，但闸坝建设也会改变江河湖泊形态及河湖连通状态，影响河湖自然水文节律，特别是大型闸坝建设会导致河流和周围陆地及湖泊湿地生态系统的改变（Graf，1999；McCartney，2009），故此引发了越来越多的争议。我国兴建的长江三峡工程对其上下游通江湖泊生态系统的影响也成了国内甚至国际学术研究热点。长江中下游地区湖泊密布，历史上均与长江自然连通，特别是洞庭湖和鄱阳湖两个大型淡水湖，至今仍与长江自然连通，与长江之间存在复杂的江湖水沙交换关系。三峡水库的建成运行在一定程度上降低了鄱阳湖流域丰水期的洪水风险（Guo et al.，2012）。但近年来鄱阳湖流域极端降水和干旱事件加剧。研究表明，三峡水库运行造成了平均 5% 的长江来水量损失，显著影响着鄱阳湖夏末和秋季枯水期的水情变化，导致水位下降并加剧了鄱阳湖流域的旱情。相比于 1970～2000 年，鄱阳湖水位在 2001～2010 年出现最低值，并且湖泊面积和体积均出现下降（Zhang Q et al.，2014）。

河流闸坝建设造成的湖泊水库水文节律变化将导致湖泊水库物理、化学和生物等参数的复杂变化，引发一系列难以估测的环境生态效应。研究表明，三峡工程对鄱阳湖和洞庭湖水情的影响一般不超过 8%～15%，但对生态环境的影响却难以评估（杨桂山等，2010）。鄱阳湖季节性淹水导致湿地植被（Zhang L et al.，2012）、湿地氮循环（Yao et al.，2016；Zhang et al.，2016）和水体浮游植物和动物种群数量及组成（Wu et al.，2013；Liu et al.，2016；Cai et al.，2017）等发生变化。因此，河流闸坝建设对湖泊水库和河流生态系统的影响需要根据相关生态系统长期观测数据来进一步评估，并且需要涵盖湖泊水库的水文特征、水质、地貌特征、水生生物及其栖息地、湿地植被和相关动物群落等有关的诸多参数（Zhang L et al.，2012）。

2. 引水调度改变换水周期和外源污染负荷的长期效应

由于气候变化和人类活动的叠加影响，国内越来越多的湖泊水库面临水资源短缺（如白洋淀、洪泽湖和高邮湖）和富营养化加剧（如太湖和巢湖）的问题。与创建缓冲区、收集和处理废水、集约用水和削减营养盐等水资源管理策略相比，引水工程是快速缓解水资源短缺的重要途径之一。因此，我国引水工程的实施近年来不断增加，包括著名的南水北调工程、引江济太工程、引江济巢工程和引江济淮工程等（图4-11）（Yao et al.，2018）。2002年实施的引江济太工程旨在通过稀释和转移污染物来改善水质和缓解太湖的富营养化（Qin et al.，2010；Li et al.，2011）。然而，长江的营养盐负荷显著高于太湖（硝酸盐浓度比太湖高1~2毫克/升），引江济太工程没能让太湖的富营养化状况得到明显改观，特别是水交换未有显著增强的梅梁湾区域（Zhang et al.，2016）。不可否认，引水工程能够缩短湖泊水库的换水周期从而有效缓解水资源短缺，但实际应用中更多的是用来优化航运、灌溉和供水而非用来改善水质，除非能够引入水质更高的水体（Li et al.，2011）。若引水工程中引入污染负荷更高的水体，不仅导致湖泊污染负荷加重，还可能引起沉积物-水界面通量发生变化（Yao et al.，2018），综合效应可能加剧湖泊水库的富营养化和生态系统退化。

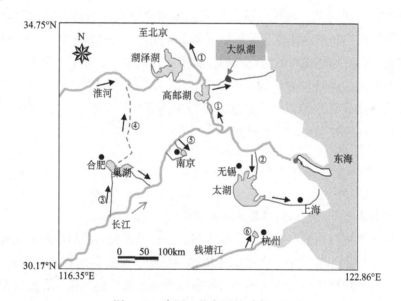

图4-11　中国一些主要的引水工程

①南水北调工程东线；②引江济太工程；③引江济巢工程；④计划中的引江济淮工程；
⑤引长江济玄武湖；⑥引钱塘江济西湖

3. 洪涝调控对污染物负荷输入与排放的促进作用

由于经济发展和城市建设进程的加快，人类活动对地球陆地表层系统干扰的强度和广度前所未有。陆地表层系统最重要的变化之一就是土地利用与土地覆盖的变化（Lambin et al., 2001）。土地利用与覆被变化通过改变流域下垫面的性质而改变流域的蒸发、截流、下渗，甚至降水等特性，影响流域产汇流过程、水循环和水量平衡，进而对洪涝灾害产生影响（李仁东，2004；王亚梅等，2009）。与山区相比，平原湖区更易遭受洪涝危害，土地利用和土地覆盖变化对平原湖区水文的影响不仅体现在径流系数的改变上（高俊峰，2002），还表现为调蓄水能力的变化。我国洪涝灾害的重灾区之一是长江中下游地区。有研究指出，洞庭湖日趋严重的洪涝灾害主要是长期土地利用变化的结果（李仁东，2004）。筑堤防洪与围垸垦殖导致洞庭湖蓄水空间减少，洪水水位抬升，湖高垸低，加之气候变化与厄尔尼诺等自然驱动力，洞庭湖洪涝灾害日趋严重，致使洞庭湖生态系统功能和效益不断下降（李仁东，2004；毛德华等，2005）。在太湖流域，由于政策因素、经济发展和人口增长，10 年间太湖周边耕地面积快速减少，建设用地急剧增加，土地利用变化使流域产水量增加，洪涝过程缩短，增加了流域上游的产水分布，加重了流域的洪涝灾害（高俊峰，2002）。

在很长一段时期，城镇化进程中我国城市建设只重视排水系统而束缚了自然的自我吸纳和调水能力，促进了污染物向湖泊生态系统的输入与排放，进一步加剧了湖泊生态系统的恶化。湖区洪涝灾害的根治，除了必要的水利工程外，还要增加生态环境方面的投入（李仁东，2004），如调整湖泊流域内土地利用结构、恢复湿地植被、构建复合高效生态系统等（刘士余等，2003），发挥生态系统自身的净化和维系能力。

（二）全球变化条件下湖泊水库生态系统的响应机理

1. 藻型生态系统扩张与草型生态系统退化

根据沉水植物的分布状况，可以将湖泊生态系统分为藻型和草型两种生态系统。在草型生态系统中，大型沉水植物占优势，是主要的初级生产者之一，能调控生态系统物质和能量的循环与传递过程，具有净化水体、固定沉积物和保护生境等环境功能（苏胜齐等，2002）。并且，草型生态系统为底栖生物及各种鱼类提供栖息场所，为社会经济发展提供重要的生态产品，是湖泊生态系统健康状况的重要表征，在湖泊生态系统修复中占据关键地位。沉水植物生长受光照强度、水温和营养盐水平等外界非生物因子及附着藻类和浮游动物等生物因子的共同影响（Barko et al., 1986）。然而，过去数十年由于湖泊水库富营养化、高强度湖泊资源开发（如围垦、围网养鱼等）和全球变化等，对影响沉水植物生长的非生物因子和生物因子均产生了严重的负面干扰。一方面，湖泊水下变暗、水体悬浮物浓度升高，浮游植物和浮游藻类遮光及在沉积物表层形成的不稳定环境均不利于沉水植物光合作用，最终导致沉水植物衰退；另一方面，鱼类群落结构改变导致对藻类摄食压力减小，藻类疯长又抑制了大型沉水植物生长。其结果是全球湖泊水生植被（特别是沉水植被）急剧退化，湖泊生态系统由水草茂盛、水体清澈的草型生态系统向藻类水华频发、水体浑浊的藻型生态系统转换，湖泊水库生物多样性下降，生态系统结构和功能退化，包括资源利用、景观美学等在内的多项生态环境价值均大幅降低。

Zhang Y 等（2017）定量评估了全球水生植被的消退情况。通过对全球155 个湖泊站点和我国 41 个典型湖泊站点水生植被年际变化历史文献数据的分析整理发现，全球大部分湖泊均存在不同程度的水生植被（特别是沉水植被）消退和生态系统退化现象。研究结果显示，全球 155 个湖泊站点中水生植被显著下降的有 101 个，而水生植被显著上升的只有 43 个，并且 1980 年以后水生植被面积显著下降的区域和比例明显增大。水生植被面积显著上升的区域主要分布在欧美一些进行流域综合治理和生态恢复的面积小于 50 平方千米的小型湖泊，恢复的植被也主要以漂浮和浮叶植物为主。我国湖泊水生植被退化速率明显高于全球。历史文献数据分析发现，我国 41 个典型湖泊站点中有 35 个湖泊站点水生植被显著下降，水生植被面积已经消失 3370 平方千米，其中水生植被面积退化比较严重的湖泊有鄱阳湖、洪泽湖、洪湖、南四湖、滇池、梁子湖、博斯腾湖、菜子湖、漷湖、长湖和太湖等，主要分布在长江中下游浅水湖泊群。研究还指出，未来在加强全国湖泊水生植被退化监测及退化机制机理分析的基础上，要积极推进湖泊生态修复和草型湖泊生态系统重构，加快湖泊生态保护和恢复，形成格局优化、系统稳定、功能提升的良性湖泊生态系统，支撑国家生态文明建设和美丽中国建设。

2. 湖泊水库热力分层结构的改变对生态系统的影响

气候变暖通过改变湖泊水库热力和溶解氧分层状况进而影响湖泊水库生物过程和生态系统结构与功能（秦伯强等，2003）。热力分层是湖泊水库最基本的物理过程之一，是引起溶解氧分布、底泥营养盐释放等水体理化过程和上下水流混合及对流等动力现象的主要因素，影响生物的新陈代谢和物质的分解过程，受到国内外学者广泛关注（张运林，2015；白杨等，2016）。全球变暖、长期缓慢气温上升和短期极端高温均会造成湖泊水库热力分层提前、分层结束推迟、分层时间延长、混合层和温跃层深度下降，以及热稳定性增加，同时使得一些原本无分层现象的湖泊水库出现热力分层，而一些季节性分层湖泊水库成为常年分层湖泊水库。相伴随的是溶解氧扩散深度和氧跃层深度明显下降，加剧了湖泊水库底部好氧和厌氧环境。湖泊水库热力分层形成的密度层会抑制表层和底层水体的垂直交换，造成表层水体贫营养但光线充足，底层水体富营养却光线不足，加剧湖泊水库缺氧状况，有利于浮游生物增长，诱发藻类水华并影响湖泊水库生产力。Wagner 等（2011）在对岩石湖热力分层现象的研究中发现，随着热力分层现象的周期延长，浮游植物会大规模向具有固氮能力的蓝藻转化，而硅藻由于超出其耐高温上限和沉降损失逐渐处于不利地位，具有耐高温特性或能在高温环境中快速生长的浮游动物逐渐占据优势。张运林等（2004a）在研究天目湖热力学状况时发现，湖水的热力学变化对溶解氧和营养盐具有显著影响。当温跃层存在时，上层水体中的溶解氧明显高于下层水体；当温跃层消失时，上下水体溶解氧出现明显差异。同时，下层水体中的营养盐由于水流剧烈的垂直运动被携带至上层，被水体浮游植物所利用。

（三）水文要素变化与环境污染对湖泊水库生态系统的耦合作用

1. 暴雨径流对面源污染物输移和外源污染的影响

城市降水径流污染是仅次于农业面源污染的第二大主要面源污染，其径流中包含空气沉降物、车辆尾气排放物、工业化工药剂和农业施用肥料等有毒污染物。一旦这些污染物以外源污染物的形式进入水体，将会导致污染物浓度超标，污染物之间的协同作用会危害水生生物，破坏生态系统平衡（赵剑强等，2001；杨云峰等，2006；马英，2012）。1981 年美国研究发现，城市径流带入水体中的生化需氧量（biochemical oxygen demand，BOD）预估量相当于城市污水处理后 BOD 的排放总量，且 129 种重点污染物中约有一半在城市径流中被检测出来（袁铭道，1986）。此外，美国一半以上的河流和湖泊污染与非点源污染有关，而雨水径流贡献了 40%～80% 的水体 BOD 年负荷。美国环境保护署（Environmental Protection Agency，EPA）的资料显示，某些州部分地区约 4000 个水体受城市径流和其他非点源污染严重。我国雨水径流污染问题也十分严峻，尤其是滇池、太湖和淮河流域。其中，包括雨水径流在内的面源污染承担了 67% 的滇池富营养化"责任"（马英，2012）。

2. 风浪对底泥悬浮与内源释放的影响

湖泊水库中的营养物质除了外源输入，水体自身的内源输入量也非常可观。其中，浅水水体在风浪等动力扰动下，底泥悬浮进入水体，而悬浮沉降过程即伴随营养盐的释放和吸附过程（范成新等，2002；秦伯强等，2005；李宝等，2008）。对丹麦 Arresø 湖的调查研究发现，其水动力悬浮过程释放的营养盐浓度可以在原数量级的基础上增加 20～30 倍（Søndergaard et al., 1992）。Robarts 等（1998）观测到，在强台风作用下，日本琵琶湖水体中可溶性活性磷含量增加了 2.5 倍。以太湖为例，太湖每日内源释放量与风速呈正相关关系。风浪作用下底泥与水体频繁发生交换，化学需氧量（chemical oxygen demand, COD）、总氮和总磷的最大悬浮量分别高达 20 万吨、2.5 万吨和 0.1 万吨，而其年均进入水体的内源底泥释放量为 19.03 万吨（逄勇等，2008）。

三、优先发展方向和建议

（一）多学科融合发展湖泊水库生态水文学理论

湖泊水库生态水文学是在湖泊水库生态问题挑战下，应生态管理和治理实践的需求，逐步交叉融合形成的一门学科。其中生态学所涉及的更多的是响应机制问题，而水文学则侧重于探讨驱动因素。例如，在解释美国佛罗里达州大型浅水湖泊 Okeechobee 湖的水草恢复机制中，水位和强风浪扰动成为主要的影响因素，而不同植物对不同水文条件的响应特征成为认知生态系统演替方向的关键（Havens et al., 2004）。此外，Jeppesen 等（2015）在分析了希腊、意大利、土耳其、以色列、巴西和爱沙尼亚等生态系统结构发生巨变的湖泊之后，提出了气候变化及人类取水导致的湖泊水位剧烈变化及伴随的湖水盐度变化，是生态系统变化的主要驱动因素。一系列的研究实践表明，认知湖泊水库生态系统演替关键过程离不开对湖泊水库水文等物理过程变化的了解及准确刻画。这是目前湖泊水库生态水文学发展迅猛的前提。

然而，目前湖泊水库生态水文学在具体的研究方法和关注问题上还不够深入，突出弱点表现在：①对营养盐循环的认识不足，对水华暴发机理的研究仍有待深入；②对湖泊水库水生生物的关注远远不够，科学而又可行的保护策略亟待提出并付诸实践；③有毒有害物质在湖库水体中的迁移转换及污染水体的修复等研究有待加强；④湖泊水库水环境改善与生态修复中的水文学方法及技术仍然十分匮乏，有待进一步完善。这些问题的发展和解决都必须加强多学科交叉融合研究。事实上，水文过程的生态效应是全方位的，对生态系统各因子的塑造往往又引申出错综复杂的生态效应。例如，Carmignani 等（2017）在系统分析湖泊冬季枯水位对近岸带生态系统的影响时，从整个生态系统的角度提出了一系列影响及其效应，从底栖藻到底栖动物和鱼类，反过来可能都影响了近岸带生态系统的长期稳定和发展。遗憾的是，目前既缺乏对这些具体生物学响应的了解，又缺乏整体性、系统性的解释和研究，而系统认知这些过程需要水文学、植物学、鱼类生态学、地球化学和微生物学等多学科的交叉融合。在未来的学科发展中，多学科交叉融合认知湖泊水库的生态水文学机制，将能产生一大批新的理论和应用工具，成为湖泊水库生态水文学今后发展的重点。

（二）湖泊水库生态系统对气候变化及极端气候的响应

温度、光照、降水、湖流和换水周期等水文气象因子对湖泊水库生态系统的影响机制是生态水文学非常重要的研究内容之一。近年来日益引人注目的气候变化，特别是越来越频繁的极端气象事件，必将对湖泊水库生态系统产生深远的影响。研究发现，气候变化远不只是温度升高，而且是在湖泊水库中表现出多重时空尺度和多种因素的变化特征。例如，对瑞士深水湖泊苏黎世湖1947～1998 年的长期观测数据分析发现，52 年来湖泊水温升高导致热稳定性增加，水温分层提前，而且表层和底层水温升高的幅度及白天和夜间温度增加的幅度均不同（Livingstone，2003）。此外，Zhang Y 等（2014）研究发现，随着近 60 年来的气候变暖，新安江水库的温跃层变浅，水库表层混合层更加稳定。这使得表层水体藻类累积加重，更有利于蓝藻水华的发生。然而，科学家目前大多只发现了这些长期气候变化特征，这些气候变化的生态学响应过程并不清楚，亟待加强研究。

温室气体排放一直被认为是全球变暖的主要原因，全球变化下湖泊水库水体中 CO_2 浓度变化及其对湖泊水库生态系统的影响近年来也备受关注。水体中的 CO_2 平衡决定着水体的 pH 值并为水体提供强大的缓冲能力，使得生物能够在合适的 pH 值条件下生长。同时，水体中的 CO_2 还为浮游植物提供了大量的光合作用无机碳。虽然全球变化下淡水中 CO_2 浓度会如何变化还没有完全确定，但近年来已有证据表明大气中 CO_2 浓度升高会直接或间接增加湖泊水库水体中的 CO_2 浓度。例如，Phillips 等（2015）利用多年的高频监测数据，以劳伦琴五大湖（Laurentian Great Lakas）为例，在不考虑其他因素的情况下，大气中 CO_2 以现有的速度增加（IPCC IS92a 和 A1FI 假设）。根据 MITgcm 模型预测，到 2100 年，该湖将由于 CO_2 浓度增加而导致 pH 值下降 0.29～0.49。虽

然湖泊中的 CO_2 除了受大气分压的影响外，还受食草动物和鱼类、异养自养平衡、陆地呼吸、流域类型等因素影响，但是 Sobek 等（2005）根据对全球 4902 个湖泊的分析指出，温度并不是湖泊中 CO_2 分压的调节器，水温的增加会强化微生物对沉积物溶解性有机碳（dissolved organic carbon，DOC）的利用率，从而造成湖泊中 CO_2 浓度显著增加。总的来说，气候变暖和大气中 CO_2 浓度的增加使得陆地初级生产力增加，由此产生大量的溶解性无机碳（dissolved inorganic carbon，DIC）和 DOC。在陆地和水生态系统连通性保持不变的情况下，未来淡水中 CO_2 浓度会升高。

水体中 CO_2 浓度升高对生态系统也会产生相应的影响，但生物对此具体的响应在不同湖泊和不同物种间均有差异。在深水湖泊水库中，全球变暖促使湖泊水库分层和 CO_2 浓度增加，导致营养盐不能向上层传递，造成浮游植物所利用的营养盐减少，水体中 C：N、C：P 增加，不仅改变了浮游植物体内的 C、N、P 比例，还改变了浮游植物群落结构。Jansson 等（2010）通过采集不同湖泊的水样进行室内试验的研究表明，过饱和 CO_2 组的浮游植物初级生产力是对照组的 10 倍，CO_2 与营养盐浓度的变化能够解释大部分浮游植物初级生产力的变异，证明了碳也可能成为湖泊水库中初级生产力的限制因子。当水体中浮游植物可利用的碳源增加时，有可能使浮游植物从碳限制变成氮限制，在温度、光照等因素适宜的情况下就会导致水体中固氮蓝藻逐渐占据优势。同时，浮游动物所捕食的食物口味发生改变，影响了浮游动物对食物的选择，进而降低了浮游动物的生长速率。在富营养水体中，CO_2 增加导致水体不再受碳限制影响，可能会增加生物量和湖泊水库初级生产力。同时，水体中 CO_2 升高也会降低底栖动物中软体动物的生存能力、生长速率等。虽然越来越多的研究者开始关注 CO_2 及其与湖泊生物之间的关系，但是在全球变化影响下水体中的 CO_2 浓度如何变化及生态系统如何响应还没有得出完全统一的答案。生态系统是多元而复杂的，不同水文条件的改变与水体中 CO_2 浓度变化相叠加对生物的影响则更复杂。因此，未来在多重压力下，水体中 CO_2 水平的改变对生物的影响应该受到足够的重视。

极端气象事件发生频次和强度的增加也对湖泊水库生态过程产生极其重要的影响。Zhang 等（2016）分析台风雨等暴雨事件对太湖水体悬浮颗粒物含量场分布的影响，发现极端暴雨将大大增加水体颗粒物含量，影响范围可达上百平方千米，而近 60 年来该流域不但发生极端降水事件的频次在增加，降水强度也在增加。极端气象事件在影响水体物理参数的同时，必将通过改变水体透明度、温跃层、化学组分等方式对水体初级生产力和食物链产生深远的影响，生态系统对其的响应机制、应对策略也将是个宽泛而又迫切的研究主题。

（三）湖泊水库生态过程数值模拟与预测

生态水文过程的数值模拟是生态水文学十分重要的研究方法。从目前已经发表的文献看，作为探寻机理和沟通理论与应用的重要桥梁，数值模拟已经是湖泊水库生态水文学研究的一个热点。例如，Yamashiki 等（2003）采用 VLES 模型分析了琵琶湖最优取水模式，通过降低取水中的藻类生物量，有效降低了制水工艺的成本。Wang 等（2016）采用数值模拟的方式，定量区分了太湖梅梁湾风场对蓝藻水华的三种影响作用的相对贡献，揭示了直接风驱漂移堆积（direct transportation impact，DTI）是风场的主要蓝藻水华效应。

湖泊水库生态灾害，如蓝藻水华灾害的定量预测预警，目前还是一个不成熟但应用需求快速增长的研究领域。随着通信技术的发展，近年来湖泊水库生态过程的实时监测能力获得了迅速提升，随之而来的是如何应用这些海量监测数据对未来水质和生态风险进行科学有效的预测预警。尽管 Qin 等（2015）和 Li 等（2014）近年来以太湖为例开展了水华灾害预测预警尝试，但是预测模型本身及预测方法都还有很大的提升空间，也必将成为湖泊水库生态水文学发展的一个热点领域。

（四）湖泊水库生态系统调控和生态修复

随着人类活动对湖泊水库生态的压力越来越强，以及人类对湖泊水库生态服务功能的需求越来越大，大量的生态保护方案、生态修复工程需要生态水文学的基础理论支撑。生态水文学也必将在湖泊水库生态系统调控、流域环境保护和生态修复等实践中发挥作用。

我国许多湖泊在应对生态系统恶化过程中都采用了调水的方式，如太湖的引江济太工程、巢湖的引江济巢济淮工程、白洋淀的水量调度等。在这些生态水利工程的设计及运行方案制定过程中，生态水文学正在发挥着越来越重要的作用。Li 等（2011）采用生态模型评估了引江济太工程不同调水水量情况下对水体水质的可能影响，Jeppesen 等（2015）则评估了在气候变暖背景下人类取水对湖泊水库生态系统的影响，提出在气候变暖的背景下，人类更应该控制取水规模，避免湖泊水库生态快速恶化。

生态水文学的机制探索，还能在认知水文条件变化对生态系统食物链影响上行效应、下行效应机制的基础上，制定更合理的湖泊水库水文控制方案，以保障湖泊水库食物链健康，预防湖泊水库营养过度积累及藻类水华暴发。在草型生态系统修复过程中能够制定更科学的水文节律，调控水位及水流，促进草型生态系统恢复。因此，工程应用生态水文学将是湖泊水库生态水文学未来研究最重要的发展方向。

第六节　滨海生态水文学

滨海地区是海陆之间的过渡地带，具有丰富的生物多样性和很高的生产力，能为人类提供很多的生态系统服务，但也是对人类活动极为敏感的生态脆弱区。沿海经济的快速发展使滨海资源的有限性与人类需求的无限性之间的矛盾日益突出，导致滨海地区的湿地多样性丧失、生物多样性减少、服务功能退化等。因此，对滨海生态系统的保护刻不容缓。生态水文学从水文学的角度为解决滨海区域的生态与环境问题提供了新的视角和技术方法。本节在阐述滨海地区生态特征及其水文过程的基础上，介绍了二者间的相互作用关系，并且提出了滨海生态水文的优先发展方向及对应的建议。

一、科学意义与战略价值

"滨海"通常指陆海邻接的海岸带区域，其英文翻译常用"coastal"表示。但海岸带本身范围的界定相对宽泛，"滨海区域"的界定也没有统一的标准。从目前使用频度较高的涵盖区域来看，往往包括狭义的海岸带区域和宽泛的沿海水域。狭义的海岸带由三个基本单元组成：①海岸，平均高潮线以上的沿岸陆地部分，通常称潮上带（后滨）；②潮间带（前滨），介于平均高潮线与平均低潮线之间；③水下岸坡，平均低潮线以下的浅水部分，一般称潮下带（外滨）。沿海水域通常包括覆盖大陆架的水域。河口是指河流和受水体交汇的地方，如河流汇入湖泊、海洋，小河汇入大河的地方。通常说的河口是指入海河口，也就是河流汇入大海的地方，它受到径流、潮汐的共同影响，具有周期性的水位变化和咸淡水混合的特征。河口通常被认为是一类特殊的海岸地貌单元，是海岸带的重要组成部分。

目前，世界上大约 60% 的人口、70% 的大城市都集中在海岸带区域（Lindeboom，2002），而沿海水域提供了约占全球 90% 的渔业产量。滨海区域在区域经济社会发展中具有举足轻重的地位，因此滨海区域往往也是受人类活动影响、环境问题最突出的区域之一。近半个世纪以来，我国滨海湿地丧失近50%。红树林在 20 世纪 80 年代初期分布面积约为 4 万平方千米，到 20 世纪90 年代就下降为 1.5 万平方千米，且多变为低矮的次生群落，其经济和生态价值明显降低；近岸区域的珊瑚礁 80% 以上遭到不同程度的破坏。由于流域氮磷等污染物的大量输入，近岸水域富营养化问题突出，有害赤潮发生的频率明显增加、范围明显扩大。

二、关键科学问题

生态水文学从水文学角度为解决滨海区域的生态与环境问题提供了新的视角和技术方法。特别是全流域生物群落的管理和水文过程的调节，对滨海地区经济社会的可持续发展至关重要。从空间分布及组成占比来看，滨海区域生态系统主要包括河口及近岸水域生态系统、盐沼和红树林、珊瑚礁生态系统等。不同类型生态系统在空间分布上存在一定的分化，但相互之间也存在千丝万缕的联系。它们受陆地、海洋、大气等多重影响，各种界面过程复杂、多变。不同河口海岸及沿海水域，由于其所处的气候带、海区、海岸条件及径流条件等的差异，往往具有其特有的地貌形态、水文过程、环境特征和生物类群组成，如我国的长江口、黄河口、珠江口、钱塘江口等大河口都不尽相同。但从理论探讨、科学问题探索角度，其又存在共性，相关的关键科学问题可以概括为以下方面。

（一）重要物质的输运、转化特征

滨海区域的重要物质主要包括泥沙、营养物质及重金属、新型污染物等。以上物质的运输、转化过程都会影响甚至改变滨海生态系统的布局及变化过程。水在其中的作用不只是作为其运输的载体，还是其发生转化过程的场所。不同的水文过程对泥沙的运输过程、营养物质等的转化过程也有不同程度的影响。了解和掌握上述主要物质的运输、转化特征是进行滨海生态水文学研究的关键问题之一。

1. 泥沙

泥沙是滨海区域生态系统维系的重要物质基础，其输运特征及归趋直接关系区域生态系统的分布格局和演变趋势，是滨海生态水文学研究的核心内容之一。

水文过程对泥沙输运的影响在很大程度上受水流流速的控制，而水流流速对悬浮泥沙荷载行为的作用主要受泥沙粒径的影响。与泥沙输运过程相伴，滩涂的冲淤演变也成为当前研究关注的重点。滩涂冲淤演变是盐沼、红树林等滨岸生态系统发育的基础，也是河口海岸地区潜在土地资源培育、利用的重要依据。

2. 营养物质及重金属

碳、氮、磷等营养物质是动植物生长所必需的物质。但是，过量的碳、氮、磷等营养物质进入水体，也会成为污染物质，导致水体污染负荷增加，引发水体富营养化、水质恶化等问题。

近几十年来，许多河流的氮、磷等污染负荷显著增加。一般认为，这种增加是一些河口和沿海海域富营养化状况加剧的重要原因之一，而氮、磷等污染负荷主要来自流域。在自然条件下，碳、氮、磷等污染物从流域到河口输运依赖于流域土壤条件和水文过程，而在人为开发利用环境中，农业生产被认为是河流营养物质的最大贡献者。利用模型可以定量地确定流域人类活动，如土地利用与沿海水污染之间的关系。例如，英国亨伯流域人工化肥用量减少 50% 将使北海的氮负荷减少 10%～15%。污染物溯源和污染源管控，是河口及沿海海域富营养化问题有效解决的重要步骤。

除了氮、磷、重金属外，碳及其衍生物在河口及沿海水域的迁移、转化也是相关研究关注的焦点之一（Zark et al., 2015）。

此外，近岸盐沼、红树林的初级生产产物有时会以漂浮物的形式向外输送，其迁移、转化过程除受水文过程作用外，也受气象条件的影响。而鱼类、甲壳动物等水生生物的洄游、迁移，往往也是相应物质输运的重要途径。

无机营养负荷往往刺激初级生产，包括浮游植物、盐沼、红树林等的初级生产；有机质负载通常刺激细菌产生，其方式取决于溶解有机质的形式。但也有相当多的研究表明，无机营养物质的输入也会影响微生物的活性，包括碳的固定，甚至会影响河口及近岸区域有机质的累积、湿地的萎缩和消失（Sundareshwar et al., 2003）。

营养物质的变化取决于许多物理学、生物学和化学过程。在浮游植物繁盛期间，氮和磷的高负荷可能会导致硅酸盐的耗竭，从而调节浮游植物的生长。而近年来研究发现，在海岸区域，地下水的输送对相应区域营养物质的迁移转化也存在重要影响（Moosdorf et al.，2017）。

3. 新型污染物

污染是我国湿地面临的最严重威胁之一，许多滨海湿地已经成为工农业废水和生活污染水的承泄区，直接威胁着湿地系统的生物多样性。

随着人口和经济社会的快速发展，大量化工产品在生产和使用过程中，通过挥发、渗出、倾倒等方式释放到环境中，成为新型污染物。在众多的污染物中，持久性有机污染物（persistent organic pollutants，POPs）、药品和个人护理品（pharmaceuticals and personal care products，PPCPs）及饮用水消毒副产物（disinfection by-products，DBPs）等新型有机污染物备受关注。近年来，广泛使用的塑料产品及其衍生物，包括大型和微型塑料颗粒的来源、归趋、生态效应等，也日益受到广泛关注（Chapron et al.，2018；Rochman，2018）。

除了有机污染以外，生物污染也是不容忽视的问题。陆地上各种人类活动使各种病原菌、生物毒素等通过地表径流、地下水径流和大气降水进入近岸海域，导致各种鱼类、贝类受到污染。全世界由食用受污染的鱼类和贝类而引起的疾病发病率增加是一个日益令人关切的问题。许多沿海地区的有害藻华会产生藻毒素，极易导致中毒、神经系统紊乱和胃肠炎等疾病。生物污染的程度与流域土地利用、废水排放和天气条件等因素密切相关。在热带河口，高频度、高强度的盐水入侵和更高的浊度可能更有利于弧菌的生长（Lara et al.，2009）。缓慢流动或停滞的水域会促进各种病原生物的增殖，特别是在气温升高的情况下，可能会使致病生物体的活动范围扩大。

（二）水文过程与生物类群的相互作用

滨海湿地是在多水环境下发育的，而其水分状况又受制于潮汐、波浪、潮流的影响及河口地区咸水、淡水的不同混合模式，且还与滨海地貌、地表物质组成和气候特征有关，由此形成的环境特征又决定了土壤与植被的类型特征。同时，滨海生物群类可以通过生物薄膜、沉积物的生物扰动、浪和流的振动、沉积物的有机物富集及营养盐的循环终结对生物因素的控制作用进行反馈。水文过程和生物类群的相互作用共同造就了滨海地区独特的生态系统。了解和掌握二者之间的相互作用是进行滨海生态水文学研究的又一关键问题。

1.水文过程对生物类群的影响

　　滨海湿地位于海陆相互作用地带，湿地水文要素复杂多变，在滨海湿地生态系统的形成、发育、演替和消亡过程中起着至关重要的作用。

　　水文过程是水文要素在时间上持续或周期性变化的动态过程。滨海水文过程包括降水、径流、潮汐、潮流等，是塑造与维持区域生态系统结构与功能的重要驱动力，也是决定大型底栖动物、水生植物等生物类群组成与分布的关键生境因子（图4-12）。水文过程对生物类群的影响可以分为直接影响和间接影响两个方面（Wu et al.，2019）。直接影响是水文过程直接作用于生物类群，从而对相应生物类群产生影响。例如，Warwick 等（1980）指出，潮流能够作为一种床面扰动作用影响底栖动物群落的结构及功能，而这种床面扰动作用的大小主要与潮流的流速有关；另有一些研究指出，流速的变化能够引起大型底栖动物的幼虫及食物的运输能力发生改变，进而直接影响底栖动物的生物量、密度及多样性（Turner et al.，1997；Norkko et al.，2000；Coco et al.，2006）。一些研究还指出，水流中浊度的急剧上升使大型底栖动物群落中食悬浮物底栖动物取食困难，进而其丰度下降（Salen-Picard et al.，2002）。

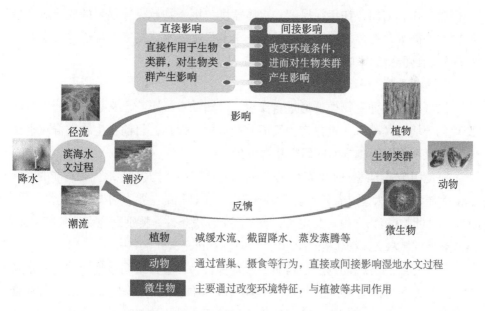

图 4-12　滨海生态系统与水文过程的互馈影响

　　水文过程的间接影响主要是改变了相应的水环境和沉积环境条件，进而对相应的生物类群产生影响。水文过程能够驱动沉积物的搬运、沉积和再分配，进而影响沉积物的粒径，同时水文过程对底质的搅动作用能够改变表层沉积物的固结状态，进而影响沉积物的容积密度及含水率。此外，淹水条件的改变能够显著改变沉积物 pH 值（Wu et al., 2019）。Norkko 等（2001）及 Nishijima 等（2013）的研究表明，区域水体盐度的改变可能会使大型底栖动物难以适应环境条件发生的改变而出现生物量和丰度的下降。一些研究结果表明，高流速、大流量水文过程向盐沼湿地输入的泥沙大量堆积能够造成沉积物中含氧量的降低，可能会使区域的大型底栖动物物种数、丰度和生物量下降。

水文过程对不同生物类群或同一生物类群的不同门类往往具有不同的影响，起主导作用的生境因子往往也存在明显差异。例如，Tomiyama 等（2008）的研究表明，Natori 河口区域的双壳类动物多分布于水体盐度较高、沉积物黏土含量较低的区域；Coco 等（2006）的研究表明，双壳类动物不适宜生存于高浊度环境中；在长江口区域，双壳类动物多集中在沉积物中值粒径较大的区域。而对多毛类动物的研究表明，水文过程主要通过改变水体盐度、沉积物粒径、黏土含量、有机质含量、容积密度及溶解氧等要素对其产生影响（Wu et al., 2019）。而从现有研究来看，尺度效应在水文过程对生物类群的影响研究中仍然存在。例如，在年际尺度，水体盐度、沉积物粒径等要素的变化对大型底栖动物群落存在显著影响；在月际、季节尺度，水体盐度、温度等要素对大型底栖动物群落的影响更加明显（Wu et al., 2019）。

2. 生物类群对水文过程的反馈作用

滨海区域各种生物类群通过自身生长、活动直接影响水文过程，或通过改变理化环境对区域水文过程产生反馈控制作用。但是，目前在生物类群对水文过程的反馈作用机制方面的研究相对较少。

湿地植被是滨海湿地生态系统的重要组成部分，对滨海湿地生态功能的发挥起着重要作用。大型维管束植物是影响滨海水文过程的主要生物类群（杨世伦等，2018）。同时，植物通过自身生长，改变区域环境条件，特别是地形地貌等特征，进而影响区域水文过程（Reed et al., 1994；Turner et al., 1997）。

除了植物，各种动物通过营巢、摄食等行为，直接或间接地影响湿地水文过程。许多无脊椎动物，如牡蛎（*Ostrea sp*）、河蚬（*Corbicula fluminea*）等滤食性种类，通过其滤食行为，可以改变流过其周边的水流模式；其集聚分布，可以改变基底的表面粗糙度，进而影响水流的流速。而大量掘穴生活的底栖动物，如长江口中高潮滩分布的无齿螳臂相手蟹（*Chiromantes dehaani*），其掘穴扰动及形成的洞穴会直接影响沉积物的渗透性，改变相应的水文过程。

微生物对区域水文过程的影响主要通过改变湿地营养条件、有机质累积等环境特征，与植被、沉积物等共同作用，进而影响湿地水文过程。特别是营养盐输入的增加会改变区域生态系统的生产过程和分解过程，使原有的沉积平衡发生改变，导致相应区域地貌与高程变化，进而影响水文过程（Morris et al.，1982；Meyer-Reil et al.，2000；Deegan et al.，2012）。

（三）水文过程对滨海生态系统服务功能的影响

生态系统服务是自然生态系统及其物种所提供的能够满足和维持人类生活需要的条件和过程（Daily，1997）。表 4-2 总结了滨海生态系统服务功能及其详细的科学含义。

表 4-2　滨海生态系统服务及功能

滨海生态系统服务功能	科学含义
1. 物质生产	该生态系统具有较高的生产力，蕴含着丰富的动植物资源，是人类重要的物质来源
2. 供水	该生态系统包含众多的沼泽、河流等，为人类提供可再生的淡水资源
3. 水质净化	水生植物的阻挡作用有利于吸附着污染物质的沉积物的沉积，经过复杂的理化过程和生物降解过程被湿地吸收、截留，使水质得到净化和改善
4. 水源涵养	该生态系统是巨大的生物储水库，能够在时间和空间上对降水进行再次分配
5. 气候调节	滨海植物的水分循环调节该地区的温度、湿度和降水状况，并且调节区域内的风、温度、湿度等气候要素
6. 固碳	滨海植被通过光合作用吸收和固定大量的二氧化碳
7. 大气调节	滨海植被通过光合作用释放氧气，对气候具有改善作用，排放 CH_4、N_2O 等温室气体对气候有负面作用
8. 促淤造陆	滨海水生植物的摩擦作用使海浪的部分能量消耗，减轻了水流对土壤的冲刷，使水体携带的部分细颗粒泥沙沉降
9. 生物多样性	该生态系统拥有非常丰富的动植物种类，为其栖息、繁衍提供了基地
10. 保持土壤	滨海湿地能够减少土壤侵蚀及土壤肥力流失
11. 旅游休闲	滨海地区风景优美、景观独特、空气清新，具有一定的美学观赏价值，是人们旅游、休养的最佳场所
12. 科研教育	该生态系统的生物多样性、湿地的演化、分布、结构和功能等为人类的科研和教育工作提供了研究对象和研究地域

在生态系统研究基础上，将结构、功能与服务相联系，是近 20 年生态系统研究的一大特点（Worm et al.，2006；Tong et al.，2007；Ouyang et al.，2016）。由国际环境问题科学委员会，联合国教育、科学及文化组织，国际科学联合理事会，国际地图生物圈计划及国际微生物学联盟共同主持的国际

生物多样性合作项目 DIVERSITAS，在 1991 年项目成立之初，就将"生物多样性的生态系统功能"作为其核心研究内容，其解决的基本问题之一就是"生物多样性如何为人类服务？"（赵士洞，2005；马克平等，1998）。2002年，该项目制定的新的研究计划包括 3 个核心研究项目（BioDISCOVERY，EcoSERVICES，BioSUSTAINABILITY），将生物多样性与生态系统功能、服务之间的联系作为其研究的核心内容。当前综合多个国际研究计划形成的"未来地球"（Future Earth）研究计划，明确地将"通过理解生物多样性（结构）、生态系统功能与服务间的关系，发展有效的评价与管理方法以保护支撑人类福祉的陆地、淡水和海洋自然资产"作为其焦点任务（挑战）之一（Future Earth Interim Secretariat，2014）。滨海生态系统拥有十分丰富的动植物种类，包括高等植物、浮游植物、底栖动物、鱼类、鸟类等，并且滨海地区多元的环境条件为其提供了良好的栖息、繁衍基地，是生物多样性的主要研究区域，是进行以上项目理想的研究区域之一。

水文过程（包括降水、径流）及滨海地区特有的潮汐、潮流都会影响甚至决定滨海地区生物类群的组成与分布、重要物质的输运与转化，对滨海生态系统结构与功能的维系具有至关重要的作用。根据生态系统"结构－功能－服务"的内在联系，水文过程势必会对区域生态系统的服务功能产生重要影响。目前对滨海区域生态系统服务功能的评估分析已经开展较多（Sousa et al.，2016；Ouyang et al.，2018），但是与水文过程结合，分析水文过程对滨海区域生态系统服务功能的影响研究尚需要加强。

（四）全球变化与滨海生态水文过程

滨海湿地系统比任何其他的生态系统对气候变化更敏感，并且它是温室气体（如 CH_4 和 NO_x 等）的重要来源，同时也是巨大的碳库，任何气候变化都可以对滨海湿地碳库储量产生重要影响。沿海发达地区对湿地的盲目开垦和改造、改变天然湿地用途及城市开发占用湿地直接造成了天然湿地面积削减和功能下降。

近岸及河流流域土地利用、土地覆盖的变化，也会导致前述泥沙、营养物质与重金属等入海输送物质的改变，进而导致近岸水域环境条件的变化，相应的生物类群（包括珊瑚礁等）受影响而发生变化（Brown et al.，2017；Delevaux et al.，2018）。海洋酸化、海水增温、近岸及流域土地利用变化势必会对滨海生态水文过程产生影响，但目前从水文学角度开展的相关研究还非常少，大部分研究集中在对珊瑚礁的影响方面。

此外，河口和河流流域的筑坝也会影响甚至改变滨海生态水文过程。许多河口都有筑坝，这些坝截留了许多泥沙，导致许多河口普遍存在泥沙缺乏的现象。例如，西班牙埃布罗河上的里巴罗斯－梅昆南扎大坝也截留了96%的河流沉积物，这导致在河口地区滩地淤积停止，沿海经济衰退（Guillen et al.，1997）。1963～1989年，密西西比河的悬浮泥沙负荷下降了约40%，这可能是密西西比三角洲海岸衰退的主要原因（Coleman et al.，1998; Streever，2001）。尽管河流筑坝对河口及近岸区域的生态与环境的影响已经开展较多的研究，但是生态水文学角度开展的系统研究还不多见。

三、优先发展方向与建议

（一）滨海生态水文过程立体监测网络建设

建立立体监测网络，对滨海水文过程开展实时、系统监测，是系统开展滨海水文过程研究，有效应对全球变化生态与环境影响，促进区域可持续发展的重要基础。2015年7月26日，国务院办公厅以国办发〔2015〕56号印发《生态环境监测网络建设方案》（简称《方案》）。该《方案》分为6部分：①总体要求；②全面设点，完善生态环境监测网络；③全国联网，实现生态环境监测信息集成共享；④自动预警，科学引导环境管理与风险防范；⑤依法追责，建立生态环境监测与监管联动机制；⑥健全生态环境监测制度与保障体系。参照该《方案》，滨海生态水文过程立体监测网络建设建议优先发展以下方向。

1.科学布点，完善滨海生态水文过程立体监测网络建设

研究建立统一的、空天地一体化的滨海生态水文立体监测网络。根据我国滨海区域生态与环境特征，编制统一的建设规划和站点布设方案；整合现有生态、水文监测站点与设施条件，建设涵盖大气环境、水环境、沉积环境，融合生物与非生物要素，布局合理、功能完善的全国滨海生态水文监测网络；按照统一的标准、规范开展监测和分析，客观、准确反映滨海生态水文状况。

2.全国联网，实现滨海生态水文信息集成共享

研究建立滨海生态水文监测数据集成共享机制。构建滨海生态水文监测大数据平台，加快监测信息传输网络建设，加强监测数据资源开发与应用，开

展大数据关联分析，为滨海区域的生态环境保护决策、管理和执法提供数据支持。

研究建立统一发布滨海生态水文监测信息机制。依法建立统一的滨海生态水文监测信息发布机制，规范发布内容、流程、权限、渠道等，及时准确发布全国各区块滨海水文监测信息。

3. 自动预警，科学引导环境管理与风险防范

研究建立滨海生态水文预报预警体系。该体系需要涵盖滨海区域大气环境、沉积环境、水环境，融合生物组分与非生物组分，能对各种污染、灾害事件实现自动预警、追踪与解析，提高环境风险防控和突发事件应急响应能力。

研究建立生态水文安全监管平台，定期开展全国滨海区域各区块生态水文状况评估，对各类风险源加强监督和管理。

4. 建立滨海生态水文监测制度与保障体系

建立健全滨海生态水文监测法律法规及标准规范体系。研究制定滨海水文监测条例、监测网络管理办法、监测信息发布管理规定等法规、规章。统一监测布点、监测和评价技术标准规范，确保各类监测机构的监测活动执行统一的技术标准规范。

研究培育滨海生态水文监测市场，开放服务性监测市场，鼓励社会环境监测机构参与监测设施运行维护及相关的监测活动。推进滨海生态水文监测新技术和新方法研究，健全滨海生态水文监测技术体系，促进和鼓励高科技产品与技术手段的推广应用。鼓励国内科研部门和相关企业研发具有自主知识产权的监测仪器设备，推进监测仪器设备国产化。在满足需求的条件下优先使用国产设备，促进国产监测仪器产业发展。积极开展国际合作，借鉴监测科技先进经验，提升我国技术创新能力。

提升生态环境监测综合能力。研究制定滨海水文监测机构编制标准，加强监测队伍建设。完善与滨海水文立体监测网络发展需求相适应的财政保障机制，重点加强生态环境质量监测、监测数据质量控制、卫星和无人机遥感监测、环境应急监测等能力建设，提高样品采集、实验室测试分析及现场快速分析测试能力。

（二）滨海关键带生态系统服务功能恢复与提升

根据滨海区域生态系统结构与功能特征、区域生态水文过程、自然条件及

经济社会发展现状，设立滨海关键带，开展水文过程调控、生态系统服务功能恢复与提升的重点和示范研究。

1. 滨海关键带生态系统受损及退化机理研究

河口和近岸水域由于环境污染、人为干扰等，区域生态水文要素的受损、退化在世界各地均有发生。许多代表性的指示物种（如海龟、海狮、儒艮等）正在消失，而盐沼、红树林、珊瑚礁和海草床等关键栖息地也在减少。在许多情况下，特别是在较不发达地区，由于缺乏有效管理和过度开发，滨海区域的生态与环境受到了严重破坏。

近 40 年来，我国滨海自然岸线的比例由 1980 年的 76% 下降至 2014 年的44%；人工海岸线由 1980 年的 24% 上升为 2014 年的 56%。其中，围填海对我国四大三角洲的威胁尤为严重。自 2000 年以来，珠江三角洲盐沼和红树林湿地面积呈明显下降趋势；至 2015 年，珠江三角洲的圈围面积已经超过珠江三角洲滨海湿地总面积的 75%，自然湿地大量丧失。自 20 世纪 70 年代以来，黄河三角洲、长江三角洲、辽河三角洲自然的滨海湿地面积均有较大幅度的减少。在大多数国家和地区，沿海地区的人口数量和经济活动强度都正在增加；河流流域的筑坝、森林砍伐仍在继续，城市和农村的人类活动、污染影响正在增加；河流流量、泥沙和营养物质的负荷也在不断增加。

由于不同国家和地区的经济社会发展状况、自然条件存在明显差异，区域生态系统受影响的因子、生态系统的受损和退化的机理也存在明显的不同。特别是滨海的关键带区域，如重要的河口地区，为了更好地恢复受损、退化的生态系统，需要加强相应生态系统的受损、退化机理研究，识别关键驱动因子。

2. 研究建立滨海关键带生态水文系统模型，开展生态系统服务功能的动态评估分析

基于滨海关键带生态水文系统受损及退化机理研究，建立滨海关键带生态水文系统模型（Wolanski，2019），重点开展生态水文过程的模型分析。以模型为基础，开展多种形式的情景分析，为关键带水文过程调节、生态系统服务功能的动态评估提供支撑。

研究建立适用于不同滨海关键带的生态系统服务功能指标体系及标准评估方法。以滨海关键带生态水文系统模型为基础，根据生态系统"结构－功能－服务"与水文过程的内在联系，开展滨海关键带生态系统服务功能的动态评估分析。特别是结合生态水文过程，评估分析相应生态系统服务功能变化特征及自然效益、社会效益、经济效益。

3. 开展滨海关键带生态系统服务功能恢复与提升的示范工程建设

以生态系统服务功能恢复和提升为目标，构建滨海关键带生态系统恢复目标的指标体系；开展滨海关键带生态系统恢复的示范工程建设，包括相应的生态水文要素的配置和生态水文过程的调控；研究建立适用于不同滨海关键带生态系统、与生态水文过程调控相结合的生态恢复技术体系；形成一定规模的滨海关键带生态系统服务功能恢复与提升的示范样区。

（三）全球变化与滨海生态水文过程

尽管全球变化相关的研究已经开展较多，但主要研究工作多集中在陆地生态系统、大气环境，以及滨海区域的珊瑚礁、红树林、盐沼等特定区域的生态系统，与滨海生态水文过程相联系的研究还相对较少。根据全球变化与滨海生态水文过程可能的内在联系，建议优先开展以下方面的研究。

1. 滨海水文过程对海洋酸化生态与环境效应的影响

选择代表性滨海区域（关键带）、代表性环境条件及生物类群，分析海洋酸化在滨海区域的生态与环境效应；分析区域特征性生态水文过程对海洋酸化的生态与环境效应的影响；研究通过可能的生态水文调控手段，缓减/削弱/控制海洋酸化对滨海生态系统的负面影响。

2. 滨海水文过程对海水升温生态效应的影响

选择代表性滨海区域（关键带）、代表性环境条件及生物类群，分析海水升温在滨海区域的生态与环境效应；分析区域特征性生态水文过程对海水升温的生态与环境效应的影响；研究通过可能的生态水文调控手段，缓减/削弱/控制海水升温对滨海生态系统、生态水文过程的负面影响。

3. 流域土地利用、土地覆盖变化对滨海生态水文过程的影响

研究代表性河流流域土地利用、土地覆盖变化的方式和驱动力；分析流域土地利用、土地覆盖变化对滨海生态系统和生态水文过程的作用机理，包括作用途径、作用强度、关键作用因子等；研究通过科学有效的管理手段，调节流域土地利用方式、改变土地覆盖情况，缓减/削弱/控制流域土地利用、土地覆盖变化对滨海生态系统、生态水文过程的负面影响。

4. 流域、河口筑坝对滨海生态水文过程的影响

在已有的流域、河口筑坝生态与环境影响研究的基础上，根据滨海区域生态系统及生态水文特征，与前述生态水文模型研究相结合，分析流域、河口筑坝对滨海生态水文过程的影响。

第七节 农田生态水文学

我国耕地面积约占陆地面积的 14%，农业用水量约为 3600 亿立方米 / 年，占全国用水量的 65% 左右，灌溉水有效利用系数为 0.54，高效节水灌溉面积超过 3 亿亩[①]。农业是我国国民经济的基础，水资源短缺制约着农业的持续稳定发展，是危及国家粮食安全的重要因素。由于人口增加和生活水平的提高，农产品的需求量也逐步上升。受气候变化、生态环境保护等影响，在水资源总量有限甚至下降的情况下，农业用水量势必减少，农业生产和粮食安全与水资源短缺的矛盾日益突出。

北方地区土地资源丰富，但降水不足，水土资源配置失衡，严重制约了土地资源的农业高效利用。在半湿润半干旱地区，灌溉农业和雨养农业并行发展。一方面，灌溉农业产出较高，但同时消耗大量的地表水和地下水资源，且过量的化肥施用导致温室气体排放、地表水和地下水污染等环境效应。在地下水位浅、排水不畅的低地平原和绿洲，蒸发强烈，盐分在表层积累导致土壤次生盐渍化，耕地质量下降，出现弃耕、荒漠化等现象。另一方面，大量的坡耕地和无灌溉设施的旱地农业主要依靠降水，而降水必须借助于土壤，以土壤水的形式被作物吸收和利用。通常土壤水分的保蓄率、有效性和利用效率是衡量旱地农业生态系统生产潜力的重要指标。因此，半干旱半湿润地区农业的发展需要从水文过程和生态过程的耦合机制出发，通过调控农田生态水文过程提高水土资源的利用效率，降低农业生产过程的环境影响，确保经济效益和生态效益的双赢。

一、科学意义与战略价值

（一）主要科学内涵、研究范畴

农田生态系统是自然和人工双重作用下的生态系统，其生态水文过程既遵

---

① 1亩≈666.67平方米。

循自然生态系统相应过程的客观规律，又有其内在的特殊性。生态水文的研究通常以流域为单元。流域具有层级结构和自然边界，可以把它看成众多气候和非气候因子效应的自然集成体，因此流域是开展生态水文过程观测分析和模拟研究的合适尺度。在大尺度流域上，农业生产活动是流域地表过程的重要组成部分。农田生态系统受自然因素（气候、土壤）和人类活动（化肥、农药、品种更新、灌溉等管理措施）的共同影响，其能耗强度高，与周围环境物质和能量交换过程复杂且频繁。农田生态系统物种和结构单一，系统更替频繁，高度依赖于水分、肥料的投入和农田管理，所以更易受环境变化的影响，呈现较高的脆弱性。农田生态系统对气候波动/变化尤为敏感，如降水量的季节分配变化、高温干燥天气等极端事件很可能造成农田灌溉需水量增加和产量损失。灌溉农田由于灌溉水质、犁底层透水性差和高蒸发能力等问题，通常容易引起盐分在根区积累，产生土壤次生盐渍化，导致土壤质量退化、生态系统服务功能下降。在地下水位埋深低于 2 米时，因土壤毛细管的上升作用，盐分在根区的积累更快。农田作物因生长周期短，根系较浅，不能直接吸收利用地下水，从而导致流域地下水位上升，在雨季更易产生地表径流，面临洪水致灾风险。此外，农田根层土壤的频繁翻耕、作物秸秆的回收可能改变土壤结构，增加土壤紧实度和有机质含量，导致土壤持水能力下降，不利于农田生态系统生产力的提升和服务功能的改善。

　　人类活动是农田生态系统重要的作用因子。在高强度人类活动的干预下，农田生态系统生态 - 水文过程相互作用的解析是农田生态水文学的核心研究内容，主要包括在灌溉和雨养条件下，田间、景观和流域/区域尺度农田生态系统的蒸腾蒸发过程机理、模拟和预测理论与方法；蒸腾过程的农田管理和农艺措施调控机制、方法和技术；灌溉方式和灌溉水平对农田水循环和作物水分利用效率的影响；水肥耦合作用下农田作物水分利用效率和产量响应；灌溉对农田土壤氮素淋失和地下水硝酸盐污染的影响及环境效应。其次，气候变化、土地利用和土壤环境变化对农田生态系统生态-水文过程的影响也受到特别关注，一直是农田生态水文研究的热点和前沿课题。

　　（二）农田生态水文关键过程及其内在关联性

　　在全球变化和人类活动全方位干预的背景下，地下水 - 土壤 - 作物 - 大气系统物质和能量传输与转化过程的机理及定量化模拟是农田生态水文研究的核心（图 4-13）。农田生态水文的关键过程包括垂向能量和水分的多相态传输转化过程、植被动态、横向降水 - 径流、沉积物和溶质迁移过程，其中垂向过程包括辐射传输过程、冠层和地表能量平衡与蒸散发过程、冠层降水截留和入渗过程、冠层叶片的 CO_2 吸收同化过程、根系吸水和水分在植株体内迁移过程等。目前，农田生态水文研究主要围绕与农田灌溉与排水过程相关联的生态过程、水文过程及其相互作用机制，并通过调控灌溉量、灌溉时间和灌溉方式，改变农田水文循环过程和地表热量通量，包括作物蒸腾、土壤蒸发、地表径流和根层土壤水渗漏。Scanlon 等（2005）发现，原生植被改造成农田后，土壤水和地下水之间的交换量发生很大变化。在干旱和半干旱的草地，根层下渗可以

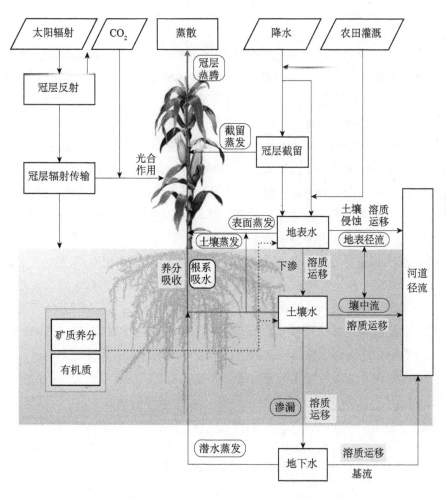

图 4-13　农田生态水文关键过程示意图

忽略不计，地下水通过毛管上升小于 0.1 毫米/年。但灌溉农田渗漏量可达 100 毫米/年以上。即使采用节水灌溉，根层向下排水也在 9~32 毫米/年，导致地下水位上升。且因渗漏水含有氯离子和硝酸根离子，影响了地下水水质。通过调控作物的耗水过程改变作物的光合速率、养分利用效率、干物质分配比例、经济产量及水资源利用效率等，是生态方面关注的重要内容。在浅层地下水地区，通过农田作物、气候和地下水位耦合关系机制的认识和调控，可以有效地提高作物地下水利用效率，避免水渍，提高农业生产力（Jackson et al.，2009）。

二、关键科学问题

（一）农田蒸散、水分生产力及其生态调控机制

农田蒸散研究是确定作物灌溉量和灌溉时间的基础。传统的充分灌溉方式，基于灌溉定额，保证作物根层水分充足，从而增加了不必要的棵间蒸发、地表径流和深层渗漏损失。作物水分生理研究发现，适当的干湿交替对于作物高产更有效（Mondal et al.，2001），非充分灌溉方式可能更加有利于作物产量的提高。非充分灌溉是一种供水小于作物实际需水的灌溉方式，是从经济学角度出发寻求作物净灌溉效益最大的一种灌溉方法。非充分灌溉是利用作物自身生理特征和经济学中的优化理论，在灌溉水量有限的前提下，为作物在全生育期内和不同作物之间合理地分配水量。要实现上述目的就需要结合当地作物的实际情况，制定最优的灌溉制度。20 世纪 70 年代中期，澳大利亚持续灌溉农业研究所 Tatura 中心提出的调亏灌溉是一种有效利用作物生理功能节水的灌溉方法，其核心理论基础是根据作物受遗传特征和生长激素影响的生理生化表现，在作物生长的某一阶段提高一定强度的有益亏水度，减少部分营养器官生长量，以期获得更高的产量，提高作物的水分生产力（康绍忠等，2001）。与非充分灌溉相比，调亏灌溉从作物生理角度，根据作物需水特征主动进行适宜生长阶段的调亏处理，对作物进行抗旱训练，提高后期抗旱能力，从而提高作物的水分利用效率。调亏灌溉的关键在于选择适当的生育阶段和适宜的调亏程度。

（二）农田产流机理、土壤侵蚀与面源污染调控机制

农田产流包括地表产流和地下渗漏两部分。一次降水过程产生的地表径流

是地表供水、土壤入渗、土壤和植被蒸散发、植被截留蒸发、地表填洼等过程综合作用后表现出的地面积水，一般可以用径流深表示。降水经土壤下渗，如果进入地下水体或越过作物根层边界，即视为地下渗漏部分。农田尺度的地表径流和渗漏是土壤侵蚀、地下水污染、农业面源污染的动力因素。随着地表径流和入渗水流的产生，坡面侵蚀开始形成，土壤中的可溶性化学养分、颗粒物和农药等污染物质将可能随地表径流和入渗水流从作物根层和农田边界流出，进入地下水或农区河流之中，造成地下水和河流水体污染，从而对流域尺度、区域尺度的生态系统服务和功能产生影响，进而影响人类的健康和社会发展。因此，农田产流是区域水管理的重点关注对象。农田产流的机理及其生态水文调控机制也是农田生态水文关注的重点领域之一。

（三）农田生态水文过程的时空尺度问题

农田生态水文过程的时空尺度转换问题是当前生态水文研究的热点和难点之一。农田生态水文过程受气候条件、管理措施、种植制度等多重因素的影响，因为农田生态系统的下垫面、水文参数等存在时空差异，所以不同尺度下的生态水文过程规律也存在明显差异，而且这种差异高度非线性化。某一尺度下的观测和研究结果只能反映该尺度下各环境要素综合影响下的生态水文过程，这使得研究出一套将一定尺度下建立的生态水文过程、原理或模型拓展到其他尺度的科学理论方法成为当前工作的重点。近年来，针对农业生态水文过程的尺度转换问题，主要是尺度扩展方面，相关研究人员提出了一些理论和方法。这些理论基本基于小尺度或中尺度的原理／模型可以用于描述较大尺度过程的假设，如作物尺度的水分运移过程或定量预测可以通过模型拓展到冠层尺度和农田生态系统尺度。但由于现实农田生态水文过程的复杂性和尺度依赖性，在小尺度试验和观测中成立的物理规律和数学方程能否应用于大尺度仍有待深入探究。此外，现有模型以数值模拟为主，机理性较弱，进行尺度拓展时存在多个过程的近似与忽略，由此产生的模拟精度问题仍需要进一步研究和改进。

目前，不同尺度的农田生态水文过程相互作用机理不明确，尺度拓展难度较大。不同时空尺度的农田生态水文过程相互作用机理、不同界面间的耦合方法及尺度拓展方法成为当前生态水文学的核心问题之一。相关学者仍需进一步探索不同时空尺度下生态水文过程调控的主导因素，研究各个生态要素和水文要素的相互作用机理，构建农田生态水文过程的机理模型，完善尺度转换的理论和方法。

（四）气候变化对农田生态水文过程影响的预测和评估

以气温升高、降水时空格局改变、大气温室气体浓度上升等为主要特征的全球气候变化，形成了新的农业水热资源分配格局，改变了区域农作物的生长环境，影响了农田生态水文过程。政府间气候变化专门委员会的 5 次评估均表明，气候变化对自然和人类生存环境所造成的影响清晰可辨。1850 年以来，全球平均气温已经上升了 $0.8℃$，大气 CO_2 浓度增加了 116 ppm[①]，且这种上升趋势在 21 世纪还将持续。至 21 世纪末，全球平均气温将有可能上升 $0.3\sim4.8℃$（Wheeler et al.，2013；Tans et al.，2014）。气温、降水等气候要素的变化影响了水循环过程，在改变降水、蒸发、径流等水文要素的同时，也影响着农作物光合作用速率、生长发育进程等生理生态过程（Mo et al.，2009；2013）。

三、优先发展方向和建议

农田生态水文学研究内容丰富，在作物－水分关系方面，近年来国内外报道了大量的相关成果，成绩斐然，尤其是作物需水与水分生产力、气候变化对农田生态水文过程的影响与归因分析、水肥优化管理和保护性耕作的生态效益和温室气体排放等方面研究进展尤为突出。同时，在观测技术方面，涡度相关通量观测技术、Sap Flow 技术、同位素分馏等高新技术的广泛使用，大大提升了对作物系统能量转化机制、蒸腾蒸发过程的认识。农田生态系统综合模型的开发，从统计模型走向具有生物物理和生物化学机理的系统模型，能够有效地模拟环境变化对农田生态系统生产力的影响和生态环境效应，定量评价环境变化和土地／管理变化对作物产量、耗水、养分利用的影响。随着遥感技术的发展，卫星高分遥感和无人机遥感信息在大尺度农田干旱灾害、作物播种面积和产量监测的应用，提高了区域和国家尺度农业生产力的预报预测能力，为保障粮食安全和农业可持续发展提供了坚实的科学手段。未来农业发展将以提高农田生态系统弹性为出发点，从追求作物最高产量转变为生态系统功能的多样性、从均质种植农田转变为多样性景观、从静态农田管理转变为动态农田管理

---

① 1ppm=1毫克/千克。

等。对于生态水文学科而言，学科研究战略布局表现在如下几个方面：

（1）兼顾资源与环境效益的农田生态系统决策支持平台的开发和应用；

（2）大尺度作物水分胁迫、养分胁迫状况的实时准确监测预报；

（3）区域农田可持续发展的水资源高效利用与作物种植和灌溉技术；

（4）设施农田和非粮食作物生态水文过程的调控机制、技术热点及现实问题。

（一）保护性耕作的生态水文及环境效应

保护性耕作起因于美国 20 世纪 30 年代的沙尘暴。美国为治理沙尘暴开展了大量的实验研究。当时，保护性耕作（免耕法）被证明是最成功的抑制农田扬沙的方法。中国的保护性耕作试验工作始于 20 世纪 70 年代。当时关于中国要不要搞保护性耕作是争论的话题。国际上对保护性耕作尚无统一的定义。国内学者对保护性耕作的定义也不尽相同。一些国内学者定义保护性耕作是在保护环境、提高环境质量的前提下，以保护耕地为主体，有效地对可利用的土壤、水分及生物资源进行综合管理。保护性耕作是实现农业可持续发展的重要手段。作物的稳产、丰产和生态环境的保护是中国保护性耕作技术推广的前提，也是中国保护性耕作研究的特色之一（谢瑞芝等，2007）。保护性耕作的综合效益体现在两大方面：①作物稳产和增产；②保护生态环境。保护性耕作增产的方式主要是通过优化土壤肥力和保水能力来实现其生态环境效益，包括防风固沙、土壤环境污染控制。

作物产量高低主要取决于土壤的有机质含量，即土壤肥力。土壤的有机碳和氮素是评价土壤肥力的重要指标。保护性耕作通过改变土壤的地表微环境，影响土壤有机碳的含量及其矿化损失（Lal，2004）。传统的耕作方式会使土壤有机碳失去保护，加速土壤有机碳的分解，导致土壤肥力下降。保护性耕作通过秸秆还田，增加土壤中有机生物量，提高土壤碳库的输入，此外通过少耕或免耕减少对土壤的干扰，降低土壤有机碳的分解，间接增加土壤有机碳。保护性耕作对土壤氮素的影响主要体现在改变农田 NH_3 挥发、N_2O 排放与氮淋失等损失方面。保护性耕作会增加农田 NH_3 挥发，相对于免耕，翻耕措施可以将施入农田中的肥料掺混到土壤中，从而减少土壤 NH_3 挥发；保护性耕作还可以通过提高土壤表面的微生物活性，改变土壤硝化和反硝化过程，进而影响 N_2O 排放；相对于传统耕作方式，免耕土壤的反硝化能力更强，消耗更多的硝态氮，从而减少根区以下渗漏水中硝态氮的含量。

保护性耕作还可以通过增加土壤的保水能力实现稳产和增产。相对于传统耕作，少耕或免耕可以减少土壤径流，秸秆覆盖也能通过保护土壤，避免土壤结壳而大幅度减少径流。此外，秸秆覆盖可以降低地表温度、减小近地层风速，从而减少蒸发，增强土壤保水能力。保护性耕作的生态环境效益综合体现在防风固沙、改善土壤及地下水环境质量方面。扬尘是城市颗粒物的主要来源之一，而近郊农田土壤风蚀是扬尘的主要来源。少耕、免耕和秸秆覆盖等方式可以有效减少风蚀，同时还能减少土壤水蚀和土壤流失。保护性耕作通过改变耕作方式、施肥方式和除草剂选择及使用方式，改善土壤环境质量。过量施肥造成大量的氮素通过挥发、硝化反硝化等过程损失，并造成了地下水体污染、富营养化等严重的环境问题，少耕、免耕虽然减小了渗漏水硝态氮含量，但会导致渗漏水量增加，因此其综合效益还有待进一步探讨。

（二）气候变化对农田生态水文过程影响的预测与适应

气候变化极大地改变了气候资源的时空分布格局，对作物生理生态过程和农田生态水文过程都产生了显著影响。受制于研究手段的不完善，对未来气候变化（包括气候、大气成分和气候变化带来的土地利用变化等）及其对作物综合影响认识的不足，气候变化对农田生态水文过程的影响评估仍存在诸多不确定性。

现有的评估大多基于温度、水分或 CO_2 浓度变化的单因子或双因子短期观测模拟试验，缺乏长期、多因子的综合观测模拟。加上对变化环境下农田生态水文过程响应机理认识的有限，过程机理模型仅仅考虑了农田生态水文过程的某些方面，对作物生理生态机理及农田水循环过程难以全面描述，制约了气候变化对农田生态水文循环过程影响的评估预测。例如，现有模型在评估大气 CO_2 浓度变化对农田生态水文过程的影响中存在较大偏差。部分学者认为，现有模型在评估作物对 CO_2 增加的响应时，没有考虑 CO_2 增加与温度升高、土壤水分及营养状况变化间的相互关系（McGrath et al.，2013），可能高估了 CO_2 浓度升高对作物产量的正效应（Long et al.，2006；Yin，2013）。农田试验研究表明，CO_2 的增产效应与作物的水分胁迫和养分胁迫状况有关。水分胁迫通过影响植物对氮素的吸收，进而影响 CO_2 肥效。此外，CO_2 浓度增加与作物冠层温度变化存在相关关系。当大气 CO_2 浓度由 360ppm 增加至 550ppm 时，小麦和玉米的冠层温度将分别增加 0.6℃和 0.8℃（Kimball et al., 2002）。然而大多数的模型都难以描述 CO_2 升高时的增温效应。此外，光合速率和呼吸速率对大气增温具有的非线性响应，也难以在模型中得以体现（Porter et al., 2005）。上述不足使得现有模型在极端气候条件下的模拟存在较大偏差。

　　未来的研究应当同时关注试验观测与模拟研究。一是针对不同区域主要粮食作物与气候变化的特点，通过多因子（如光、温度、水、CO_2 等）的长期人工模拟试验和田间试验，研究未来气候变化（包括气候的变化与变率）对作物生长发育、光合生理生态、农田水循环过程的影响及控制机制，尤其是极端气候条件下（如高温、冷害、干旱、渍涝等）农业气象灾害对农田生态水文过程的影响与机制。二是注重气候变化下农田生态水文综合评估模式的研究。由于不同模型对 CO_2 和水分、养分交互作用的机理描述差异，不同模式对气候环境变化的响应也不一致。例如，CERES 模型对土壤水分变化较敏感（Sadras et al., 2001），而 APSIM 模型对土壤的理化性质较敏感（Wang J et al., 2009）。虽然各个模式对历史均有较好的再现，但对未来的描述存在较大的差异。此外，大多数模型在评估未来生态水文变化趋势时基本上采用的是气候变化的均值，揭示类似高温干旱这样的极端气候事件对作物的影响需要更多的机理探索。因此，在进一步发展机理模式生理过程、碳–氮–水循环的基础上，还应该加强多模式集合评估，降低气候变化下模型评估的不确定性。

　　目前，国内外气候变化下农业适应技术主要停留在农民基于传统经验的自发试验阶段，一些适应性的定量研究已经通过作物模型在单点或区域尺度展开，其中区域尺度的研究工作多基于一些具有代表性试验站的模拟结果来分析农业适应措施对区域农作物生产的影响。尽管这种方法简单易行，但是在一些空间异质性较高的区域，代表性试验站的集合模拟结果不一定能准确反映区域的状况，使得适应性措施难以在更大区域（甚至全球）推广，今后的研究应该多注重于系统的理论研究与区域应用示范。

（三）北方地下水超采区的农田生态水文和农业水资源管理

　　自 20 世纪 70 年代初我国开始大规模开发利用地下水资源以来，随着经济社会的不断发展，地下水开采量以近每 10 年翻一番的速度增加。到 20 世纪末，我国年开采量已经超过 1000 亿立方米。由于对地下水资源的有限性认识不足，在水资源供需矛盾日益突出的情况下，不合理开发利用造成的地下水超采问题也随之凸现。近些年来，随着我国工农业的发展，地下水需求量日益增加，北方地区更为突出，其中主要包括黄淮海平原、松辽平原及西北内陆盆地的山前平原等。

地下水超采及其造成的地下水漏斗的形成和扩展引起了一系列水资源和生态环境问题。因此，地下水漏斗的恢复研究迫在眉睫，未来需要从以下几方面开展研究。

（1）地下水依赖区农业水资源高效管理研究。包括：①农业需水管理；②农田耗水与水资源利用效率的高效管理；③农田生态系统水分循环与地下水采补平衡的科学机理；④微咸水、再生水等非常规水的安全利用技术。

（2）农田综合节水理论与技术研究。包括：①创新农田 SPAC 系统水分传输和界面节水调控理论；②土壤水分布 - 根系结构 - 光合作用的相互作用机制与高效管理技术；③适水型栽培体系的构建；④品种 - 农艺 - 工程集体化节水技术的集成研究。

（3）以水定产、以水定地的生态水文学理论与技术研究。包括：①根据水资源状况，确定合理的农田有效灌溉面积，优化农业种植制度和种植结构；②因水制宜，研究合理的轮作休耕制度；③利用物联网和遥感技术，构建高效、实时、准确的农情监测和农田水分管理决策支持系统。

（四）绿洲农业的可持续发展和盐渍防治

在西北干旱区等生态极端脆弱的区域，绿洲农业的发展大量挤占生态用水而造成严重的流域生态恶化问题。绿洲的可持续性和荒漠生态保护是干旱区农田生态水文学需要优先考虑的两个问题。因此，绿洲农田生态水文学的研究必须首先从流域水循环的宏观层面展开，在明确河流绿洲不同用水规模的前提下，开展绿洲内部水资源的优化利用研究，以及绿洲水盐平衡和土地可持续利用的科学研究。绿洲区农田生态水文学的优先发展方向如下。

（1）绿洲合理灌溉用水规模的研究。根据不同河流的水文特性，研究其灌溉用水的阈值，如农业稳定取水量、临界取水量等指标，明确流域生态需水量和农业用水量的合理关系。

（2）气候变化对绿洲农业用水和生产力的影响研究。干旱区河川径流主要由夏季降水和冰雪融水补给，气候变化通过影响降水分布和融雪与融冰过程对河流径流过程线和径流量产生影响。研究气候变化对径流影响、对农作物需水过程的影响、对作物生产力的影响是干旱区绿洲农田生态水文学的重要研究内容，也是未来气候变化条件下绿洲农业应对气候变化的重要需求。

（3）绿洲农田水盐动态与灌排协同管理的研究。在水资源日益紧缺的背景下，我国干旱区绿洲农田快速普及了滴灌等节水灌溉技术，伴生的土壤积盐成为影响绿洲农田生产力的重要问题。因此，研究水盐动态过程与生产力关系、寻找合理的灌排措施、保持农田土壤盐分平衡，是维持绿洲生产力和农业可持续发展的重要科学基础。

第八节 城市生态水文学

在全球升温的背景下，我国的城市化也正在以前所未有的速度进行，预计在不久的将来会有70%～80%的居民居住在城市。我国的城市化速度远高于工业化速度，导致城市软硬条件的发展落后于人口城市化的速度。在全球气候变化和城市化的双重压力下，我国城市出现了许多生态水文问题和灾害，如城市热浪、高温、干旱、洪涝、水环境恶化等。

要实现中国城市化这个终极目标，城市生态环境的建设是必不可少的内容（Grimm et al., 2008；Bai et al., 2014）。为此，本节在系统梳理城市生态水文学及其相关领域的社会需求的基础上，提出城市生态水文未来的发展方向、科学问题和关注的重点，为城市化的社会实践、城市生态环境建设、海绵城市建设等提供依据和支撑。

一、科学意义与战略价值

（一）城市生态水文学的定义

城市生态水文学是生态水文学的一个分支，是应用生态水文学的基本思想、原理和方法，解决城市、城市化和气候变化背景下日益突出的水灾害、水环境、水资源等生态与水文问题，为人类在城市的安居、乐业、幸福生活和可持续发展服务的应用学科。

从学科的属性来看，城市生态水文学属于交叉学科，也属于应用学科；从学科的内涵来看，城市生态水文学是自然科学（生态学、水文学、环境科学）

与社会科学（规划与管理）的交叉学科；从学科的目标来看，城市生态水文学旨在解决城市与气候变化背景下日益严峻的水灾害、水环境、水资源等问题，要求解决社会现实问题。

（二）城市化进程中的生态水文学问题

中国城市化进程中面临的三个与生态水文有关的问题是：水资源短缺与水污染问题、城市热岛（urban heat island，UHI）问题、城市生态水文灾害（洪涝、热浪、干旱）问题。这三个主要问题关乎中国的城市化、现代化和可持续发展，是无法回避、必须解决的重大战略问题。城市生态水文学思想、理论和方法是解决这些问题的基础。

1. 城市热岛问题

城市热岛是指城市或大城市的温度显著高于周围乡村温度的现象（Solecki et al.，2005）。衡量城市热岛的指标为城市热岛强度（urban heat island intensity，UHII），即城市温度与周围乡村或植被茂密区域的温度之差。城市热岛现象通常有以下几个显著特征：晚上比白天强烈、无风条件下比有风条件强烈、夏冬季节比春秋季节强烈（Solecki et al.，2005）。

城市热岛现象产生的最主要原因是下垫面变化引起具有蒸散发功能的土壤和植被减少或全部消失，被裸露的硬化地面取代（Solecki et al.，2005）。其次是人类的城市热源排放（Li et al.，2012）。众所周知，太阳是一个巨大的"火炉"，太阳辐射到地球表面的能量非常巨大。在有植被、土壤或水体的地方，太阳辐射的大部分能量被用于蒸散发，太阳辐射的能量以潜热的形式带到大气层上层。因此，保持了近地面稳定和舒适的温度环境（Qiu et al.，2017a；2017b）。城市化以后，由于地面硬化，水循环中的蒸散发环节普遍缺失或极大地被弱化，到达地面的太阳辐射能量直接用于加热地面和空气。由于干燥地面的热容量[①]远远低于水体和湿润下垫面，城市温度迅速升高，产生强烈的热岛效应。城市化以后，除了太阳能的加热效应以外，汽车排放、工厂排放、家庭取暖和制冷排放的热源也有显著的作用（Park，1987）。从全世界的总体情况来看，城市热岛强度往往可以达到1.0～3.0℃（EPA，2010）。在深圳多年的观测结果表明，这个位于亚热带的超大型城市的城市热岛强度往往超过2℃（Qiu et al.，2017a）。

伴随着日益强烈的城市热岛现象，另外一个值得关注的问题是全球升温和

————————
① 单位体积温度升高一度所需要的能量。

城市化带来的叠加效应。据联合国专家估计，人口增加（城市化）和环境变化（全球升温）的叠加效应不仅会极大地影响人类在城市的生活舒适度，还会对目前的城市公共卫生系统和健康管理系统产生挑战，极有可能会导致人道主义和环境灾难，挑战人类的生存（Auber，2013）。我们面临的主要问题是如何减缓和调节城市热岛问题，在全球升温的背景下，这个问题的解决更为迫切。

"城市绿地对城市热岛效应有明显的缓解和调节作用"这一事实已经得到学术界和社会的广泛认可，通过增加城市绿地面积来增加蒸散发量的潜热被认为是最经济、最有效的调节城市热岛效应的方式。城市绿地的降温效果通常优于城市水体，这是因为城市绿地的扩散面积较大。我们的研究表明，城市水体对 UHII 的调节效果是 0.9℃，城市绿地的调节效果是 1.57℃（年平均值）。但是如何科学高效地规划、设计和管理不同类型的绿地，包括植被的选取与布局、绿地的灌溉与养护等，仍然是有待深入研究的关键问题。其中，准确地观测城市绿地的蒸散发量是城市热环境调控的基础。

2."城市化与气候变化"叠加效应引起的城市生态水文灾害（高温热浪、洪涝灾害和干旱）频发

1）高温热浪

高温热浪是指大气温度高且持续时间长，引起人、动物及植物不能适应环境的一种天气灾害（张书余，2008）。目前国际上没有统一的高温热浪标准。世界气象组织（World Meteorological Organization，WMO）建议将日最高气温高于 32℃且持续 3 天以上的天气过程称为高温热浪。中国气象局依据对人体产生影响危害的量值制定高温热浪标准，规定日最高气温≥35℃为高温日，连续 3 天以上称为高温热浪，并制定了分级预警信号（张书余，2008）。荷兰皇家气象研究所认定持续 5 天以上，日最高气温高于 25℃且其中至少有 3 天以上日最高气温高于 30℃的天气过程为高温热浪（李伟光等，2012）。虽然对高温热浪的定义尚没有统一认识，但有两个基本点：①异常偏高的气温；②高温持续一段时间以上。

按照我国日最高气温≥35℃为极端高温事件统计，2000～2016 年全国极端高温事件年均天数为 9.53 天，远高于 1961～2000 年的年均 7.11 天，并呈逐年增加的趋势，增长幅度为 0.06 天/年（图 4-14）。2011～2016 年，气象站点记录的极端高温事件站次比[①]均超过常年同期值，其中有 4 年站次比达到常年同

---

① 达到极端高温事件标准的站次数占监测总站数的比例。

期值的 2 倍以上（表 4-3）。2016 年全国共有 384 站日最高气温达到极端高温事件标准，极端高温事件站次比为 0.34，较常年（0.12）和 2015 年（0.19）均明显偏多。年内全国有 83 站日最高气温突破历史极值，主要分布在四川、重庆、内蒙古、甘肃、青海、云南、海南等省份（梅梅等，2017）。近 100 年来，中国年平均气温升高了 0.50~0.80℃（秦大河等，2007）。根据预测，21 世纪未来 70 年的极端高温事件对全球变暖的响应将更突出，高温热浪强度、持续时间增加，受热浪影响的地区和人口数量将不断扩大。

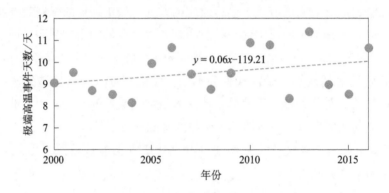

$$y = 0.06x - 119.21$$

图 4-14　全国 2000~2016 年极端高温事件天数变化

表 4-3　2011 年以来我国极端高温事件统计

年份	事件场次	站次比	连续事件场次	连续事件站次比
2016	384	0.34	413	0.30
2015	265	0.19	213	0.16
2014	301	0.35	167	0.14
2013	542	0.80	433	0.36
2012	185	0.14	236	0.16
2011	370	0.36	—	—
常年同期	—	0.12	—	0.13

2）洪涝灾害

中国是世界上洪涝灾害最严重的国家之一，大约 2/3 的陆地面积有不同类型和不同程度的洪涝灾害（田国珍等，2006）。近 30 年来，洪涝事件的频次和强度总体呈增加态势。珠江、淮河等流域强降水频发、旱涝并重、突发洪涝、旱涝急转等现象日益突出（刘志雨等，2016）。另外，城市内涝灾害日益突出。中国城市化的快速发展改变了城市水循环过程，城市区域不透水面积迅速增大，城市排水管网设计标准低、建设不足，导致近年来大中城市内涝现象频发。2008~2010 年，中国 62% 的城市发生过城市内涝，内涝灾害超过 3 次以上的城市有 137 个，其中 57 个城市的最大积水时间超过 12 小时。2000 年以来，平均每年发生 200 多起不同程度的城市内涝灾害。

3）干旱

我国的自然气候条件使干旱问题尤为严重。2000 年以来，我国干旱发生频率和范围都明显上升。干旱发生频率的季节差异与地域差异明显，受季风影响较大的北方地区与南方地区干旱发生频率相对更高，春旱与秋旱更加严重。李伟光等（2012）基于标准化降水蒸散指数，统计了全国 1951~2009 年极端干旱事件的频率。结论显示，1990 年以来，全国极端干旱事件发生频次明显增高，2000~2009 年极端干旱发生频率比 1970~1979 年高 4.9 倍（图 4-15）。Xu 等（2015）利用 SPI3（3 months standardized precipitation index）统计了 1961~2012 年的干旱事件，最严重（按干旱持续时间和影响面积计算）的 10 场干旱事件中有 3 场发生于 2000 年之后，其中最严重的旱灾发生在 2010~2011 年，持续时间长达 12 个月，波及从华北平原到长江中下游区域，面积达 315 万平方千米。

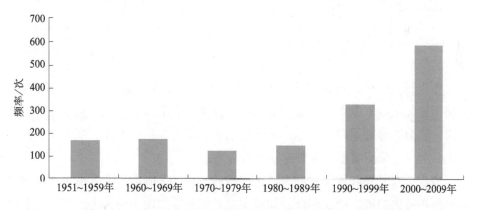

图 4-15　全国 1951~2009 年不同时间段极端干旱事件频率分布（李伟光等，2012）

（三）城市生态水文学的需求和意义

目前，我国城市化进程中面临的水资源短缺与水污染、城市热岛、生态水文灾害（洪涝、热浪、干旱）等问题，直接威胁人类身体健康和生命财产的安全，影响到人类的基本需求。如果城市中人类的基本需求还存在挑战，实现幸福生活的目标就难以达到。这些问题的解决也关乎中国的城市化、现代化和可持续发展，是一个无法回避、必须解决的重大现实问题和战略问题。城市生态水文学思想、理论和方法是解决城市环境问题的基础。因此，我们需要以生态水文学的理论和思想为基础，极大地提升中国城市化的质量，满足城市居民衣食无忧、安全健康、体面有尊严和自我价值实现的各个层次的需求，实现中国城市化的这些终极目标。为此城市生态水文是必不可少的建设内容（Grimm et al.，2008；Bai et al.，2014）。

综上所述，城市化与气候变化问题、城市环境问题和城市生态系统问题之间相互关系错综复杂。要在这种错综复杂的背景下实现宜居的城市建设实非易事。城市生态水文学是综合这三种要素、实现宜居城市环境的桥梁和手段（图4-16）。只有以生态水文学的理论和方法为基础，认识、量化和调控城市生态系统的结构、功能、过程、格局和反馈机理，开发解决城市生态环境问题的手段和技术，提出适应"城市化+气候变化"的对策，才能真正意义上实现老百姓能"衣食无忧、安全健康、体面有尊严和实现个人价值"的宜居城市的建设目标。

二、关键科学问题

（一）城市热岛效应及其生态水文调控

在全球气候变化和城市化的双重压力之下，城市热岛效应、洪涝、热浪、大气污染问题越来越重，严重影响人类的健康和生活质量。越来越频发的城市内涝、热浪和雾霾问题，已经严重地影响到人类的生存。为此，各个城市采取了很多措施，试图缓解或修复这些灾害性问题。

由于全球升温和城市化的趋势不可逆转，地球上的大多数人会生活在热岛效应越来越强的城市中。因此，如何调控城市热岛效应，为人类提供安全和舒适的生存环境，是涉及人类未来生存的重要问题。另外，由于城市升温的速度远远高于全球升温的平均水平，城市热岛效应及其调控的研究可以作为对未来全球变暖的情景、影响及其适应对策的预研究。

生态水文学的一个重要特征是借助自然的力量来解决问题（nature-based solution）。因此，生态水文措施具有投入少、效果好的特点，备受推崇。其中，通过增加城市绿地和水体的蒸散发（ET）来调节城市热岛效应，被认为是最

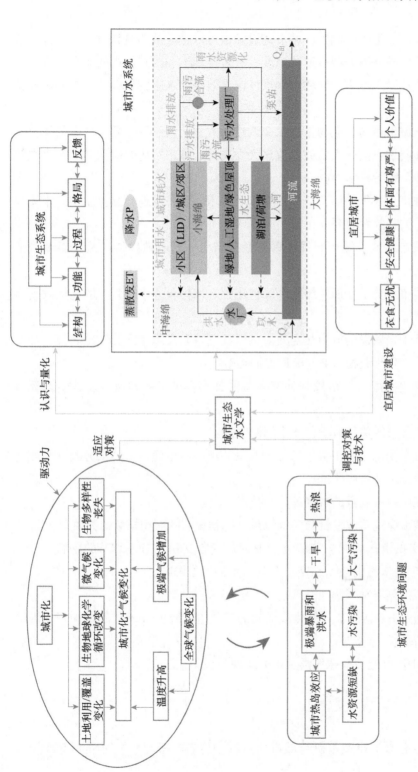

图 4-16 全球变化背景下的城市生态水文学与城市化、气候变化、城市生态系统、城市水系统、城市水热灾害及宜居城市建设之间关系的示意图

其中，城市水系统图是夏军等（2006）的原图，做了稍稍修改

有效、最经济的手段。此外，城市蒸散发也可以极大地调节和改善城市的能量收支，降低极端高温和城市整体温度，有效地调节和改善城市的水分收支，降低洪涝灾旱风险。城市绿地和水体也可以有效去除水中的氮和磷，进一步改善水质。

目前，城市热岛效应的生态水文调控研究和实践刚刚开始，许多具体科学问题和实践问题急需深入研究，应该大力支持。城市热岛效应及其生态水文学调控主要涉及以下科学内容：

（1）城市主要下垫面（草坪、灌木、乔木、混合绿地、绿色屋顶、水体与透水铺装）的蒸散发观测方法。

（2）城市绿地、绿色屋顶、垂直绿化与水体的蒸散发特征及其温度调节效应。

（3）城市主要下垫面（绿地、绿色屋顶、水体与透水铺装）的能量收支与水分收支特征。

（4）基于蒸散发的城市热岛效应的调控理论与技术（水分供给调控、叶面积指数调控、喷雾调控、空气流通性调控等）。

（5）再生水用于城市景观补充灌溉的技术标准、关键技术及其生态环境效益。

其中，涉及的关键科学与技术问题包括：

（1）城市生态修复工程（低影响开发、海绵城市建设）的水分收支与能量平衡及其生态水文效应评价。

（2）城市蒸散发量的观测理论与技术。

（3）城市绿地蒸散发量与三维绿量、生物量、叶面积指数的关系。

（4）ET 的潜热耗能（LE/R_n）及其对能量收支和 UHI 的调节的影响。

（5）ET 的水量消耗（ET/P）及其对水循环的影响。

（6）城市蒸散发量调控的理论与关键技术。

（7）通过 ET 调控来降低热浪期间的热胁迫（heat stress）和增加舒适度的关键技术与手段。

（8）UHII 调控与全球气候变化适应的关系。

（二）城市生态水文模型

城市生态水文模型是研究城市化过程中生态过程与水文过程相互作用及

其效应的主要手段，可以用于分析城市化过程中生态退化与水文循环、污染物迁移转化的相互作用及其对城市水问题（如水资源短缺、洪涝灾害、水环境恶化、热岛效应）的影响；探究生态措施（如低影响开发、绿色基础设施、海绵城市等）的水文水质效应及其治理城市水问题的效益。城市生态水文模型的建立需要解决以下五个方面的问题。

1. 城市灰、绿基础设施的耦合模拟

传统的城市水文模型侧重描述城市下垫面的产汇流及其在排水管渠系统中的传输过程，也涉及污染物的累积、冲刷、迁移过程。常用的生态水文模型侧重描述不同尺度土壤－植物系统的水分收支、热量平衡过程，同时涉及养分循环、有机物和金属元素的迁移转化等过程。城市实际上是由大量灰色基础设施（如建筑、道路、排水管渠系统等）和绿色基础设施［绿地、公园、各种小型海绵设施（如绿色屋顶、渗透铺装、植被草沟、生物滞留池）］等组成的。而且，随着海绵城市的建设，绿色基础设施将对城市水文、水质、生态过程的调节起到越来越重要的作用。如何模拟城市绿色基础设施的生态水文过程及城市灰、绿基础设施水文过程的复杂联系，是城市生态水文模型需要解决的关键问题。

2. 从微观到宏观的多尺度嵌套模拟

城市下垫面具有空间异质和碎片化的特征，而且基于低影响开发的海绵设施一般认为是原位小型生态单元（尺度小到几平方米），流域尺度海绵功能是大量离散分布的小型海绵单元综合作用的结果。一方面，模型需要采取较小的空间尺度，以描述城市水文系统的空间异质性和海绵单元的生态水文过程；另一方面，模型需要揭示流域或城市等较大尺度的水文效应和海绵设施调节效果。因此，构建从微观到宏观多尺度嵌套的城市生态水文模型是城市生态水文模型需要解决的关键问题。

3. 变化天气条件下的多时间尺度模拟

城市水文系统具有动态变化快的特点，而且基于低影响开发的海绵设施的生态功能效果变化大，受降水事件、天气昼夜变化、干湿交替、季节变化、维护方法等影响较大，需要构建多时间尺度的城市生态水文模型，以便开展海绵设施的水文、水质和生态功能的长期动态评估。例如，在分钟或小时尺度，需要模拟降水事件过程中城市下垫面产汇流及海绵设施的水文、水质和生态过程；在日尺度，需要模拟干湿交替条件下海绵设施的水分、水质变化；在季节尺度，需要模拟季节变化对海绵单元植物、微生物作用的影响等。

4. 基于多源高精度数据的城市生态水文模拟技术

基于无人机、星载遥感、机载遥感、雷达、物联网观测系统等新兴技术，可以获取高时空分辨率的地形、土壤水分、植物生理指标、气象数据等。这些数据为开发更加精确可靠的城市生态水文模型提供了基础。因此，如何提高多源高精度数据利用能力，并开发面向城市生态水文过程模拟的数据挖掘与融合技术，是需要解决的关键问题之一。

5. 面向城市水问题的综合模拟技术

城市生态水文过程深刻影响城市水循环、热量平衡和污染物质的迁移转化，对城市水资源、内涝、地下水、水质、热岛效应等具有调节作用，而且这些调节作用相互影响，体现出综合效应。城市生态水文模型研究的主要目的是为解决城市水问题提供决策支持。因此，有必要面向各种城市水问题研究相应的城市生态水文模拟技术。例如，基于城市生态水文模型，开展城市雨水资源利用及效应模拟、城市洪涝灾害的综合模拟、蒸散发与热岛效应的综合模拟、城市地下水与河流基流模拟、城市水文与水质的综合模拟等研究。

（三）基于海绵城市的生态水文过程调控研究

1. 基于海绵城市的水文循环过程的综合调控

城市化破坏了自然的水文循环，造成径流调蓄空间减少、下渗减少、径流洪峰加大并提前、蒸散发减少，加剧了城市洪涝、地下水下降、河道基流减少、生态退化等问题。海绵城市的提出为城市水文循环过程的综合调控提供方法，其水文调控的目标是使城市化后的水文循环过程与开发前相近。但目前针对海绵城市调节水文循环过程（调蓄、下渗、蒸散发、地表径流、地下水）的研究十分缺乏，需要开展相关的监测、模型和调控方法的研究。需要解决的关键问题包括：①量化海绵城市建设对城市径流量、径流峰值和洪涝风险的影响；②量化海绵城市建设对地下水和河道基流的影响；③量化海绵城市建设对蒸散发和热岛效应的影响；④分析海绵类型、规模、组合、空间格局等对海绵城市水文效应的影响；⑤不同气候条件、地理条件和城市开发特征下海绵城市水文效应等。

2. 基于海绵设施的城市面源污染调控

城镇面源污染是城市化流域水体水质恶化的主要原因之一。随着城市点源污染逐渐有效控制，面源污染对水质的影响日益突显，已经受到越来越多的关注与研究。传统的径流污染处理方法是利用市政管网将地表径流收集，并将一定量的初期径流输送到污水处理厂进行集中处理后排放。这种径流污染末端处理的方法有诸多弊端，如建设成本较高、对污水处理厂造成冲击、浪费雨水资源等。

海绵城市的提出为城市面源污染调控提出了思路，即在源头利用一些小型分散式的海绵设施对径流进行净化，实现削减面源污染等目标。但是，由于海绵设施内部的土壤、植物和微生物系统、外部的天气条件、径流水量水质等的动态变化，海绵体对面源污染的能力波动大。若经过长期运行且缺乏维护，海绵设施有可能失效而出现吸附饱和、污染物析出等现象。此外，海绵设施对某些污染物（硝氮等）的去除效果不佳，需要从理论、技术、设计等各方面开展深入研究。需要解决的关键问题包括：①海绵设施调控面源污染的效应与动态变化规律；②海绵设施调控面源污染的长期效应的模拟；③植物和微生物作用对海绵城市水质效应的影响；④海绵类型、规模、组合、空间格局等对海绵城市水质效应的影响；⑤不同气候条件、地理条件和城市开发特征下海绵城市水质效应等。

三、优先发展方向和建议

（一）城市生态水文学的学科体系、理论基础和方法体系

到21世纪末，城市会容纳世界70%~80%的人口和90%以上的经济活动，城市环境实际上将成为人类生存的基础。虽然生态学、水文学、社会经济学等相关学科的发展很快，但是城市生态水文学还没有形成完整的学科体系。为了气候变暖和城市化背景下的人类生存、生活和幸福，急需完善城市生态水文学的学科体系、理论基础和方法体系。

（二）城市热岛效应及其生态水文调控

正如Grimm等（2008）总结的，城市热岛效应与土地利用格局、城市规模（通常与人口规模有关系）、不透水地面的增加（低反照率）、植被覆盖度和水域减少、吸收太阳辐射的表面积增加（多层建筑、城市谷的形成）等因素有直接关系。

但是，城市热岛效应不仅给人类带来了问题，也给人类提供了机会。从局

部来看，城市是一个可以代表全球变化的"小宇宙"，对城市热岛效应的研究可以为生态学和全球变化生态学提供丰富的内涵。虽然城市热岛效应对全球气候变化的贡献可以忽略不计，但是城市热岛的升温幅度和效应可以代表未来的气候情景，因为目前城市的升温幅度已经远远超过未来全球的升温幅度。从某种程度上来说，适应和调控城市热岛效应就是对气候变化的适应和调控，其关键在于对蒸散发的调控。

（三）多时空尺度城市生态水文过程观测技术

现在常用的生态水文学方法都是基于自然生态水文过程发展起来的，具体包括化学方法或生物化学方法、温度观测、遥感和长期定位观测。化学或生物化学方法主要是针对污染物或微生物，通常是通过采样在实验室分析或在现场测试；温度的观测一般通过气象站定位观测。温度不仅可以直观地反映生态环境状态，还可以和很多其他参数挂钩，用于多种目的的研究。遥感研究用于生态水文观测非常多，可以在卫星等多种平台上观测空间分布和结构。长期定位观测是生态水文最基本的手段，可以长期观测生态水文要素的时间与空间变化。

城市生态水文系统在空间和时间尺度上都极其复杂，加上社会系统和自然系统相互作用，复杂程度更高。目前大多数关于城市生态水文的研究为定性研究，定量研究十分缺乏，其主要原因是缺乏数据，而数据的缺乏，是由于缺乏适于城市生态水文过程观测的手段和方法。上面论述的各种方法虽然也可以用于城市生态水文研究，但是在城市这种空间和时间异质性非常高的背景下，代表性有限，难以反映全局情况。

最近，随着高精度、多时相、多尺度遥感技术的进步，多点同步在线观测技术的飞跃，以及大数据技术、获取和共享基础的构建，城市生态水文定量观测成为可能。在这个背景下，优先发展的热点方向有以下几个：

（1）城市蒸散发观测技术。蒸散发是城市水量收支与能量收支的结合点，准确地观测蒸散发的时空变化是城市生态水文观测的重点。高精度的遥感技术有望在城市蒸散发观测方面发挥重要作用。

（2）城市生态水文系统的水分收支与水量平衡观测技术。包括自然系统的降水、蒸散发、入渗、径流的通量与动态；人工系统的域外调水、供水、污水排放和回用；自然系统和人工系统的相互作用等。

（3）城市生态水文系统的能量收支与能量平衡观测技术。包括自然系统的太阳辐射、净辐射、潜热、显热等的通量与动态；人工系统的热排放等。

（4）污染物的收支观测技术。主要是观测通过污水、大气降尘、汽车尾气等点源和面源污染物的通量和动态。

（四）海绵城市建设的生态水文学理论与方法

海绵城市建设是应对城市化过程中下垫面变化引发的洪涝灾害、面源污染和生态退化等重大水环境问题的重要举措，其中对海绵城市水文水质效应、生态调控过程的认识与相关技术开发是核心任务，急需发展海绵城市水文水质效应的监测与评估方法，探明海绵城市调控水文水质的生态学原理，发展海绵城市建设的关键与集成技术，建立海绵城市设计、规划与管理的方法体系。具体包括以下研究内容（图4-17）。

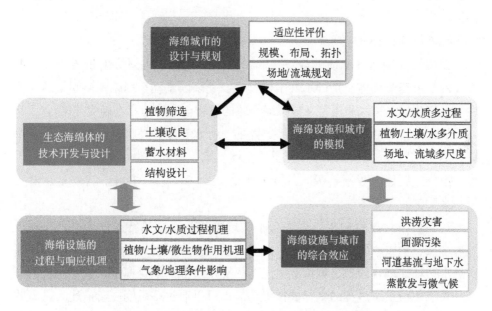

图4-17 海绵城市建设的生态理论与技术方向研究内容

1.海绵设施的过程与响应机理

城市生态海绵体对降水径流的响应涉及复杂的水文水质过程，其响应与土壤、微生物、植物和天气特征等诸多因素密切相关。掌握生态海绵体的水文水质过程及其响应机理是模型构建、效应评估和海绵城市设计规划研究的基础。

该方向将基于控制实验和水文水质监测，结合稳定性同位素、分子生物学、植物生理指标监测等新兴方法，研究生态海绵体的水文循环、营养盐和污染物的输移、转化与归趋规律；剖析生态海绵体中水文、土壤吸附与解吸附、植物吸收、污染物转化等多过程的耦合作用机制；分析生态海绵体在不同结构、植物选择、土壤配比、天气条件下的水文水质响应；揭示生态海绵体中土壤、植物和微生物的作用机理。

2. 海绵设施与城市的综合效应

海绵城市建设具有雨水资源利用、削减径流、面源污染控制、基流和地下水补给、微气候调节、景观生态等综合效应。但是，海绵体的各种效应在其内部结构和外部因素的影响下波动较大。合理评估海绵城市建设的综合效应，对于推广海绵城市建设理念和指导海绵城市规划设计具有重要意义。该方向将结合实验数据、监测资料和数学模型，对生态海绵单体和组合体的径流削减、面源污染控制、基流和地下水补给、蒸散发与微气候调节等效应进行综合评价。

3. 海绵设施和城市的模拟

模型是开展水文水质效应评估和海绵城市设计规划研究的重要工具。但是，由于生态海绵体复杂的水文水质过程、受多因素动态影响及空间上的异质性等，传统的水文水质模型在模拟海绵体的过程与响应时存在较大局限性。

该方向将针对绿色屋顶、可渗透路面、雨水花园、植被草沟等各种生态海绵体的结构特点，建立面向多介质（土壤、水、植物、微生物）、多过程（入渗、蒸发、径流、吸附解吸、污染生化过程）、多指标（径流、含水量、蒸发量、水质）的海绵体模型。

针对城市化过程中生态过程与水文过程相互作用的特点，还将开发耦合城市水文、水质、生态过程的多尺度动态模型。该模型具有城市人工水循环和自然水循环的耦合模拟、城市蒸散发与热交换过程的耦合模拟、城市径流污染物迁移转化与生态过程的耦合模拟等功能；可以通过多尺度嵌套描述大量离散分布海绵体综合作用下水文水质变化过程和效应；可以开展城市水文、水质和生态功能的长期动态评估；分析城市生态水文过程对城市水资源、内涝、地下水、水质、热岛效应等的调节作用；为海绵城市的效益评估提供科学的技术方法。

4. 生态海绵体的技术开发与设计

生态海绵体的水文水质效应取决于海绵体的类型、结构、土壤和植物特征，并受当地气象、土地利用和地下水等条件影响，有必要因地制宜地开发和配置生态海绵体技术，以充分发挥生态海绵体的水文水质效应。

该方向将根据我国不同地区的气候、地理和城市化特征，对绿色屋顶、可渗透路面、雨水花园、植被草沟等各种生态海绵体进行结构优化、植物筛选和土壤改良，以提高生态海绵体的适应性和水文水质调节的效能。

5. 海绵城市的设计与规划

在建筑小区、片区、城市等不同尺度上，建立生态海绵体的适应性评估方法；对各种海绵体的类型、规模、布局与拓扑关系进行设计；建立综合效应分析方法；研究海绵城市规划与其他规划（如排水规划、城市规划等）的协调。

（五）城市生态系统水文格局、过程、功能及其社会经济效益

关于城市水的研究，过去主要集中在给水、水处理、城市雨洪管理方面。最近，关于城市淡水生态系统保护的研究开始增多。但是，从淡水水体（河湖）、城市森林、景观和城市陆地生态系统全盘考虑城市生态系统和城市水循环调节及控制的研究还很少（Zalewski et al.，2005）。由于这个原因，目前针对城市水灾害、水污染修复与治理的很多工程项目还缺乏生态学的内涵，结果往往事倍功半，难以取得满意的效果。

基于生态系统的理论与思想，生态水文学可以为城市管理提供有用的框架和知识（Zalewski et al.，2005；Zalewski，2013）。鉴于城市生态水文学的研究才开始起步这一事实，理论和实践都需要建立城市生态水文学的理论框架、学科与方法体系，在此基础上进一步指导城市生态水文的建设。

城市生态水文过程与效应是城市生态水文学的基础和关键组成部分。优先发展的热点方向有以下几点。

（1）城市生态水文的格局。城市的显著特点是以人工景观为主，且极端破碎。在这个背景下，识别其生态水文格局的形成及其主要驱动力对人工景观的合理设计、功能发挥有重要意义。

（2）城市生态水文的过程。城市生态水文过程包括人工过程和自然过程，二者相互作用和影响。这两大类过程中又包含许多具体过程。因此，识别主要的城市生态水文过程并对其进行定量的描述，是城市生态水文学的关键。

（3）城市生态水文学的功能。具体包括识别城市生态水文功能、量化城市

生态水文功能，然后进一步通过生态环境建设的手段调控这些功能。

（4）城市生态水文功能及其社会经济效益。

第九节　西北干旱区生态水文学

我国的西北干旱区土地总面积在 200 万平方千米以上，约占我国陆地面积的 20% 以上。西北干旱区的自然地理要素格局迥异，水资源严重短缺与生态脆弱问题共存，不同的自然条件及经济社会要素耦合构成了独特的陆地生态水文系统，是开展生态水文学研究与实践的独特区域。认识脆弱生态系统演变过程，揭示干旱区生态水文过程与机制，科学回答区域生态－经济－社会可持续发展面临的生态水文问题并提出适应性对策，不仅成为地球科学领域的学科前沿，而且对流域水资源调配与科学管理、促进生态文明建设等具有十分重要的理论意义和实践意义。强化资料稀缺地区生态水文因子的监测与反演，辨识干旱区生态水文系统类型与特征，系统揭示降水、融雪、径流、蒸发、地下水水文要素与河流、绿洲、湖泊等水生态系统互馈作用，深入研究农田、草地和绿洲的生态水文过程耦合作用及其机理，构建典型生态水文过程机制模型，预测生态水文过程变化等研究，是干旱区生态水文学未来的优先发展方向。

一、科学意义与战略价值

开展生态水文学研究，树立和践行人与自然和谐共生及绿水青山就是金山银山的理念，统筹山水林田湖草系统治理，对于促进干旱区的水资源科学管理和经济社会可持续发展具有重要意义。

（一）干旱区生态水文学的研究任务与意义

近年来，干旱区生态过程和格局的水文学机制的研究已经成为生态环境研究的前沿和热点（黄奕龙等，2003）。生态水文学是将水文学知识应用于生态建设和生态系统管理的一门交叉学科（穆兴民等，2001）。在水循环的生态过程机理和水资源管理方面的研究显示出了其学科交叉的优越，特别是针对干旱区揭示植物在水分胁迫下的群落组成结构、分布格局与演变过程是该区生态水文学研究的焦点问题之一。而在长时间尺度上，研究区域群落演替过程与气候和水环境变化之间的关系在生态水文学研究中尤为重要。干旱区生态水文学是研究干旱区生态格局和生态过程变化水文学机制的科学，其一个重要研究方向是：在不同时空尺度上和一系列环境条件下探讨生态水文过程，即研究区域内水文过程与生态环境动力（包括动物和植物对生态水文过程的影响）过程之间的关系（Zalewski，2000）。目前，我国干旱区的生态水文过程研究主要集中在西北地区，研究任务集中在水环境要素特征与水文循环过程及其变化，采用不同时空尺度的模型模拟评价不同尺度的真实物理界面的生态水文效应。与此同时，也出版了多部具有代表性的旱地生态水文领域的著作。例如，我国第一本生态水文学方面的专著《黄土高原生态水文研究》就围绕不同的时间和空间尺度系统论述了水土保持生态建设的水文效应及其研究方法（穆兴民，2001）。

　　干旱区生态水文过程直接影响植被生长发育，而植被覆盖和生长状况又是水土流失和土地荒漠化的主要控制因子，所以水文循环过程的改变往往是干旱区所有生态环境问题（如水土流失、土地荒漠化等）的直接驱动力。因此，干旱区生态水文过程研究对生态环境的保护和恢复，特别是防治水土流失和土地沙漠化，具有重大的理论意义和指导作用。对其深入研究不仅可以维持我国天然生态系统的可持续发展，还可以为已退化生态系统的恢复重建提供科技支撑，从而为我国广大干旱地区的经济、社会和生态环境之间协调发展提供重要的生态水文学依据。例如，水量平衡研究是水文、水资源学科的基础课题，可以定量地揭示出水循环过程与全球地理生态环境、自然生态系统之间的联系；分析出水循环系统的内在结构与运行机制及蒸发、降水、径流等水循环中各环节之间的内在联系；为人们探究自然界水文过程的基本规律、揭示水循环与人类活动的相互影响提供数据；是人们掌握河流、湖泊、海洋、地下水等各种水体的基本特征、空间分布、时间变化、发展趋势的重要手段，也是水资源现状评价与供需预测研究工作的核心。因此，干旱区生态水文学的研究可以为推动生态水文学的深入研究和进一步发展奠定重要的基础。同样，在实践中系统地认知干旱区生态水文过程的基本特征和机理是干旱区实施生态工程建设和实现区域生态恢复的重要前提。

（二）干旱地生态水文的学科战略地位

　　当今我国西北地区发展需要兼顾社会、经济和环境。干旱区生态水文研究将为解决水资源面临的重大挑战提供新的思路和方法，当然也对生态水文学提出了科学需求与生产要求。

1. 干旱区生态需水理论与方法

生态需水就是在维系一定生态系统的功能状况或目标（包括现状、恢复或发展）下生态系统客观需求的水量，是区域生态环境需水量的重要组成部分（夏军等，2002）。对于干旱半干旱区而言，植被生态环境需水量是保证植物正常、健康生长，同时能够抑制土地沙化、盐碱化、荒漠化所需的最小水资源量（Gleick，1998）。植被生态环境需水量不仅包括维持陆地森林植被、草场植被，还应该包括维持农田人工生态系统良性发展对水需求的最小水资源量。目前关于植被生态需水量的计算方法主要有面积定额法、潜水蒸发法、改进后的彭曼公式法、区域水量均衡法、基于 RS 与 GIS 技术方法等（丰华丽等，2003）。国内生态需水研究虽然起步较晚，但仍然取得了一定的成果。刘昌明（1999）根据水资源开发利用与生态用水的关系，提出了"四大平衡"的原理，即为了保证水资源的开发利用与生态、环境协调发展，必须维持水热平衡、水沙平衡、水盐平衡、区域水量平衡与供需平衡。"四大平衡"的提出不仅为我国生态环境需水的研究指明了方向和途径，而且对世界干旱区的生态环境需水研究具有极重要的指导或参考意义。生态需水的研究必须基于一定区域的具体生态系统组成、生态水资源的结构及区域生态环境保护的水资源利用途径，需要与研究区的社会、经济及生态环境条件相一致，并与可持续发展目标相协调。

2. 干旱区植被对生态水文过程的响应与调控机理

水量平衡与水循环始终是干旱区植被建设所面临的核心科学问题，并决定着植被的可持续发展和系统的稳定性。中国干旱区具有明显的特点，即高山冰川、森林草原到平原绿洲和戈壁荒漠构成了一个干旱区复合生态系统，生态系统要素之间相互依存、相互制约，水资源是维持该复合生态系统的纽带。此外，人类活动引起的荒漠化和绿洲化同时发生（李新荣等，2009）。因此，在该区域生态水文过程具有特殊的复杂性。我国干旱区生态水文过程的研究积累较薄弱，对干旱区天然植被水分利用机理的研究基本处于空白状态。目前，尚无法回答维持干旱区生态系统健康的水分从哪里来、如何来、需要多少的问题。我国以往在干旱区人工植被建设，特别是大面积的防止土壤侵蚀的人工植被建设中，仅强调了植被盖度和高度，而未重视植被的斑块格局及其合理配置的方式，所以出现了北方人工植被土壤旱化、稳定性低等问题（赵文智等，2001）。因此，应该加强干旱区天然植被格局及其生态水文学机制、具有水力提升功能的植物识别、确定植物吸收的水分来源、计算不同尺度的生态需水量及主要植被类型的生态地下水位等方面的研究，并应该用生态水文过程实验和数学模型的方法深入开展小尺度上植被斑块格局、径流形成、泥沙沉积和养分流失内在关系的研究。从恢复生态学和生态水文学的角度，确定干旱区适宜的人工植被种类组成和斑块格局，以及干旱区植被防治水土流失功能与植被盖度、植冠大小、植被高度和植被斑块格局函数的定量关系，为干旱区生态系统的可持续管理奠定基础（赵文智等，2001）。同时，地表水与地下水是水资源系统中两个重要组成部分，彼此相互作用，共同影响着水量和水质及供水不确定性因素的增加，迫切需要将地表水与地下水作为统一的水资源体系加以利用。因此，实现对地表水－地下水系统地科学管理与持续利用，需要加强干旱区地表水－地下水相互作用研究，尤其是要深入研究以潜流带为过渡带的河水－潜流带－地下水系统中的水文－水质－生物－生态过程相互作用机理及其调控。这些研究不仅在理论上有利于人们深化对河流潜流带过程的科学认识，而且对研究水体管理、恢复河流水文生态功能、维持河流健康生命具有重要的指导意义（Song et al.，2017）。

3. 生物土壤结皮的生态水文效应

土壤结皮包括物理结皮和生物结皮。生物土壤结皮[①]是干旱区土壤－植被系统的重要组成成分，其对降水入渗的截留作用显著地改变了降水入渗过程和土壤水分的再分配格局，在一定条件下可以减少降水对深层土壤的有效补给。例如，当次降水量小于 10 毫米时，地表发育良好的结皮可以使水入渗深度局限在 20 厘米的土层以内（李新荣等，2009）。固沙植被中生物土壤结皮的水文物理特性具有典型的微地域差异性，且随着土壤含水率的变化表现出非线性特征。其具有较强的保持水分的能力，同时当它的非饱和水力传导度在随土壤含水率降低递减至一定值时，出现回升并能够维持在一个较高的水平（Li S Z et al.，2006; Wang X P et al.，2007）。因此，生物土壤结皮能够改善土壤水分的有效性，对荒漠地区土壤微生境具有改善作用，其存在显著地改变了浅层土壤的水力特性，使土壤非饱和导水率的变化维持在相对平稳阶段，增强了土壤保持水分的能力，增大了土壤孔隙度，提高了水分有效性，进而有利于所在生态系统的主要组分浅根系草本植物与小型土壤动物生存繁衍。随着固沙植被的演替，水分和养分的表聚行为导致了植被系统的生物地球化学循环发生浅层

---

① biological soil crust，由蓝藻、荒漠藻、地衣、苔藓和细菌等相关生物体与土壤表面颗粒胶结形成的特殊复合体。

化（Li X R et al.，2000；Duan et al.，2003；Wang X P et al.，2006）。针对水循环演变特点，生态修复过程中生物群落一般采取低等植物多样性恢复快于高等植物、土壤微小动物多样性高于大型土壤动物且集中在土壤浅层的恢复和适应对策（Li X R et al.，2004）。生物土壤结皮对土壤水文过程的影响主要体现在对降水入渗、地表蒸发、凝结水捕获等重要环节的影响上，受水分胁迫的干旱区植被－土壤系统受到的影响尤为显著。

4. 干旱区天然植被的地下水水文生态响应

植被与其赖以生存环境之间的关系一直是生态系统的重要研究内容。天然植被作为干旱区生物生态系统的重要组成部分，在抑制荒漠化过程、保护生物多样性及为人类提供良好的生存环境等方面有显著的生态意义（黄金廷等，2011）。水作为干旱区最关键的生态环境因子，不仅是该区绿洲生态系统构成、发展和稳定的基础，而且决定着绿洲化过程与荒漠化过程两类极具对立与冲突性的生态环境演化过程（郑丹等，2005）；地下水作为干旱区水资源的重要组成部分，是植物生存和社会经济发展的重要水源。在干旱半干旱区，天然状态下植被受气象、土壤及地下水等因素的共同作用，经过长期演化表现出适应其生存环境的特征。据此，研究者通过调查统计的方法得出不同优势植物与地下水位埋深相关的生态地下水位埋深、适宜地下水埋深、最佳地下水位埋深、盐渍临界深度、生态警戒地下水位埋深等概念。通过统计植物的生长指标（如新枝长度、胸径与生长年龄比等）、土壤含水率与地下水埋深的关系，总结出研究区内优势植物的适生水位，建立生态地下水位的基本框架，但目前成果仅仅停留在定性（最多是半定量）的描述阶段，无法定量分析植被受地下水影响的生态水文响应（宫兆宁等，2006）。

5. 基于生态水文学原理的干旱区生态恢复理论、技术与模式

基于土壤水分和其他生态要素时空分布的异质性变化的长期监测和研究提出干旱荒漠地区植被生态恢复的理论模型／概念模型。这个模型认为，土壤异质性程度在原生草地植被退化过程中（即由以灌丛为优势的植被代替草本植被过程中）增加；植被建设增加了沙丘土壤空间异质性，并随灌木在群落中的优势地位增加，使土壤具有较高程度的异质性。沙化草地的逆转或植被恢复的过程就是土壤资源分布的异质性程度减弱的过程，而草地沙化或退化则是土壤异质性程度从低到高的过程（Li X R，2005）。这一理论模型解释了我国沙区近300万公顷人工植被演变的机理，对干旱区植被建设和已有人工植被的生态管理具有重要的理论价值（Li X R et al.，2007）。我国西北干旱区荒漠人工固沙

植被格局与过程、生态恢复过程中生物多样性的繁衍与水循环关系及其适应性对策的生态水文学机理，为建立不同植被配置类型耗水量的测算模型提供了实验支撑，对荒漠及荒漠化地区退化生态系统的恢复与重建、生态工程建设和荒漠人工固沙植被生态系统－水资源优化管理具有重要应用价值，提出了降水小于 200 毫米干旱沙区有效调节生物土壤结皮生态水文学特性，以及以旱生灌木为优势种，草本和隐花植物为辅，且植被总覆盖率应该小于 30% 的符合水量平衡与水循环规律的植被建设与生态水文学管理模式（李新荣等，2009）。

　　干旱区占地球陆表面积的 40% 以上，所支撑的复杂多样的生态系统是全球陆地生态系统的重要组成部分，其中水是干旱区诸多生态系统过程的驱动力和关键的非生物限制因子（刘泉均等，2011）。虽然我国在干旱区的生态恢复实践中取得了一定的成绩，但事实上干旱区生态水文学机理的系统研究还处在起步阶段，特别是在降水少于 200 毫米、以降水和土壤水（绿水）为主要水资源、不发生产流的干旱沙漠区，土壤－植被系统的生态水文学系统性研究少，使得已经取得成果的代表性区域具有一定的局限性而不能大范围应用推广（李新荣等，2009）。此外，干旱区的生态水文过程是一个十分复杂的过程，需要精确实验设计和长期定位观测等科学积累做支撑，包括一些涉及水文研究的新方法和手段的使用，如稳定同位素技术的应用。为满足我国生态建设的重大科技需求，干旱区生态水文学研究的重要方向和新趋势主要有以下几个方面：利用水循环过程实验与分析，揭示水与生态的关系；研究特定生态系统水的生态阈值，运用生态水文学的原理和观点，对水资源进行优化管理的联网研究，增强诸多研究之间的对比性和区域代表性；对区域生态水文过程进行定量描述和建立分布式模型，揭示水资源利用影响生态恢复的规律，进而提出干旱区以生态恢复为主的水资源宏观调控和优化利用模式（李新荣等，2009）。

二、关键科学问题

（一）气候变化条件下西北干旱区水资源响应机制

　　在全球变暖的大背景下，内陆干旱区以冰雪融水为基础的水资源系统非常脆弱，流域水循环系统具有时空分布差异大、径流形成与转化复杂多样、水资源系统脆弱等特点。西北干旱区是我国冰雪对河流径流补给较丰富的地区，在径流对气候变化的响应中，冰雪补给径流对气候变化最敏感，因此是影响河流径流变化最主要的自然因素。西北干旱区冰川变化对水资源量及年内分配产生了重要影响，部分河流已经出现冰川消融拐点；全球气候变暖在加大极端气候水文事件发生频率和强度的同时，加剧了西北干旱区内陆河的水文波动和水资源的不确定性（陈亚宁等，2014）。

对降水分布规律及山地冰雪累积和消融规律等的认识，揭示了西北干旱区气候变化的特征、变化机理及气候变化趋势，对于掌握地表水资源对气候变化的响应机制至关重要，可以为西北干旱区水资源的正确评价和水文预报提供指导和决策支持作用。

（二）西北干旱区变化环境下地表径流与水量消耗演变机制

西北干旱区是典型的以灌溉农业种植为主导的地区，主要依靠地表水和地下水两种灌溉方式。人类生产生活所引起的水土资源开发、降水储蓄及土地分类利用会改变流域的下垫面，使河流原本的产流系统发生变化（Fang et al.，2010；Nian et al.，2014）。河流引水灌溉、修建大中型水库、沿河取水等人类生产生活会消耗径流量，流域原有的水循环过程也随之变化（蒙吉军等，2018）。区域内长期面临着严重的水资源短缺问题，水资源已经成为西北干旱区内经济发展、农业发展、生态发展等可持续健康发展的重要限制因子，这就导致西北干旱区生态环境因缺水变得十分脆弱，成为我国生态环境建设的重要地带。

地表径流与水量消耗研究旨在弄清楚生态系统健康生长需要的水资源量和耗散的水资源量。在西北干旱区，需要加强变化环境下地表径流与水量消耗过程的演变机制，认识人类活动的历史演变历程、空间作用方式和强度，发展人文因素空间参数方法，建立流域生态－水文－经济耦合模型，构建全球变化背景下的水资源利用安全范式，在保障经济社会发展的同时维持干旱区生态系统可持续性。

（三）西北干旱区生态水文过程与模拟

全球变暖导致水循环加快，降水量、冰川消融量和径流量连续多年增加，内陆湖泊水位显著上升（施雅风等，2003）。但在气候变化和人类活动的影响下，水资源供需矛盾仍然紧张，迫切需要开展生态水文过程与模拟研究，探索水资源安全应对模式。现如今，对通用生态水文过程与模拟的模型研究较多，成果积累丰富（贾绍凤等，2002；夏军等，2002；Hanasaki et al.，2008；刘昌明等，2009；杨胜天等，2012；Juwana et al.，2012）。

目前常见的用于研究区域生态水文过程对气候变化响应的模型有经验统计模型、概念性水文模型、分布式水文模型三大类。分布式水文模型先将研究流域按地形、植被、土壤、土地利用和降水等的不同分为若干个具有典型特点的小单元，每个小单元上因其特性不同而取不同的参数，以反映该小单元的水文过程，是一种能够较好地反映大陆尺度的流域水文模型。分布式水文模型当前比较有代表性的有 TOPMODEL（TOPgraphy based hydrological MODEL，基于地形学的水文模型）、Mike-SHE（MIKE System Hydrological European，欧洲 MIKE 水文模型系统）、SWAT（Soil and Water Assessment Tool，水土评估工具）、VIC（Variable Infiltration Capacity model，渗透能力变量模型）等。这三类模型中，分布式水文模型是最科学和合理的，但是也最复杂和难以操作。在开展干旱区生态水文过程模拟过程中，由于需要考虑的因素较多，各因素间的相互作用十分复杂，且受干旱区特殊的监测条件、数据可获得性等限制，已有模型难以广泛应用（Beven，2007；Montanari，2007；Todini，2007）。在西北资料稀缺区，遥感所驱动的水文模型应用的最大障碍是缺乏足够的输入和模型验证数据（Grayson et al.，2002）。随着对水文参数及变量精度要求的提高，常规遥感手段获取的数据已经无法满足需求。为此，迫切需要增加高精度信息源，改善现有遥感水文模型参数架构，提高水文参数的识别能力，以提高西北资料稀缺地区遥感水文模型中水文参数和变量的模拟精度。

常规的监测手段已经难以满足西北干旱区生态水文过程与模拟对水文参数和变量的精度要求，迫切需要利用高精度空间数据，优化遥感水文参数，改进现有建模方式，提高西北干旱区径流监测与模拟精度，以准确评估与分析流域水资源状况。

三、优先发展方向和建议

由于西北地区独特的地理位置及经济发展条件，在解决该区域的问题时，可供参考的经验极为有限。依据我国近些年来关于西北地区发展的规划和目前亟待解决的问题，借助多学科相关领域理论、技术的突破，生态水文学的发展不断得到新的支持和支撑。特别是随着遥感技术的不断进步，其在资料稀缺地区的广泛应用为各学科展现了新的研究视角，同时提供了丰富的数据支持。在新时期、新环境下，生态水文学面临重要的发展契机，本节将就目前的理论技术和手段，分析西北干旱区生态水文学的优先发展方向。

（一）资料稀缺干旱区水资源多维协同观测

径流是各种水文模型验证的基础，在依靠水文数据支持的生态水文计算的各个环节（特别是初级阶段）都扮演着很重要的角色。因此，径流观测数据的精度直接影响流域内的各种计算，在缺少径流资料或径流资料难以取得时，研究就变得非常困难。在缺少水文站的流域，如何得到河流的流量信息成为全球研究的热点（Dai et al.，2009）。由于地理条件及社会经济发展的限制，在我国西北干旱区获取水文相关计算的各种数据都十分困难。解决缺资料干旱区水资源监测这种复杂问题，单一监测方法显得势单力薄，实现地面维、低空维和高空维的协同观测是解决这种复杂问题的优先发展方向之一。

（二）干旱区生态水文过程长序列模拟

生态水文模型是干旱区生态水文过程研究的重要方法，是解决干旱区生态水文形成机制、植被耗水和蓝绿水等问题的重要手段。随着计算机技术、遥感信息技术的发展，生态水文模拟已经从早期的统计回归模型发展到具有较强物理机制的分布式水文模型（Neitsch et al.，2001）。典型的生态水文模型均在不同程度上将遥感数据与水文模型耦合，同时考虑地表景观的空间异质性与气象水文的离散特征，如 SIB2 模型（Sellers et al.，1996）、SWAT 模型、HIMS 模型（刘昌明等，2008b）和 EcoHAT 模型（刘昌明等，2009；杨胜天等，2012）等。模型适用空间范围从田间尺度扩展到流域、区域尺度，时间尺度从小时尺度变化到日尺度（Liu et al.，2009）。现应用于干旱区的生态水文模型十分丰富，对干旱区生态水文过程的刻画也更加精细，但是模拟干旱区长时间序列生态水文过程的研究需要优先发展。长序列干旱区生态水文模拟包括现有时期生态水文过程情况，也包括过去及未来生态水文过程状况。长序列水文过程的模拟能够揭示干旱区水资源演替、生态耗水及人类用水的时空变化规律，同时能够预测未来气候变化条件下干旱区水资源可能变化的情况。

如何利用定量遥感、GIS 技术及试验手段获取模型参数，实现点信息向面信息转化是目前遥感水文模型面临的挑战。要突破这一瓶颈，就需要在遥感与地面观测数据的协同与尺度匹配、遥感水文模型的尺度效应形成机制、尺度转换的算法、遥感水文模型结构与参数组合的尺度适宜性等方面开展基础性的理论与方法研究。同时，实现干旱区长序列水资源的模拟计算、回答未来气候变化情景下水资源的时空演变、指导现有水资源利用方式是重要的研究方向。

（三）干旱区气候变化条件下水资源利用安全范式

水文循环是全球气候变化的重要影响因素。全球气候变暖引起气温及降水变化，进一步影响水资源的时空分布，威胁水资源安全，增加了水资源管理的难度（刘昌明等，2008a；宋晓猛等，2013），同时使生态水文研究也充满变数。研究水文水资源对气候变化的响应机制、建立安全的范式，对水文水资源计算、生态水文研究的影响意义重大。通过分析气候变化对水文要素的影响预测径流增减趋势、提出相应的对策和措施（张利平等，2008），可以应对生态水文发展的各项需求。

目前，通用水资源利用安全评价模型研究较多，成果积累丰富（夏军等，2002），主要包括间接指标综合评价和直接指数评价。间接指标综合评价主要采用了多指标加权综合评价的方法，研究积累丰富。例如，水资源易损性指数、社会水胁迫指数、水资源可持续性指数（water stress index，WSI）等（Gleick，1990；Chave et al.，2007）被广泛用于水资源安全评价（夏军等，2002）。这些指数所表达的不同条件下水资源的特性在生态水文各阶段计算中起到统领的作用。直接指数评价通过社会经济用水量和可利用水资源量的对比，反映出区域水资源的安全程度。相比于间接指标综合评价，直接指数评价的优点在于结构简单、输入参数少、能直观反映区域水资源丰缺状况，在资料稀缺区具有一定的适用性。目前，以水胁迫模型为代表的直接指数评价模型已经被广泛用于水资源安全评价（Vandecasteele et al.，2014）。但由于降水和社会经济用水时间分配的不对称性，直接指数评价模型不能充分考虑社会经济用水和水资源的年内分配，对未来情景的水胁迫评价研究较少（Hejazi et al.，2013），多以全球尺度或者大流域尺度的研究为主（Vandccasteele et al.，2014），无法直接应用到资料稀缺区水资源安全范式的研究中，急需进一步改进。

间接指标综合评价与直接指数评价在水资源安全范式的建立上各有优缺点。但就干旱区资料易得程度及缺资料干旱区生态水文脆弱复杂的特性考虑，优先发展间接指标综合评价是目前普遍的共识。如前所述，直接指数评价虽然对数据的要求简单，但其结论也比较单一，没有考虑社会经济发展条件及人工对生态环境及水文循环的干预作用；间接指标综合评价借用经济及社会发展方面的资料来衡量水资源的安全压力是一种创新并经过实践反复检验的方法，在面对缺少水文资料的干旱区，丰富的社会经济及工业发展资料相对弥补了生态水文对数据的要求。虽然间接指标综合评价的水资源安全范式得到了广泛的认同及应用，但传统的间接水胁迫模型采用供需水单元空间叠合的算法，掩盖了人类主动取水行为对供需水空间分布非叠合的自主适应，无法直接应用分析干旱区流域，尤其是资料稀缺流域上游水文变化对流域来水安全的影响。因此，急需改进传统水胁迫模型，模拟气候变化条件下水资源的响应情况，构建适用于干旱区流域的水资源利用安全范式。

本章参考文献

白献宇，胡小贞，庞燕. 2015. 洱海流域低污染水类型、污染负荷及分布. 湖泊科学，27(2)：200-207.

白杨，张运林，周永强，等. 2016. 千岛湖水温垂直分层的空间分布及其影响因素. 海洋与湖沼，(5)：906-914.

卜红梅，党海山，张全发. 2010. 汉江上游金水河流域森林植被对水环境的影响. 生态学报，30(5): 1341-1348.

卜晓莉，王利民，薛建辉. 2015. 湖滨林草复合缓冲带对泥沙和氮磷的拦截效果. 水土保持学报，29(04): 32-36.

蔡庆华，唐涛，刘建康. 2003. 河流生态学研究中的几个热点问题. 应用生态学报，14(9): 1573-1577.

曹宁，曲东. 2006. 东北地区农田土壤氮、磷平衡及其对面源污染的贡献分析. 西北农林科技大学学报（自然科学版），(7)：127-133.

陈杰. 2003. 中小城市水利可持续发展研究. 南京：河海大学.

陈筠婷，徐建刚，许有鹏. 2015. 非传统安全视角下的城市水安全概念辨析. 水科学进展，26(3)：443-450.

陈新芳，居为民，陈镜明，等. 2009. 陆地生态系统碳水循环的相互作用及其模拟. 生态学杂志，28(8): 1630-1639.

陈鑫. 2009. 城市水安全评价理论与方法. 厦门：厦门大学.

陈亚宁. 2010. 新疆塔里木河流域生态水文问题研究. 北京：科学出版社.

陈亚宁，李稚，范煌婷，等. 2014. 西北干旱区气候变化对水文水资源影响研究进展. 地理学报，69(9)：1295-1304.

陈宜瑜，吕宪国 . 2003. 湿地功能与湿地科学的研究方向 . 湿地科学，(1)：7-11.

程国栋，张志强，李锐 . 2000. 西部地区生态环境建设的若干问题与政策建议 . 地理科学，(6)：
　　503-510.

程国栋，肖洪浪，傅伯杰，等 . 2014. 黑河流域生态－水文过程集成研究进展 . 地球科学进展，
　　29(4)：431-437.

崔丽娟，张曼胤，赵欣胜，等 . 2011. 湿地恢复监测与管理方法探讨 . 世界林业研究，24(3)：
　　1-5.

代朝猛，周雪飞，张亚雷，等 . 2009. 环境介质中药物和个人护理品的潜在风险研究进展 . 环
　　境污染与防治，31(2)：77-80.

戴新宾，翟虎渠，张红生，等 . 2000. 土壤干旱对水稻叶片光合速率和碳酸酐酶活性的影响 .
　　植物生理学报，26(2)：133-36.

邓伟，胡金明 . 2003. 湿地水文学研究进展及科学前沿问题 . 湿地科学，(1)：12-20.

邓振镛，张强，韩永翔，等 . 2006. 甘肃省农业种植结构影响因素及调整原则探讨 . 干旱地区
　　农业研究，24(3)：126-129.

董李勤，章光新 . 2011. 全球气候变化对湿地生态水文的影响研究综述 . 水科学进展，22(3)：
　　429-436.

董李勤，章光新 . 2013. 嫩江流域沼泽湿地景观变化及其水文驱动因素分析 . 水科学进展，
　　24(2)：177-183.

董林 . 2006. 城市可持续发展与水资源约束研究 . 南京：河海大学 .

董锁成，陶澍，杨旺舟，等 . 2011. 气候变化对我国中西部地区城市群的影响 . 干旱区资源与
　　环境，25(2)：72-76.

董哲仁，孙东亚，赵进勇 . 2007. 水库多目标生态调度 . 水利水电技术，38(1)：28-32.

范成新，张路，杨龙元，等 . 2002. 湖泊沉积物氮磷内源负荷模拟 . 海洋与湖沼，(4)：370-
　　378.

方韬，孙青言，刘锦，等 . 2015. 淮河中游北岸典型区产流规律分析 . 水电能源科学，33(9)：
　　12-16.

方修琦，王媛，徐锬，等 . 2004. 近 20 年气候变暖对黑龙江省水稻增产的贡献 . 地理学报，
　　59(6)：820-828.

丰华丽，夏军，占车生 . 2003. 生态环境需水研究现状和展望 . 地理科学进展，(6)：591-
　　598.

冯利利，童晶晶，张明顺，等 . 2014. 北京市水资源领域适应气候变化对策及保障措施探讨 .
　　中国环境管理，6(3)：5-8.

傅志兴，杨静，湛方栋，等 . 2011. 玉米与蔬菜间作削减农田径流污染的分析 . 环境科学研究，24(11)：1269-1275.

高存荣，王俊桃 . 2011. 我国 69 个城市地下水有机污染特征研究 . 地球学报，32(5)：581-591.

高俊峰 . 2002. 太湖流域土地利用变化及洪涝灾害响应 . 自然资源学报，17(2)：150-156.

宫兆宁，宫辉力，邓伟，等 . 2006. 浅埋条件下地下水 - 土壤 - 植物 - 大气连续体中水分运移研究综述 . 农业环境科学学报，(S1)：365-373.

顾世祥，李俊德，谢波，等 . 2007. 云南省水资源合理配置研究 . 水利水电技术，38(12)：54-58.

郭忠升，邵明安 . 2009. 土壤水分植被承载力研究成果在实践中的应用 . 自然资源学报，24(12): 2187-2193.

韩博平 . 2010. 中国水库生态学研究的回顾与展望 . 湖泊科学，22(2)：151-160.

何晓科，陶永霞 . 2008. 城市水资源规划与管理 . 郑州：黄河水利出版社 .

胡和平，刘登峰，田富强，等 . 2008. 基于生态流量过程线的水库生态调度方法研究 . 水科学进展，19(3)：325-332.

胡伟 . 2011. 天津城市水、土环境中典型药物与个人护理品（PPCPs）分布及其复合雌激素效应研究 . 天津：南开大学 .

黄金廷，侯光才，尹立河，等 . 2011. 干旱半干旱区天然植被的地下水水文生态响应研究 . 干旱区地理，34(5)：788-793.

黄俊，衣俊，程金平 . 2014. 长江口及近海水环境中新型污染物研究进展 . 环境化学，33(9)：1484-1494.

黄满湘，章申，唐以剑，等 . 2001. 模拟降雨条件下农田径流中氮的流失过程 . 土壤与环境，10(1)：6-10.

黄明斌，刘贤赵 . 2002. 黄土高原森林植被对流域径流的调节作用 . 应用生态学报，13(9)：1057-1060.

黄奕龙，傅伯杰，陈利顶 . 2003. 生态水文过程研究进展 . 生态学报，(3)：580 - 587.

贾瑗，胡建英，孙建仙，等 . 2009. 环境中的医药品与个人护理品 . 化学进展，21(2)：389-399.

贾绍凤，张军岩，张士锋 . 2002. 区域水资源压力指数与水资源安全评价指标体系 . 地理科学进展，(6)：538-545.

姜义亮，郑粉莉，温磊磊，等 . 2017. 降雨和汇流对黑土区坡面土壤侵蚀影响的试验研究 . 生态学报，37(24)：1-9.

康绍忠，蔡焕杰 . 2001. 作物根系分区交替灌溉和调亏灌溉的理论与实践 . 北京：中国农业出版社 .

孔繁翔，高光 . 2005. 大型浅水富营养化湖泊中蓝藻水华形成机理的思考 . 生态学报， 25： 589-595.

孔繁翔，马荣华，高俊峰，等 . 2009. 太湖蓝藻水华的预防、预测和预警的理论与实践 . 湖泊科学，21(3)：314-328.

李宝，丁士明，范成新，等 . 2008. 滇池福保湾底泥内源氮磷营养盐释放通量估算 . 环境科学，(1)：114-120.

李翀，廖文根 . 2009. 河流生态水文学研究现状 . 中国水利水电科学研究院学报，2： 141-146.

李峰平，章光新，董李勤 . 2013. 气候变化对水循环与水资源的影响研究综述 . 地理科学，33(4)： 457-464.

李弘毅，王建，郝晓华 . 2012. 祁连山区风吹雪对积雪质能过程的影响 . 冰川冻土，34(5)：1084-1090.

李宏卿 . 2007. 长春城区地下水资源可持续利用研究 . 长春：吉林大学 .

李仁东 . 2004. 土地利用变化对洪水调蓄能力的影响——以洞庭湖区为例 . 地理科学进展，23(6)： 90-95.

李伟光，易雪，侯美亭，等 . 2012. 基于标准化降水蒸散指数的中国干旱趋势研究 . 中国生态农业学报，20(5)：643-649.

李晓文，李梦迪，梁晨，等 . 2014. 湿地恢复若干问题探讨 . 自然资源学报，29(7)： 1257-1269.

李新，刘绍民，马明国，等 . 2012a. 黑河流域生态——水文过程综合遥感观测联合试验总体设计 . 地球科学进展，27(5)： 481-498.

李新，刘强，柳钦火，等 . 2012b. 黑河综合遥感联合试验研究进展：水文与生态参量遥感反演与估算 . 遥感技术与应用，27(5)： 650-662.

李新荣，张志山，王新平，等 . 2009. 干旱区土壤 - 植被系统恢复的生态水文学研究进展 . 中国沙漠，29(5)：845-852.

李雪铭，张婧丽 . 2007. 淡水资源稀缺性城市供需水量与城市化关系分析 . 干旱区资源与环境，21(7)： 96-100.

梁立功 . 2014. 新疆塔河流域气温、降水和径流变化特征田 . 人民黄河， 36(8) ：24-27.

廖玉芳，赵福华，陈湘雅 . 2009. 气候变化对湖南城市水安全的影响 . 人民长江，40(8)：42-44.

刘昌明 . 1999. 中国 21 世纪水资源供需趋势与重点问题的探讨 . 中国地理学会水文专业委员会第七次全国水文学术会议，北京 .

刘昌明，钟骏襄 . 1978. 黄土高原森林对径流影响的初步分析 . 地理学报，33(2): 112-126.

刘昌明，刘小莽，郑红星 . 2008a. 气候变化对水文水资源影响问题的探讨 . 科学对社会的影响，(2)： 21-27.

刘昌明，王中根，郑红星，等 . 2008b. HIMS 系统及其定制模型的开发与应用 . 中国科学 (E 辑：技术科学)，(3)： 350-360.

刘昌明，杨胜天，温志群，等 . 2009. 分布式生态水文模型 EcoHAT 系统开发及应用 . 中国科学 (E 辑： 技术科学)，39(6)： 1112-1121.

刘建康，谢平 . 1999. 揭开武汉东湖蓝藻水华消失之谜 . 长江流域资源与环境，8(3)： 312-319.

刘建立，王彦辉，于澎涛，等 . 2009. 六盘山叠叠沟小流域典型坡面土壤水分的植被承载力 . 植物生态学报，33(6): 1101-1111.

刘健民，张世法，刘恒 . 1993. 京津唐地区水资源大系统供水规划和调度优化的递阶模型 . 水科学进展，4(2)： 98-105.

刘君，王思嘉，戚浩强，等 . 2011. 河流生态水文学研究进展 . 科技创新导报，15： 4-5.

刘泉均，常宏 . 2011. 我国北方主要沙地水分研究概况 . 地球环境学报，2(6)：672-679.

刘士余，赵小敏 . 2003. 洞庭湖区洪涝灾害成因与防治对策研究 . 生态学杂志，22(6)： 147-151.

刘世荣 . 1996. 中国森林生态系统水文生态功能规律 . 北京：中国林业出版社 .

刘悦秋，孙向阳，王勇，等 . 2007. 遮荫 [阴] 对异株荨麻光合特性和荧光参数的影响 . 生态学报，27(8)： 3457-3464.

刘志雨，夏军 . 2016. 气候变化对中国洪涝灾害风险的影响 . 自然杂志，38(3)： 177-181.

陆桂华，吴志勇，雷 Wen，等 . 2006. 陆气耦合模型在实时暴雨洪水预报中的应用 . 水科学进展，17(6)： 847-852.

陆志翔，Wei Y P，冯起，等 . 2016. 社会水文学研究进展 . 水科学进展，27(5)： 772-783.

栾勇，刘家宏 . 2017. 分布式城市需水预测模型 . 科学通报，(24): 2770-2779.

吕宪国 . 2010. 半干旱区退化湿地生态补水的原则与方法 . http： //www. Wetwonder.org/.

马海良，徐佳，王普查 . 2014. 中国城镇化进程中的水资源利用研究 . 资源科学，36(2)： 334-341.

马克平，钱迎倩 . 1998. 生物多样性保护及其研究进展 [综述]. 应用与环境生物学报，1： 96-100.

马雪华 . 1993. 森林水文学 . 北京：中国林业出版社 .

马英. 2012. 城市降雨径流面源污染输移规律模拟及初始冲刷效应研究. 广州: 华南理工大学.

毛德华, 夏军. 2005. 洞庭湖区洪涝灾害的形成机制分析. 武汉大学学报(理学版), 51(2): 199-203.

梅梅, 姜允迪, 王遵娅, 等. 2017. 2016 年中国气候主要特征及主要天气气候事件. 气象, 43(4): 468-476.

蒙吉军, 汪疆玮, 王雅, 等. 2018. 基于绿洲灌区尺度的生态需水及水资源配置效率研究——黑河中游案例. 北京大学学报(自然科学版), 254(1): 171-180.

牟成香, 孙庚, 罗鹏, 等. 2013. 青藏高原高寒草甸植物开花物候对极端干旱的响应. 应用与环境生物学报, 19(2): 272-279.

穆兴民, 徐学远, 陈霁巍, 等. 2001. 黄土高原生态水文研究. 北京: 中国林业出版社.

钮新强, 谭培伦. 2006. 三峡工程生态调度的若干探讨. 中国水利, 14: 8-10.

潘帅. 2013. 区域水资源植被承载力计算系统开发及其应用. 北京: 中国林业科学研究院.

逢勇, 颜润润, 余钟波, 等. 2008. 风浪作用下的底泥悬浮沉降及内源释放量研究. 环境科学, 29(9): 2456-2464.

裴源生, 赵勇, 张金萍. 2005. 城市水资源开发利用趋势和策略探讨. 水利水电科技进展, 25(4): 1-4.

祁瑜, 黄永梅, 王艳, 等. 2011. 施氮对几种草地植物生物量及其分配的影响. 生态学报, 31(18): 5121-5129.

钱易, 刘昌明, 邵益生. 2002. 中国城市水资源可持续开发利用. 北京: 中国水利水电出版社.

钱正英, 张光斗. 2001. 中国可持续发展水资源战略研究报告集. 1 卷. 北京: 中国水利水电出版社.

秦伯强, 谢平. 2005. 长江中下游地区湖泊内源营养负荷、循环与富营养化. 中国科学(辑), 35(增刊): 1-202.

秦伯强, 胡维平, 高光, 等. 2003. 太湖沉积物悬浮的动力机制及内源释放的概念性模式. 科学通报, 48: 1822-1831.

秦大河, 陈振林, 罗勇, 等. 2007. 气候变化科学的最新认知. 气候变化研究进展, 3(2): 63-73.

阙添进, 李宁, 王志清. 2011. 城市多水源配置系统中水布局及水质转换综述. 科技信息, (25): 304-304.

任晋, 蒋可. 2002. 阿特拉津及其降解产物对张家口地区饮用水资源的影响. 科学通报, (10): 758-762.

邵东国, 杨丰顺, 刘玉龙, 等. 2013. 城市水安全指数及其评价标准. 南水北调与水利科技,

11(1)：122-126.

沈海花，朱言坤，赵霞，等 . 2016. 中国草地资源的现状分析 . 科学通报，61(2)：139-154.

沈焕庭，贺松林，茅志昌，等 . 2001. 中国河口最大浑浊带刍议 . 泥沙研究，1: 23-29.

沈镭，钟帅，胡纾寒 . 2018. 全球变化下资源利用的挑战与展望 . 资源科学，40（1）：1-10.

施立新，余新晓，马钦彦 . 2000. 国内外森林与水质研究综述 . 生态学杂志，19(3): 52-56.

施雅风，沈永平，李栋梁，等 . 2003. 中国西北气候由暖干向暖湿转型的特征和趋势探讨 . 第
　四纪研究，23(2)：152-164.

史立人 . 1998. 水土保持是江河治理的根本：关于 98 长江洪水灾害的思考 . 中国水土保持，
　1998(11): 13-16.

史正涛，刘新有，黄英 . 2008. 城市水安全评价指标体系研究 . 城市问题，(6)：30-34.

史正涛，刘新有，黄英，等 . 2010. 基于边际效益递减原理的城市水安全评价方法 . 水利学报，
　39(5)：545-552.

宋全香，左其亭，杨峰 . 2004. 城市化建设带来的水问题及解决措施 . 水资源与水工程学报，
　15(1)：56-58.

宋述军，周万村 . 2008. 岷江流域土地利用结构对地表水水质的影响 . 长江流域资源与环境，
　17(5)：712-715.

宋晓猛，张建云，占车生，等 . 2013. 气候变化和人类活动对水文循环影响研究进展 . 水利学
　报，7：779-790.

苏胜齐，姚维志 . 2002. 沉水植物与环境关系评述 . 农业环境保护，21(6)：570-573.

孙阁，张志强，周国逸，等 . 2007. 森林流域水文模拟模型的概念、作用及其在中国的应用 .
　北京林业大学学报，29(3): 178-184.

孙立，李俊清 . 2004. 可利用的水与环境库兹涅茨曲线的拓展和分析 . 科学技术与工程，4(5):
　403-408.

唐志强，曹瑾，党婕 . 2014. 水资源约束下西北干旱区生态环境与城市化的响应关系研究——
　以张掖市为例 . 干旱区地理，37(3)：520-531.

田国珍，刘新立，王平，等 . 2006. 中国洪水灾害风险区划及其成因分析 . 灾害学，21(2): 1-6.

王春超 . 2013. 城市水资源供需预测方法及应用研究 . 北京：华北电力大学 .

王福林 . 2013. 区域水资源合理配置研究 . 武汉：武汉理工大学 .

王根绪，张寅生，等 . 2016. 寒区生态水文学理论与实践 . 北京：科学出版社 .

王浩，游进军 . 2008. 水资源合理配置研究历程与进展 . 水利学报，39(10)：1168-1175.

王浩，游进军 . 2016. 中国水资源配置 30 年 . 水利学报，47(3)：265-271.

王娇妍，路京选 . 2009. 基于遥感的伊犁河下游生态耗水分析 . 水利学报，40(4)：457-463.

王岚，张其成，陈星 . 2013. 住宅小区雨水收集利用方案及其效益分析 . 水资源保护，(2)：67-70.

王良民，王彦辉 . 2008. 植被过滤带的研究和应用进展 . 应用生态学报，19(9):2074-2080.

王亚梅，李忠武，曾光明 . 2009. 洞庭湖土地利用/覆被变化及洪涝灾害研究进展 . 四川环境，28(5)：62-66.

王亚韡，王宝盛，傅建捷，等 . 2013. 新型有机污染物研究进展 . 化学通报，76(1)：3-14.

王彦辉，金旻，于澎涛 . 2003. 我国与森林植被和水资源有关的环境问题及研究趋势 . 林业科学研究，16(6): 739-747.

王彦辉，于澎涛，张淑兰，等 . 2018. 黄土高原和六盘山区森林面积增加对产水量的影响 . 林业科学研究，31(1): 15-26.

王英，黄明斌 . 2008. 径流曲线法在黄土区小流域地表径流预测中的初步应用 . 中国水土保持科学，6(6)：87-91.

王永明，韩国栋，赵萌莉，等 . 2007. 草地生态水文过程研究若干进展 . 中国草地学报，(3)：98-103.

王玉洁，秦大河 . 2017. 气候变化及人类活动对西北干旱区水资源影响研究综述 . 气候变化研究进展，(5)：483 - 493.

王原 . 2010. 城市化区域气候变化脆弱性综合评价理论、方法与应用研究 . 上海：复旦大学 .

韦晓竹，顾平，张光辉 . 2014. 水中新型污染物及去除研究进展 . 工业水处理，(5)：8-12.

魏金明，姜勇，符明明，等 . 2011. 水、肥添加对内蒙古典型草原土壤碳、氮、磷及 pH 的影响 . 生态学杂志，30(8)：1642-1646.

魏婧，梅亚东，杨娜，等 . 2009. 现代水资源配置研究现状及发展趋势 . 水利水电科技进展，29(4)：73-77.

魏晓华，李文华，周国逸，等 . 2005. 森林与径流关系——一致性和复杂性 . 自然资源学报，20(5): 761-770.

吴泽宇，张娜，黄会勇 . 2011. 长江流域水资源配置模型研究 . 人民长江，42(18)：88-90.

吴阿娜，车越，杨凯，等 . 2008. 基于内容分析法的河流健康内涵及表征 . 长江流域资源与环境，17(6)：932-938.

夏军，朱一中 . 2002. 水资源安全的度量：水资源承载力的研究与挑战 . 自然资源学报，17(3)：262-269.

夏军，丰华丽，谈戈，等 . 2003. 生态水文学概念、框架和体系 . 灌溉排水学报，(1)：4-10.

夏军，张永勇，王中根，等 . 2006. 城市化地区水资源承载力研究 . 水利学报，37(12)：1482-1488.

夏军, 石卫. 2016. 变化环境下中国水安全问题研究与展望. 水利学报, 47 (3): 292-301.

谢瑞芝, 李少昆, 李小君, 等. 2007. 中国保护性耕作研究分析——保护性耕作与作物生产. 中国农业科学, 40(9): 1914-1924.

谢长坤, 蔡永立, 左俊杰. 2012. 基于 SCS 法模拟的上海郊区农田地表产流特征及原因. 长江流域资源与环境, 21(1): 44-52.

徐得潜, 梅素琴. 2005. 水资源与城市可持续发展. 中国水利学会 2005 学术年会论文集——节水型社会建设的理论与实践.

许木启, 黄玉瑶. 1998. 受损水域生态系统恢复与重建研究. 生态学报, 18(5): 547-558.

许祝华, 赵新生. 2006. 水资源匮乏对城市发展与城市安全的影响. 海洋开发与管理, 6: 46-47.

闫大鹏. 2013. 非传统水资源利用技术及应用. 郑州: 黄河水利出版社.

闫钟清, 齐玉春, 彭琴, 等. 2017. 降水和氮沉降增加对草地土壤酶活性的影响. 生态学报, 37(9): 3019-3027.

严登华, 王浩, 王芳, 等. 2007. 我国生态需水研究体系及关键研究命题初探. 水利学报, (3): 267-273.

严登华, 王浩, 杨舒媛, 等. 2008. 面向生态的水资源合理配置与湿地优先保护. 水利学报, 39(10): 1241-1247.

阎百兴, 杨育红, 刘兴土, 等. 2008. 东北黑土区土壤侵蚀现状与演变趋势. 中国水土保持, 12: 26-30.

阎水玉, 王祥荣. 2001. 流域生态学与太湖流域防洪、治污及可持续发展. 湖泊科学, 13(1): 1-8.

杨安琪, 杨光, 张光明, 等. 2016. 污泥厌氧消化中新型污染物去除的研究进展. 环境污染与防治, 38(3): 82-89.

杨传国, 林朝晖, 郝振纯, 等. 2007. 大气水文模式耦合研究综述. 地球科学进展, (8): 810-817.

杨芬, 王萍, 邵惠芳, 等. 2013. MIKEBASIN 在缺水型大城市水资源配置中的应用初探. 水利水电技术, 44(7): 13-16.

杨桂山, 马荣华, 张路, 等. 2010. 中国湖泊现状及面临的重大问题与保护策略. 湖泊科学, 22(6): 799-810.

杨红莲, 袭著革, 闫峻, 等. 2009. 新型污染物及其生态和环境健康效应. 生态毒理学报, 4(1): 28-34.

杨胜天, 等. 2012. 生态水文模型与应用. 北京: 科学出版社.

杨世伦，吴秋原，张赛赛，等 . 2018. 崇明海岸湿地现状及其在生态岛建设中的作用 . 上海国土资源，39（03）：34-37.

杨旺鑫，夏永秋，姜小三，等 . 2015. 我国农田总磷径流损失影响因素及损失量初步估算 . 农业环境科学学报，34(2)：319-325.

杨晓光，刘志娟，陈阜 . 2010. 全球气候变暖对中国种植制度可能影响 I. 气候变暖对中国种植制度北界和粮食产量可能影响的分析 . 中国农业科学，43(2)：329-336.

杨云峰，赵剑强 . 2006. 公路建设项目水环境风险评价方法 . 长安大学学报（自然科学版），26(3)：84-86.

杨志峰，崔保山，孙涛 . 2012. 湿地生态需水机理，模型和配置 . 北京：科学出版社 .

尹明万，谢新民，王浩，等 . 2003. 安阳市水资源配置系统方案研究 . 中国水利，(14)：14-16.

余新晓 . 2013. 森林生态水文研究进展与发展趋势 . 应用基础与工程科学学报，21(3)：391-402.

袁铭道 . 1986. 美国水污染控制和发展概况 . 北京：中国环境科学出版社 .

云文丽，王永利，梁存柱，等 . 2011. 典型草原区生态水文过程与植被退化的关系 . 中国草地学报，33(3)：57-63.

张国华，张展羽，左长清，等 . 2007. 坡地自然降雨入渗产流的数值模拟 . 水利学报，38(6)：668-673 .

张华丽，董婕，延军平，等 . 2009. 西安市城市生活用水对气候变化响应分析 . 资源科学，31(6)：1040-1045.

张建云，王国庆 . 2009. 气候变化与中国水资源可持续利用 . 水利水运工程学报，(4)：17-21.

张君枝，刘云帆，马文林，等 . 2015. 城市水资源适应气候变化能力评估方法研究——以北京市为例 . 北京建筑大学学报，(2)：43-48.

张俊艳，韩文秀 . 2015. 城市水安全问题及其对策探讨 . 北京科技大学学报 (社会科学版)，21(2)：78-81.

张利平，陈小凤，赵志鹏，等 . 2008. 气候变化对水文水资源影响的研究进展 . 地理科学进展，(3)：60-67.

张利平，于松延，段尧彬，等 . 2013. 气候变化和人类活动对永定河流域径流变化影响定量研究田 . 气候变化研究进展，9 (6)：391-397.

张练 . 2014. 供水管网中新型污染物 PPCPs 的检测方法及分布规律研究 . 天津：天津大学 .

张强，邓振镛，赵映东，等 . 2008. 全球气候变化对我国西北地区农业的影响 . 生态学报，28(3)：1210-1219.

张书涵，康绍忠，蔡焕杰，等 . 2009. 天然降雨条件下坡地水量转化的动力学模式及其应用 . 水利学报，40(4)：55-62.

张书余 . 2008. 干旱气象学 . 北京：气象出版社 .

张远，郑丙辉，刘鸿亮，等 . 2006. 深圳典型河流生态系统健康指标及评价 . 水资源保护，22(5)：13-17.

张远东，刘世荣，顾峰雪 . 2011. 西南亚高山森林植被变化对流域产水量的影响 . 生态学报，31(24): 7601-7608.

张运林 . 2015. 气候变暖对湖泊热力及溶解氧分层影响研究进展 . 水科学进展，26(1)： 130-139.

张运林，秦伯强，陈伟民 . 2003. 湖泊光学研究动态及其应用 . 水科学进展，14(5)： 653-659.

张运林，陈伟民，杨顶田，等 . 2004a. 天目湖热力学状况的监测与分析 . 水科学进展，15(1)：61-67.

张运林，秦伯强，陈伟民，等 . 2004b. 太湖水体中悬浮物研究 . 长江流域资源与环境，13(3)：266-271.

张质明，李俊奇 . 2016. 气候变化对城市水安全的威胁与我国适应能力建设 . 建设科技，15：17-19.

章光新 . 2012. 水文情势与盐分变化对湿地植被的影响研究综述 . 生态学报，32(13)： 4254-4260.

章光新，尹雄锐，冯夏清 . 2008. 湿地水文研究的若干热点问题 . 湿地科学，6(2)：105-115.

章光新，张蕾，冯夏清，等 . 2014. 湿地生态水文与水资源管理 . 北京： 科学出版社 .

章光新，张蕾，侯光雷，等 . 2017. 吉林省西部河湖水系连通若干关键问题探讨 . 湿地科学，15(5)： 641-650.

章光新，武瑶，吴燕锋，等 . 2018. 湿地生态水文学研究综述 . 水科学进展，29(5)： 737-749.

赵风华，于贵瑞 . 2008. 陆地生态系统碳——水耦合机制初探 . 地理科学进展，(1)：32-38.

赵剑强，刘珊，邱立萍，等 . 2001. 高速公路路面径流水质特性及排污规律 . 中国环境科学，21(5)： 445-448.

赵然杭 . 2010. 基于 Vague-Fuzzy 理论的城市水安全承载力评价研究 . 水力发电学报，29(2)：90-93.

赵士洞 . 2005. 美国国家生态观测站网络 (NEON)——概念、设计和进展 . 地球科学进展，5：578-583.

赵文智，程国栋 . 2001. 干旱区生态水文过程研究若干问题评述 . 科学通报，46(22)：1851-1857.

赵彦伟，杨志峰．2005. 河流健康：概念、评价方法与方向．地理科学，25(1)：119-124.

赵彦伟，杨志峰，姚长青．2005. 黄河健康评价与修复基本框架．水土保持学报，19(5)：131-134.

郑丹，李卫红，陈亚鹏，等．2005. 干旱区地下水与天然植被关系研究综述．资源科学，27(4)：160-166.

郑粉莉．1998. 黄土区坡耕地细沟间侵蚀和细沟侵蚀的研究．土壤学报，35（1）：95-103.

郑红星，刘昌明，丰华丽．2004. 生态需水的理论内涵探讨．水科学进展，15(5)：626-633.

郑少奎，李晓锋．2013. 城市污水处理厂出水中的药品和个人护理品．环境科学，34(8)：3316-3326.

中国林业科学研究院"多功能林业"编写组．2010. 中国多功能林业发展道路探索．北京：中国林业出版社．

中华人民共和国水利部．2013. 第一次全国水利普查公报．北京：中国水利水电出版社．

周丽丽，王铁良，范昊明，等．2009. 未完全解冻层对黑土坡面降雨侵蚀的影响．水土保持学报，239(6)：1-4.

周晓峰，赵惠勋，孙慧珍．2001. 正确评价森林水文效应．自然资源学报，16(5): 420-426.

周忆堂，马红群，梁丽娇，等．2008. 不同光照条件下长春花的光合作用和叶绿素荧光动力学特征．中国农业科学，41(11)：3589-3595.

朱智洺．2004. 库兹涅茨曲线在中国水环境分析中的应用．河海大学学报（自然科学版），32(4)：387-390.

左其亭，陈曦．2003. 面向可持续发展的水资源规划与管理．北京：中国水利水电出版社．

Bahri A. 2016. 城市水资源综合管理．北京：中国水利水电出版社．

Blanca J, Joan R. 2014. 城市水安全：风险管理．杨昆，徐丽娟，李静，译．北京：中国水利水电出版社．

Ackroyd D R, Bale A J, Howland R J M, et al. 1986. Distributions and behaviour of dissolved Cu, Zn and Mn in the Tamar Estuary. Estuarine, Coastal and Shelf Science, 23: 621-624.

Acreman M C, Fisher J, Stratford C J, et al. 2007. Hydrological science and wetland restoration: some case studies from Europe. Hydrology and Earth System Sciences Discussions, 11(1): 158-169.

Adeel Z. 2009. Findings of the Global Desertification Assessment by the Millennium Ecosystem Assessment-a Perspective for Better Managing Scientific Knowledge. Berlin: Springer.

Ainsworth E A, Rogers A. 2007. The response of photosynthesis and stomatal conductance to rising [CO_2]: mechanisms and environmental interactions. Plant, Cell and Environment, 30(3):258-270.

Ainsworth E A, Davey P A, Bernacchi C J, et al. 2002. A meta-analysis of elevated [CO_2] effects on soybean (glycine max) physiology, growth and yield. Global Change Biology, 8(8):695-709.

Aires L M I, Pio C A, Pereira J S. 2008. Carbon dioxide exchange above a mediterranean C3/C4 grassland during two climatologically contrasting years. Global Change Biology, 14(3):539-555.

Aitken C K, Duncan H, Mcmahon T A. 1991. A cross-sectional regression analysis of residential water demand in Melbourne, Australia. Applied Geography, 11(2):157-165.

Alan K, Knapp, Claus Beier, et al. 2008. Consequences of more extreme precipitation regimes for terrestrial ecosystems. Bioscience, 58(9):811-821.

Albright R, Caldeira L, Hosfelt J, et al. 2016. Reversal of ocean acidification enhances net coral reef calcification. Nature, 531: 362-365.

AMAP. 2011. Snow, Water, Ice and permafrost, in the arctic (SWIPA): climate change and the cryosphere. Arctic Monitoring and Assessment Programmer (AMAP). Oslo, Norway.

Auber T. 2013-08-10. Climate change and rapid urban expansion in Africa threaten children's lives. http://unearthnews.org/2013/07/17/climate-change-and-rapid-urban-expansion-in-africa-threaten-childrens-lives/.

Báez S, Collins S L, Pockman W T, et al. 2013. Effects of experimental rainfall manipulations on chihuahuan desert grassland and shrub land plant communities. Oecologia, 172(4):1117-1127.

Bai X, Shi P, Liu Y. 2014. Society: realizing China's urban dream. Nature, 509(7499):158-160.

Bai Y F, Wu J G, Xing Q, et al. 2008. Primary production and rain use efficiency across a precipitation gradient on the mongolia plateau. Ecology, 89(8):2140-2153.

Bain M B, Harig A L, Loucks D P, et al. 2000. Aquatic ecosystem protection and restoration: advances in methods for assessment and evaluation. Environmental Science & Policy, 3: 89-98.

Baldocchi D D. 2003. Assessing the eddy covariance technique for evaluating carbon dioxide exchange rates of ecosystems: past, present and future. Global Change Biology, 9(4): 479-492.

Barko J W, Adams M S, Clesceri N L. 1986. Environmental factors and their consideration in the management of submersed aquatic vegetation: a review. Journal of Aquatic Plant Management, 24(1): 1-10.

Bates C G, Henry A J.1928. Second phase of streamflow experiment at Wagon Wheel Gap, Colo. Monthly Weather Review, 56: 79-81.

Battisti D S, Naylor R L. 2009. Historical warnings of future food insecurity with unprecedented seasonal heat. Science, 323: 240-244.

Bellerby R G. 2017. Ocean acidification without borders. Nature Climate Change, 7: 241-242.

Ben-Asher J, Garcia A G Y, Hoogenboom G. 2008. Effect of high temperature on photosynthesis and transpiration of sweet corn (*Zea mays* L. var. rugosa). Photosynthetica, 46 (4): 595-603.

Beven K. 2007. Towards integrated environmental models of everywhere: uncertainty, data and modelling as a learning processe. Hydrology and Earth System Sciences, 11: 460-467.

Beven K, 2008. Environmental modelling: an uncertain future. Energy, 31(31):2395-2397.

Bjerklie D M. 2007. Estimating the bankfull velocity and discharge for rivers using remotely sensed river morphology information. Journal of Hydrology, 341: 144-155.

Bjerklie D M, Dingman S L, Vorosmarty C J, et al. 2003. Evaluating the potential for measuring river discharge from space. Journal of Hydrology, 278: 17-38.

Bjerklie D M, Moller D, Smith L C, et al. 2005. Estimating discharge in rivers using remotely sensed hydraulic information. Journal of Hydrology, 309: 191-209.

Bloor J M G, Bardgett D. 2012. Stability of above-ground and below-ground processes to extreme drought in model grassland ecosystems: interactions with plant species diversity and soil nitrogen availability. Perspectives in Plant Ecology, Evolution and Systematics, 14(3):193-204.

Bockheim J G. 2007. Importance of cryoturbation in redistributing organic carbon in permafrost-affected soils. Soil Science Society of America Journal, 71(4):1335-1342.

Bosch J M, Hewlett J D. 1982. A review of catchment experiments to determine the effect of vegetation changes on water yield and evapotranspiration. Journal of Hydrology, 55(1-4): 3-23.

Bowes G. 1991. Growth at elevated CO_2: photosynthetic responses mediated through rubisco. Plant, Cell and Environment, 14(8): 795-806.

Bracken L J, Croke J. 2007. The concept of hydrological connectivity and its contribution to understanding runoff-dominated geomorphic systems. Hydrological Processes, 21: 1749-1763.

Breshears D D, Myers O B, Barnes F J. 2009. Horizontal heterogeneity in the frequency of plant-available water with woodland intercanopy-canopy vegetation patch type rivals that occuring vertically by soil depth. Ecohydrology: Ecosystems, Land and Water Process Interactions, Ecohydrogeomorphology, 2(4): 503-519.

Breshears D D, Myers O B, Barnes F J. 2010. Horizontal heterogeneity in the frequency of plant-available water with woodland intercanopy-canopy vegetation patch type rivals that occuring vertically by soil depth. Ecohydrology, 2(4): 503-519.

Brookes A, Shields F D. 2001. River Channel Restoration: Guiding Principles for Sustainable Projects. Chichester: John Wiley & Sons.

Brown A E, Zhang L, Mcnahon T A, et al. 2005. A review of paired catchment studies for determining changes in water yield resulting from alterations in vegetation. Journal of Hydrology,

10: 28-61.

Brown C J, Jupiter S D, Albert S, et al. 2017. Tracing the influence of land-use change on water quality and coral reefs using a Bayesian model. Scientific Reports, 7: 4740.

Brugnach M, Dewulf A, Pahlwostl C, et al. 2008. Toward a relational concept of uncertainty: about knowing too little, knowing too differently, and accepting not to know. Ecology & Society, 13(2):1-16.

Bruijnzeel L. 2004. Hydrological functions of tropical forests: not seeing the soil for the trees?. Agriculture Ecosystems and Environment, 104(1): 185-228.

Buckley R. 1994. A framework for ecotourism. Annals of Tourism Research, 21(3): 661-665.

Cai X L, Sharma B R. 2010. Integrating remote sensing, census and weather data for an assessment of rice yield, water consumption and water productivity in the Indo-Gangetic river basin. Agricultural Water Management, 97(2):309-316.

Cai Y, Zhang Y, Wu Z, et al. 2017. Composition, diversity, and environmental correlates of benthic macroinvertebrate communities in the five largest freshwater lakes of China. Hydrobiologia, 788(1): 85-98.

Calder I R. 2005. Blue Revolution: Integrated Land and Water Resources Management. 2nd ed. London: Earthscan.

Carmignani J R, Roy A H. 2017. Ecological impacts of winter water level drawdowns on lake littoral zones: a review. Aquatic Sciences, 79: 803-824.

Chang H. 2004. Water quality impacts of climate and land use changes in southeastern Pennsylvania. Prof Geogr, 56: 240-257.

Chapron L, Peru E, Engler A, et al. 2018. Macro- and mircoplastics affect cold-water corals growth, feeding and behavior. Scientific Reports, 8: 15299.

Chaves H M L, Alipaz S. 2007. An integrated indicator based on basin hydrology, environment, life, and policy: the watershed sustainability index. Water Resources Management, 21(5): 883-895.

Chinkuyu A, Meixner T, Gish T, et al. 2005. Prediction of pesticide losses in surface run off from agricultural fields using GLEAMS and RZWQM. Transactions of the ASAE, 48(2):585-599.

Chou W, Silver W, Jackson R, et al. 2008. The sensitivity of annual grassland carbon cycling to the quantity and timing of rainfall. Global Change Biology, 14(6):1382-1394.

Christensen B R. 2015. Use of UAV or remotely piloted aircraft and forward-looking infrared in forest, rural and wildland fire management: evaluation using simple economic analysis. New

Zealand Journal of Forestry Science, 45(1): 1-9.

Christopher J K, Shawn P S. 2008. Impacts of recent climate change on Wisconsin corn and soybean yield trends. Environmental Research Letters, 3: 1-10.

Chung M, Detweiler C, Hamilton M, et al. 2015. Obtaining the thermal structure of lakes from the air. Water, 7(11): 6467-6482.

Coco G, Thrush S F, Green M O, et al. 2006. Feedbacks between bivalve density, flow, and suspended sediment concentration on patch stable states. Ecology, 87(11): 2862-2870.

Coleman J M, Robert H H, Stone G W. 1998. Mississippi River Delta: an overview. Journal of Coastal Research, 14: 696-716.

Costanza R, Norton B G, Haskell B D. 1992. Ecosystem Health: New Goals for Environmental Management. Washington: Island Press.

Costanza R, d' Arge R, de Groot R D, et al. 1997. The value of the world' s ecosystem services and nature capital. Nature, 387: 253-260.

Costanza R, d' Arge R, de Groot R, et al. 1998. The value of ecosystem services: putting the issues in perspective. Ecological Economics, 25(1): 67-72.

Dai A G, Qian T T, Trenberth K E, et al. 2009. Changes in continental freshwater discharge from 1948 to 2004. Journal of Climate, 22(10): 2773-2792.

Daily G C. 1997. Nature's Services: Societal Dependence on Natural Ecosystems. Washington: Island Press.

de Costa W A J M, Weerakoon W M W, Herath H M L K, et al. 2006. Physiology of yield determination of rice under elevated carbon dioxide at high temperatures in a subhumid tropical climate. Field Crops Research, 96: 336-347.

Deegan L A, Johnson D S, Warren R S, et al. 2012. Coastal eutrophication as a driver of salt marsh loss. Nature, 490:388-392.

Delevaux J M S, Jupiter S D, Stamoulis K A, et al. 2018. Scenario planning with linked land-sea models inform where forest conservation actions will promote coral reef resilience. Scientific Report, 8: 12465.

Deng L, Yan W, Zhang Y, et al. 2016. Severe depletion of soil moisture following land-use changes for ecological restoration: evidence from northern China. Forest Ecology and Management, 366: 1-10.

Döll P. 2002. Impact of climate change and variability on irrigation requirements: a global perspective. Climatic Change, 54: 269-293.

Donner S. 2003. The impact of cropland cover on river nutrient levels in the Mississippi River Basin. Glob Ecol Biogeogr, 12(4): 341-355.

Dore M H I. 2005. Climate change and changes in global precipitation patterns: what do we know?. Environment International, 31(8): 1167-1181.

Duan Z H, Wang G, Xiao H L, et al. 2003. Abiotic soil crust formation on Dunesin an extremely arid environment: a 43-year sequential study. Arid Land Research and Management, 17(1): 43-54.

Dunbar R B. 2000. El Niño: clues from corals. Nature, 407: 956-959.

Eck T F, Holben B N, Dubovil O, et al. 2005. Columnar aerosol optical properties at AERONET sites in central eastern Asia and aerosol transport to the tropical mid Pacific. Journal of Geophysical Research, 110: D06202.

Edwards K F, Thomas M K, Klausmeier C A, et al. 2016. Phytoplankton growth and the interaction of light and temperature: a synthesis at the species and community level. Limnology and Oceanography, (4): 1232-1244.

Eggemeyer K D, Schwinning S. 2009. Biogeography of woody encroachment: why is mesquite excluded from shallow soils?. Ecohydrology, 2(1):81-87.

El-Khoury A, Seidou O, Lapen D R L, et al. 2015. Combined impacts of future climate and land use changes on discharge, nitrogen and phosphorus loads for a Canadian river basin. J Environ Manage, 151: 76-86.

Ellis T, Legúedois S, Hairsine P, et al. 2006. Capture of overland flow by a tree belt on a pastured hillslope in south-eastern Australia. Soil Research, 44: 117-125.

EPA. Heat Island effect. https://www.epa.gov/heat-islands.

Epstein H E, Myers-Smith I, Walker D A. 2013. Recent dynamics of arctic and sub-arctic vegetation. Environmental Research Letters, 8(1): 015040.

Erice G, Sanz-Saez A, Aranjuelo I, et al. 2011. Photosynthesis, N_2 fixation and taproot reserves during the cutting regrowth cycle of alfalfa under elevated CO_2 and temperature. Journal of Plant Physiology, 168(17): 2007-2014.

Erwin K L. 2009. Wetlands and global climate change: the role of wetland restoration in a changing world. Wetlands Ecology and Management, 17(1): 71-84.

Evett S R, Kustas W P, Gowda P H, et al. 2012. Overview of the bushland evapotranspiration and agricultural remote sensing experiment 2008 (BEAREX08): a field experiment evaluating methods for quantifying ET at multiple scales. Advances in Water Resources, 50: 4-19.

Eyre B D, Andersson A J, Tyler Cyronak. 2014. Benthic coral reef calcium carbonate dissolution in an acidifying ocean. Nature Climate Change, 4: 969-976.

Fan Y, Miguez-Macho G. 2011. A simple hydrologic framework for simulating wetlands in climate and earth system models. Climate Dynamics, 37(1-2): 253-278.

Fang C L, Xie Y. 2010. Sustainable urban development in water-constrained Northwest China: a case study along the mid-section of Silk-Road-He-Xi Corridor. Journal of Arid Environments, 74: 140-148.

Farley K A, Jobbá gy E G, Jackson R B. 2005. Effects of afforestation on water yield: a global synthesis with implications for policy. Global Change Biology, 11: 1565-1576.

Fay P A, Kaufman D M, Nippert J B, et al. 2008. Changes in grassland ecosystem function due to extreme rainfall events: implications for responses to climate change. Global Change Biology, 14(7):1600-1608.

Fedra K. 2002. GIS and simulation models for water resources management: a case study of the Kelantan River, Malaysia. GIS Development, 6(8): 39-43.

Feldman D L. 2017. The Water-Sustainable City: Science, Policy and Practice. Cheltenham: Edward Elgar Publishing Limited.

Fernández J A, Martínez C, Magdaleno F. 2012. Application of indicators of hydrologic alterations in the designation of heavily modified water bodies in spain. Environmental Science & Policy, 16: 31-43.

Fowe T H, Karambiri J E, Paturel J C, et al. 2015. Water balance of small reservoirs in the volta basin: a case study of boura reservoir in Burkina Faso. Agricultural Water Management, 152: 99-109.

Furlong C, Gan K, Silva S D. 2016. Governance of integrated urban water management in Melbourne, Australia. Utilities Policy, 43 (PA): 48-58.

Future Earth Interim Secretariat. 2014. Future Earth 2015 Vision. http://www. futureearth. org/our-vision.

Gatto L W. 2000. Soil freeze-thaw-induced changes to as simulated rill: potential impacts on soil erosion. Geomorphology, 32(1):147-160.

Ge Z M, Zhou X, Kellomaki S, et al. 2011. Responses of leaf photosynthesis, pigments and chlorophyll fluorescence within canopy position in a boreal grass (*Phalaris arundinacea* L.) to elevated temperature and CO_2 under varying water regimes. Photosynthetica, 49(2): 172-184.

Geissen V, Mol H, Klumpp E, et al. 2015. Emerging pollutants in the environment: a challenge for water resource management. International Soil & Water Conservation Research, 3(1):57-65.

Getirana A C. 2010. Integrating spatial altimetry data into the automatic calibration of hydrological models. Journal of Hydrology, 387: 244-255.

Gillson L, Hoffman M T. 2007. Rangeland ecology in a changing world. Science, 315(53):53-54.

Gilmanov T G, Soussana J E, Aires L. 2007. Partitioning european grassland net ecosystem CO_2 exchange into gross primary productivity and ecosystem respiration using light response function analysis. Agriculture Ecosystems Environment, 121(1): 93-120.

Gleason C J, Smith L C. 2014. Toward global mapping of river discharge using satellite images and at-many-stations hydraulic geometry. Proceedings of the National Academy of Sciences, 111: 4788-4791.

Gleick P H. 1990. Vulnerability of water systems. Climate Change and US Water Resources, 37: 223-240.

Gleick P H. 1993. Water in Crisis: A Guide to the World's Fresh Water Resources. New York: Oxford University Press.

Gleick P H. 1998. Water in crisis: paths to sustainable water use. Ecological Applications, 8(3): 571-579.

Gordon L J, Peterson G D, Bennett E M. 2008. Agricultural modifications of hydrological flows create ecological surprises. Trends in Ecology & Evolution, 23(4): 211-219.

Gornall J, Betts R, Burke E, et al. 2010. Implications of climate change for agricultural productivity in the early twenty-first century. Philosophical Transactions of the Royal Society, B: Biological Sciences, 365(1554):2973-2989.

Graf W L. 1999. Dam nation: a geographic census of American dams and their large-scale hydrologic impacts. Water Resources Research, 35(4): 1305-1311.

Grayson R B, Blöschl G, Western A W, et al. 2002. Advances in the use of observed spatial patterns of catchment hydrological response. Advances in Water Resources, 25(8): 1313-1334.

Green C T, Bekins B A, Kalkhoff S J, et al. 2014. Decadal surface water quality trends under variable climate, land use, and hydrogeochemical setting in Iowa, USA. Water Resour Res, 50: 2425-2443.

Greenland-Smith S, Brazner J C, Sherren K. 2016. Farmer perceptions of wetlands and waterbodies: using social metrics as an alternative to ecosystem service valuation. Ecological Economics, 126: 58-69.

Grimm N B, Faeth S H, Golubiewski N E, et al. 2008. Global change and the ecology of cities.

Science, 319(5864):756-760.

Growns J, Marsh N. 2000. Characterisation of flow in regulated and unregulated streams in eastern Australia. Cooperative Research Centre for Freshwater Ecology.

Guillen J, Palanques A. 1997. A historical perspective of the morphological evolutions in the lower Ebro River. Environmental Geology, 30: 174-180.

Guo H, Hu Q, Zhang Q, et al. 2012. Effects of the three gorges dam on Yangtze River flow and river interaction with Poyang Lake, China: 2003—2008. Journal of Hydrology, 416: 19-27.

Guo R, Lin Z, Mo X, et al. 2010. Responses of crop yield and water use efficiency to climate change in the North China Plain. Agricultural Water Management, 97: 1185-1194.

Guse B, Kail J, Radinger J, et al. 2015. Eco-hydrologic model cascades: simulating land use and climate change impacts on hydrology, hydraulics and habitats for fish and macroinvertebrates. Sci Total Environ, 533: 542-556.

Hanasaki N, Kanae S, Oki T, et al. 2008. An integrated model for the assessment of global water resources-part 2: applications and assessmentse. Hydrology and Earth System Sciences, 12(4): 1027-1037.

Hancock G, Hamilton S E, Stone M, et al. 2015. A geospatial methodology to identify locations of concentrated runoff from agricultural fields. Journal of the American Water Resources Association, 51(6):1613-1625.

Hannah D M, Demuth S, van Lanen H A, et al. 2011. Large-scale river flow archives: importance, current status and future needs. Hydrological Processes, 25: 1191-1200.

Havens K E, Sharfstein B, Brady M A, et al. 2004. Recovery of submerged plants from high water stress in a large subtropical lake in Florida, USA. Aquatic Botany, 78: 67-82.

He Z H, Xia X C, Peng S B, et al. 2014. Meeting demands for increased cereal production in China. Journal of Cereal Science, 59: 235-244.

Hejazi M I, Edmonds J, Clarke L, et al. 2013. Integrated assessment of global water scarcity over the 21st century–part 1: global water supply and demand under extreme radiative forcing. Hydrology and Earth System Sciences Discussions, 10(3): 3327-3381.

Hermoso V, Linke S, Prenda J, et al. 2011. Addressing longitudinal connectivity in the systematic conservation planning of fresh waters. Freshwater Biology, 56(1): 57-70.

Hewlett J D. 1982. Principles of Forest Hydrology. Athens: University of Georgia Press.

Hidy D, Barcza Z, Haszpra L, et al. 2012. Development of the biome-bgc model for simulation of managed herbaceous ecosystems. Ecological Modelling, 226:99-119.

Hoekstra A Y, Chapagain A K. 2007. Water footprints of nations: water use by people as a function of their consumption pattern. Water Resources Management, 21(1):35-48.

Howden S M, Soussana J F, Tubillo F N, et al. 2007. Adapting agriculture to climate change. PNAS, 104: 19691-19696.

Hu R H, Yan G J, Mu X H, et al. 2014. Indirect measurement of leaf area index on the basis of path length distribution. Remote Sensing of Environment, 155: 239-247.

Hughes T P, Kerry J T, Alvarez-Noriega M, et al. 2017. Global warming and recurrent mass bleaching of corals. Nature, 543: 373-377.

Hurd C L, Lenton A, Tilbrook B, et al. 2018. Current understanding and challenges for oceans in a higher-CO_2 world. Nature Climate Change, 8: 686-694.

Huxman T E, Wilcox B P, Breshears D D, et al. 2005. Ecohydrological implications of woody plant encroachment. Ecology, 86(2):308-319.

Ims R A, Ehrich D. 2012. Arctic biodiversity assessment. Terrestiral Ecosystem.Cfff.

IPCC. 2013. Summary for policymakers//Stocker T F, Qin D, Plattner G-K, et al. Climate change 2013: the physical science basis. Contribution of working group I to the fifth assessment report of the intergovernmental panel on climate change. Cambridge: Cambridge University Press.

IPCC. 2014. Climate Change 2014: Synthesis Report. Geneva.

Jackson R B, Jobbágy E G, Avissar R, et al. 2005. Trading water for carbon with biological carbon sequestration. Science, 310 (5756): 1944-1947.

Jackson R B, Jobbágy E G, Nosetto M D. 2009. Ecohydrology in a human-mominated landscape. Ecohydrology, 2(3): 383-389.

Jain A, Varshney A K, Joshi U C. 2001. Short-term water demand forecast modelling at IIT kanpur using artificial neural networks. Water Resources Management, 15(5):299-321.

Jansson M, Karlsson J, Jonsson A. 2010. Carbon dioxide supersaturation promotes primary production in lakes. Ecology Letters, 15(6): 527-532.

Jean F S, Anne IG, Francesco N T. 2010. Improving the use of modelling for projections of climate change impacts on crops and pastures. Journal of Experimental Botany, 61: 2217-2228.

Jeffrey T B. 2004. Yield responses of southern US rice cultivars to CO_2 and temperature. Agricultural and Forest Meteorology, 122(3-4): 129-137.

Jelinski N A. 2013.Cryoturbation in the central brooks range, Alaska. Soil Horizons, 54(5):1-7.

Jeppesen E, Brucet S, Naselli-Flores L, et al. 2015. Ecological impacts of global warming and water abstraction on lakes and reservoirs due to changes in water level and related changes in salinity.

Hydrobiologia, 750: 201-227.

Jha M, Gassman P W. 2014. Changes in hydrology and streamflow as predicted by modeling experiment forced with climate models. Hydrol Process, 28: 2772-2781.

Joardar S D. 1998. Carrying capacities and standards as bases towards urban infrastructure planning in India: a case of urban water supply and sanitation. Habitat International, 22(3):327-337.

Jorgensen S E, de Bernardi R. 1998. The use of structural dynamics models to explain success and failures in biomanipulation. Hydrobiologia, 379: 147-158.

Jouven M, Carrere P, Baumont R. 2006. Model predicting dynamics of biomass, structure and digestibility of herbage in managed permanent pastures.1. Model description. Grass and Forage Science, 61(2):112-124.

Juday G P. 2009. Boreal forests and climate change //Goudie A, Cuff D. Oxford Companion to Global Change. Oxford: Oxford University Press.

Jung H C, Hamski J, Durand M, et al. 2010. Characterization of complex fluvial systems using remote sensing of spatial and temporal water level variations in the Amazon, Congo, and Brahmaputra Rivers. Earth Surface Processes and Landforms, 35: 294-304.

Jung M, Reichstein M, Ciais P, et al. 2010. Recent decline in the global land evapotranspiration trend due to limited moisture supply. Nature, 467(7318): 951-954.

Juwana I, Muttil N, Perera B J C. 2012. Indicator-based water sustainability assessment-a review. Science of the Total Environment, 438: 357-371.

Karr J R. 1999. Defining and measuring river health. Freshwater Biology, 41(2): 221-234.

Kebede S, Travi Y, Alemayehu T, et al. 2006. Water balance of Lake Tana and its sensitivity to fluctuations in rainfall, Blue Nile Basin, Ethiopia. Journal of Hydrology, 316(1): 233-247.

Kimball B A, Kobayashi K, Bindi M. 2002. Responses of agricultural crops to freeair CO_2 enrichment. Advances in Agronomy, 77:293-368.

Kingsford M J, Suthers I M. 1994. Dynamic estuarine plumes and fronts: importance to small fish and plankton in coastal waters of NSW, Australia. Continental Shelf Research, 14: 655-672.

Kool D, Agam N, Lazarovitch N, et al. 2014. A review of approaches for evapotranspiration partitioning. Agricultural and Forest Meteorology, 184: 56-70.

Kreyling J, Wenigmann M, Beierkuhnlein C, et al. 2008. Effects of extreme weather events on plant productivity and tissue Die-Back are modified by community. Ecosystems, 11(5):752-763.

Krysanova V, Hattermann F, Wechsung F. 2005. Development of the ecohydrological model SWIM for regional impact studies and vulnerability assessment. Hydrological Processes, 19(3): 763-783.

Kurc S A, Small E E. 2007. Soil moisture variations and ecosystem-scale fluxes of water and carbon in Semiarid Grassland and shrubland. Water Resources Research, 43(6): 1-13.

Kyei-Boahen S, Astatkie T, Lada R, et al. 2003. Gas exchange of carrot leaves in response to elevated CO_2 concentration. Photosynthetica, 41 (4): 597-603.

Lacombe G, Ribolzi O, Rouw A D, et al. 2016. Contradictory hydrological impacts of afforestation in the humid tropics evidenced by long-term field monitoring and simulation modelling. Hydrology and Earth System Sciences, 20(7): 2691-2704.

Ladson A R, White L J, Doolan J A, et al. 1999. Development and testing of an index of stream condition for waterway management in Australia. Freshwater Biology, 41(2): 453-468.

Lal R. 2004. Soil carbon sequestration impacts on global climate change and food security. Science, 304(5677):1623.

Lambin E F, Turner B L, Geist H J, et al. 2001. The causes of land-use and land-cover change: moving beyond the myths. Global Environmental Change, 11(4): 261-269.

Lara R J S B, Neogi M S, Islam Z H, et al. 2009. Influence of catastrophic climatic events and human waste on vibrio distribution in the Karnaphuli Estuary, Bangladesh. Ecohealth, 6(2): 279-286.

Larreguy C, Carrera A L, Bertiller M B. 2014. Effects of long-term grazing disturbance on the belowground storage of organic carbon in the patagonian monte, Argentina. Journal of Environmental Management, 134: 47-55.

Leakey A D, Ainsworth E A, Bernacchi C J, et al. 2009. Elevated CO_2 effects on plant carbon, nitrogen, and water relations: six important lessons from FACE. Journal of Experimental Botany, 60(10): 2859-2876.

Lee R. 1980. Forest Hydrology. New York: Columbia University Press.

Li G, Fang C, Wang S. 2016. Exploring spatiotemporal changes in ecosystem-service values and hotspots in China. Science of the Total Environment, 545: 609-620.

Li S G, Asanuma J, Kotani A, et al. 2007. Evapotranspiration from a mongolian steppe under grazing and its environmental constraints. Journal of Hydrology, 333(1):133-143.

Li S Z, Xiao H L, Cheng G D, et al. 2006. Mechanical Disturbance of Microbiotic Crusts Affects Ecohydrological Processes in a Region of Revegetation-fixed Sand Dunes. Arid Land Research and Management, 20(1): 61-77.

Li W, Qin B, Zhu G. 2014. Forecasting short-term cyanobacterial blooms in Lake Taihu, China, using a coupled hydrodynamic-algal biomass model. Ecohydrology, 7: 794-802.

Li X R. 2005. Influence of variation of soil spatial heterogeneity on vegetation restoration. Science in China Series D: Earth Sciences, 48(11): 2020-2031.

Li X R, Kong D S, Tan H J, et al. 2007. Changes in soil and vegetation following stabilisation of dunes in the southeastern fringe of the Tengger Desert, China. Plant and Soil, 300(1-2): 221-231.

Li X R, Ma F Y, Xiao H L, et al. 2004. Long-term effects of revegetation on soil water content of sand dunes in arid region of Northern China (SCI). Journal of Arid Environments, 57(1): 1-16.

Li X R, Zhang J G, Wang X P, et al. 2000. Study on soil microbiotic crust and its influences on sand-fixing vegetation in arid desert region. Acta Botanica Sinica, 42(9): 965-970.

Li X W, Yu X B, Jiang L G, et al. 2014. How important are the wetlands in the middle-lower Yangtze River region: an ecosystem service valuation approach. Ecosystem Services, 10: 54-60.

Li X Y, Zhang S Y, Peng H Y, et al. 2013. Soil water and temperature dynamics in Shrub-Encroached grasslands and climatic implications: results from inner mongolia steppe ecosystem of north china. Agricultural and Forest Meteorology, 171-172:20-30.

Li Y, Zhao X. 2012. An empirical study of the impact of human activity on longterm temperature change in China: a perspective from energy consumption. Journal of Geophysical Research Atmospheres, 117(D17), doi: 10. 1029/2012JD018132.

Li Y, Acharya K, Yu Z. 2011. Modeling impacts of Yangtze River water transfer on water ages in Lake Taihu, China. Ecolological Engineering, 37: 325-334.

Li Y, Tang C, Wang C, et al. 2013. Improved Yangtze River diversions: are they Helping to solve algal bloom problems in Lake Taihu, China? Ecological Engineering, 51(Supplement C): 104-116.

Likens G E. 2013. Biogeochemistry of a Forested Ecosystem. Berlin: Springer.

Lindeboom H J. 2002. Changes in Coastal Zone Ecosystems. Climate Development and History of the North Atlantic Realm. Berlin: Springer.

Liu C M, Yang S T, Wen Z Q, et al. 2009. Development of ecohydrological assessment tool and its application. Science in China Series E: Technological Sciences, 52(7): 1947-1957.

Liu G, Hu W, Xu M. 2003. An analysis on eco-economy system health in Zhifanggou small watershed of ansai on loess hilly-gullied region. Journal of Natural Resources, 1: 007.

Liu S, Costanza R. 2010. Ecosystem services valuation in China. Ecological Economics, 69(7): 1387-1388.

Liu S, Xu Z, Song L, et al. 2016. Upscaling evapotranspiration measurements from multi-sit to the satellite pixel scale over heterogeneous lands surfaces. Agricultural and Forest Meteorology, 230-

231: 97-113.

Liu X, Li Y L, Liu B G, et al. 2016. Cyanobacteria in the complex river-connected Poyang Lake: horizontal distribution and transport. Hydrobiologia, 768(1): 95-110.

Liu Y Y, Evans J P, Mccabe M F, et al. 2013. Changing climate and overgrazing are decimating mongolian steppes. PloS One, 8(2): e57599.

Liu Z J, Yang X G, Chen F, et al. 2013. The effects of past climate change on the northern limits of maize planting in the Northeast China. Climatic Change, 117: 891-902.

Livingstone D M. 2003. Impact of secular climate change on the thermal structure of a large temperate central european lake. Climatic Change, 57: 205-225.

Loblle D B, Asner G P. 2003. Climate and management contributions to recent trends in US agricultural yields. Science, 299:1032.

Lobell D B, Field C. 2007. Global scale climate-crop yield relationships and the impacts of recent warming. Environmental Research Letters, 2: 014002.

Lobell D B, Burke M B. 2010. On the use of statistical models to predict crop yield responses to climate change. Agricultural and Forest Meteorology, 150(11): 1443-1452.

Lobell D B, Burke M B, Tebaldi C, et al. 2008. Prioritizing climate change adaptation needs for food security in 2030. Science, 319: 607-610.

Lobell D B, Banziger M, Magorokosho C, et al. 2011a. Nonlinear heat effects on African maize as evidenced by historical yield trials. Nature Climate Change, 1(1): 42-45.

Lobell D B, Schlenker W, Costa-Roberts J. 2011b. Climate trends and global crop production since 1980. Science, 333(6042):616-620.

Long S P, Ainsworth E A, Leakey A D B, et al. 2006. Food for thought: lower-than-expected crop yield stimulation with rising CO_2 concentrations. Science, 312(5782):1918-1921.

Luisetti T, Turner R K, Bateman I J, et al. 2011. Coastal and marine ecosystem services valuation for policy and management: managed realignment case studies in England. Ocean & Coastal Management, 54(3): 212-224.

Lynch D H, Cohen R D H, Fredeen A, et al. 2005. Management of Canadian prairie region grazed grasslands: soil C sequestration, livestock productivity and profitability. Canadian Journal of Soil Science, 85(2): 183-192.

Marlow D R, Moglia M, Cook S, et al. 2013. Towards sustainable urban water management: a critical reassessment. Water Research, 47(20):7150-7161.

Maslow A H. 1943. A theory of human motivation. Psychological Review, 50(4): 370-396.

Maslow A H. 1954. Motivation and Personality. New York: Harper & Row.

McCartney M. 2009. Living with dams: managing the environmental impacts. Water Policy, 11(S1): 121-139.

Mcdowell N G. 2011. Mechanisms linking drought, hydraulics, carbon metabolism, and vegetation mortality. Plant Physiology, 155:1051-1059.

McGrath J M, Lobell D B. 2013. Reduction of transpiration and altered nutrient allocation contribute to nutrient decline of crops grown in elevated CO_2 concentrations. Plant, Cell & Environment, 36(3): 697-705.

Mckinney D C, Cai X. 2002. Linking GIS and water resources management models: an object-oriented method. Environmental Modelling & Software, 17(5):413-425.

McVicar T R, Li L T, Van Niel T G, et al. 2007. Developing a decision support tool for China's re-vegetation program: simulating regional impacts of afforestation on average annual streamflow in the Loess Plateau. Forest Ecology and Management, 251(1-2): 65-81.

Mehdi B, Lehner B, Gombault C, et al. 2015a. Simulated impacts of climate change and agricultural land use change on surface water quality with and without adaptation management strategies. Agr Ecosyst Environ, 213: 47-60.

Mehdi B, Ludwig R, Lehner B. 2015b. Evaluating the impacts of climate change and crop land use change on streamflow, nitrates and phosphorus: a modeling study in Bavaria. J Hydrol- Regional Studies, 4: 60-90.

Melbourne Water. 2013.Melbourne Water 2013 Water Plan. http://www.melbournewater.com.au/aboutus/reportsandpublications/Documents/Melbourne_Water_2013_Water_Plan.pdf.

Meyer-Reil L A, KöSter M. 2000. Eutrophication of marine waters: effects on benthic microbial communities. Marine Pollution Bulletin, 41(1-6): 255-263.

Milzow C, Krogh P E, Bauer-Gottwein P. 2011. Combining satellite radar altimetry, SAR surface soil moisture and GRACE total storage changes for hydrological model calibration in a large poorly gauged catchment. Hydrology and Earth System Sciences, 15: 1729-1743.

Miseon L, Geunae P, Minji P, et al. 2010. Evaluation of non-point source pollution reduction by applying best management practices using a SWAT model and QuickBird high resolution satellite imagery. Journal of Environmental Sciences, 22(6):826-833.

Mitsch W J. 1993. Ecological engineering—a cooperative role with the planetary life-support system. Environmental Science and Technology, 27: 438-445.

Mitsch W J, Gosselink J G. 2007. Wetlands. New York: John Wiley & Sons Inc.

Mo X, Liu S, Lin Z, et al. 2009. Regional crop productivity and water use efficiency and their responses to climate change in the North China Plain. Agriculture, Ecosystem and Environment, 134: 67-78.

Mo X, Guo R, Liu S, et al. 2013. Impacts of climate change on crop evapotranspiration with ensemble GCM projections in the North China Plain. Climatic Change, 120: 299-312.

Mohamed M M, Al-Mualla A A. 2010. Water demand forecasting in Umm Al-Quwain using the constant rate model. Desalination, 259(1): 161-168.

Mondal K K, Dureja P and Verma J P. 2001. Management of Xanthomonas camprestris pv. malvacearum-induced blight of cotton through phenolics of cotton rhizobacterium. Current Microbiology, 43(5):336-339.

Montanari A. 2007. What do we mean by "uncertainty"? The need for a consistent wording about uncertainty assessment in hydrologye. Hydrological Processes, 21(6): 841-845.

Moore R, Wondzell S. 2005. Physical hydrology and the effects of forest harvesting in the Pacific Northwest: a review. Journal of the American Water Resources Association, 41(4): 763-784.

Moosdorf N, Oehler T. 2017. Societal use of fresh submarine groundwater discharge: an overlooked water resource. Earth-Science Reviews, 171: 388-348.

Morris A W. 1988. Kinetic and equilibrium approaches to estuarine chemistry. The Science of the Total Environment, 97/98: 253-266.

Morris A W, Loring D H, Bale A J, et al. 1982. Particle dynamics, particulate carbon and the oxygen minimum in an estuary. Oceanologica Acta, 5: 349-353.

Mu H, Jiang D, Wollenweber B, et al. 2010. Long-term low radiation deereases leaf photosynthesis, photochemieal effieieney and grain yield in winter wheat. Journal of Agronomy Crop Science, 196:38-47.

Neupane R P, Kumar S. 2015. Estimating the effects of potential climate and land use changes on hydrologic processes of a large agriculture dominated watershed. J Hydrol, 529: 418-429.

Neitsch S L, Arnold J G, Kiniry J R, et al. 2005. Soil and water assessment tool input/output file documentation, Version 2005, USDA. ARS Grassland. Soil and Water Research Laboratory, Temple, TX.

Neitsch M, Heschel W. Suckow M. 2001. Water vapor adsorption by activated carbon: a modification to the isotherm model of Do and Do. Carbon, 39(9):1437-1438.

Nian Y Y, Li X, Zhou J, et al. 2014. Impact of land use change on water resource allocation in the middle reaches of the Heihe River Basin in Northwestern China. Journal of Arid Land, 6(3): 273-

286.

Nie D, Kanemasu E T, Fritschen L J, et al. 1992. An intercomparison of surface energy flux measurement systems used during FIFE 1987. Journal of Geophysical Research Atmospheres, 97(D17): 18715-18724.

Nielsen A, Trolle D, Sø D, et al. 2012. Watershed land use effects on lake water quality in Denmark. Ecol Appl, 22 (4): 1187-1200.

Nishijima W, Nakano Y, Nakai S, et al. 2013. Impact of flood events on macrobenthic community structure on an intertidal flat developing in the Ohta River Estuary. Marine Pollution Bulletin, 74: 364-373.

Nixon S W, Ammerman J W, Atkinson L P, et al. 1996. The fate of nitrogen and phosphorus at the land-sea margin of the North Atlantic Ocean. Biogeochemistry, 35: 141-180.

Norkko A, Cummings V J, Hume T, et al. 2000. Local dispersal of juvenile bivalves: implications for sandflat ecology. Marine Ecology Progress, 212: 131-144.

Norkko A, Thrush S F, Hewitt J E, et al. 2001. Smothering of estuarine sandflats by terrigenous clay: the role of wind-wave disturbance and bioturbation in site-dependent macrofaunal recovery. Marine Ecology Progress, 234: 23-42.

Norris R H, Linke S, Prosser I, et al. 2007. Very-broad-scale assessment of human impacts on river condition. Freshwater Biology, 52(5): 959-976.

Novotny V. 2010. Footprint tools for cities of the future: moving towards sustainable urban water use. Water, 21(8): 14-16.

O'connor T G, Puttick J R, Hoffman M T. 2014. Bush encroachment in Southern Africa: changes and causes. African Journal of Range & Forage Science, 31(2):67-88.

OECD. 2013. Water and Climate Change Adaptation. London: IWA Publishing.

Oliver R J, Finch J W, Taylor G. 2009. Second generation bioenergy crops and climate change: a review of the effects of elevated atmospheric CO_2 and drought on water use and the implications for yield. Global Change Biology Bioenergy, 1(2): 97-114.

Oncley S P, Foken T, Vogt R, et al. 2007. The energy balance experiment EBEX-2000. Part I: overview and energy balance. Boundary-Layer Meteorology, 123(1): 1-28.

Ouyang X, Lee S Y, Connolly R M, et al. 2018. Spatially-explicit valuation of coastal wetlands for cyclone mitigation in Australia and China. Scientific Reports, 8: 3035.

Ouyang Z, Zheng H, Xiao Y, et al. 2016. Improvements in ecosystem services from investments in natural capital. Science, 352(6292):1455-1459.

Paerl H W, Otten T G. 2013. Harmful cyanobacterial blooms: causes, consequences, and controls. Microb Ecol, 65(4): 995-1010.

Panagopoulos Y, Gassman P W, Arritt R W, et al. 2015. Impacts of climate change on hydrology, water quality and crop productivity in the Ohio-Tennessee River Basin. Int J Agric Biol Eng, 8:36-53.

Park H S. 1987. Variations in the urban heat island intensity affected by geographical environments. Environmental Research Center Papers.

Patoine M, Hé M, Deauteuil-Potvin S. 2012. Water quality trends in the last decade for ten watersheds dominated by diffuse pollution in QuQllu (Canada). Water Sci Technol, 65: 1095-1101.

Pau S, Wolkovich E M, Cook B I, et al. 2011. Predicting phenology by integrating ecology, evolution and climate science. Global Change Biology, 17(12): 3633-3643.

Penna D, Tromp-Van Meerveld H J, Gobbi A, et al. 2011. The influence of soil Moisture on threshold runoff generation processes in an alpine headwater catchment. Hydrology and Earth System Sciences, 15(3): 689-702.

Pereira-Cardenal S J, Riegels N D, Berry P A M, et al. 2011. Real-time remote sensing driven river basin modeling using radar altimetry. Hydrology and Earth System Sciences, 15: 241-254.

Pereyra D A, Bucci S J, Arias N S, et al. 2017. Grazing increases evapotranspiration without the cost of lowering soil water storages in arid ecosystems. Ecohydrology, 10(6): e1850.

Perrigs C. 2010. Ecosystem services for 2020. Science, 330(6002): 323-324.

Phillips J C, Mckinley G A, Bennington V, et al. 2015. The potential for CO_2—induced acidification in freshwater: a great lakes case study. Oceanography, 25(2): 136-145.

Pierzchała M, Talbot B Astrup R. 2014. Estimating soil displacement from timber extraction trails in steep terrain: application of an unmanned aircraft for 3D modelling. Forests, 5(6): 1212-1223.

Pietroniro A A. 2011. Framework for Coupling Atmospheric and Hydrological Models: Soil-Vegetation-Atmosphere Transfer Schemes and Large-Scale Hydrological Models. The Netherlands: Iahs Publishing.

Polley H W. 2002. Implications of atmospheric and climatic change for crop yield and water use efficiency. Crop Science, 42(1): 131-140.

Polley H W, Tischler C R, Jobnson H B. 2006. Elevated atmospheric CO_2 magnifies intra-specific variation in seedling growth of honey mesquite: an assessment of relative growth rates. Rangeland Ecology & Management, 59(2): 128-134.

Pomeroy J W, Gray D M, Brown T, et al. 2007. The cold regions hydrological process representation and model: a platform for basing model structure on physical evidence. Hydrological Processes, 21(19): 2650-2667.

Porter J R, Semenov M A. 2005. Crop responses to climatic variation. Philosophical Transactions of the Royal Society B, 360(1463):2021-2035.

Pries C E H, Schuur E A G, Crummer K G. 2013. Thawing permafrost increases old soil and autotrophic respiration in tundra: partitioning ecosystem respiration using delta C-13 and delta C-14. Global Change Biology, 19(2):649-661.

Qin B Q, Zhu G, Gao G, et al. 2010. A drinking water crisis in Lake Taihu, China: linkage to climatic variability and lake management. Environmental Management, 45(1): 105-112.

Qin B Q, Li W, Zhu G, et al. 2015. Cyanobacterial bloom management through integrated monitoring and forecasting in large shallow eutrophic Lake Taihu (China). Journal of Hazardous Materials, 287: 356-363.

Qiu G, Zou Z, Li X, et al. 2017a. Experimental studies on the effects of green space and evapotranspiration on urban heat island in a subtropical megacity in China. Habitat International, 68:30-42.

Qiu G, Tan S, Wang Y, et al. 2017b. Characteristics of evapotranspiration of urban lawns in a sub-tropical megacity and its measurement by the 'Three Temperature Model+Infrared Remote Sensing, method. Remote Sensing, 9(5): 502.

Quaas M F, Baumgartner S. 2012. Optimal grazing management rules in semi-arid rangelands with uncertain rainfall. Natural Resource Modeling, 25(2):364-387.

Rajan N, Maas S J, Cui S. 2013.Extreme drought effects on carbon dynamics of a semiarid pasture. Agronomy Journal, 105(6):1749-1760.

Rapport D J, Costanza R, McMichael A J. 1998. Assessing ecosystem health. Trends in Ecology & Evolution, 13(10): 397-402.

Reed D J, Donovan J. 1994. The character and composition of the Columbia River estuarine turbidity maximum//Dyer K R, Orth R J. Changes in fluxes in estuaries: implications from science to management. Proceedings of ECSA22/ERF Symposium, 13—18 September 1992, Plymouth: 445-450.

Richardson L, et al. 2015. The role of benefit transfer in ecosystem service valuation. Ecological Economics, 115: 51-58.

Richter B D, Baumgartner J V, Powell J, et al. 1996. A method for assessing hydrologic alteration within ecosystems. Conservation Biology, 10(4): 1163-1174.

Riebesell U, Aberle-Malzhn N, Acheterberg E P, et al. 2018. Toxic algal bloom induced by ocean acidification disrupts the pelagic food web. Nature Climate Change, 8: 1082-1086.

Rigon R, Bertoldi G, Over T M. 2006. GEOtop: a distributed hydrological model with coupled water and energy budgets. Journal of Hydrometeorology, 7:371-388.

Rijsberman M A, van de Ven F H M. 2000. Different approaches to assessment of design and management of sustainable urban water systems. Environmental Impact Assessment Review, 20(3): 333-345.

Ritter A, Regalado C M, Aschan G. 2009. Fog reduces transpiration in tree species of the canarian relict heath-laurel cloud forest (garajonay national park, Spain). Tree Physiology, 29(4): 517.

Robarts R D, Waiser M J, Hadas O, et al. 1998. Relaxation of phosphorus limitation due to typhoon-induced mixing in two morphologically distinct basins of Lake Biwa, Japan. Limnology and Oceanography, 43(6): 1023-1036.

Robert S, Luca M, Ansstasia B, et al. 2018. Summary for policymakers of the thematic assessment report on land degradation and restoration of the Intergovernmental Science-Policy Platform on Biodiversity and Ecosystem Services //IPBES-the sixth annual metting. Medellin: Intergovernmental Science-Policy Platform on Biodiversity and Ecosystem Services.

Rochman C M. 2018. Microplastics research-from sink to source. Science, 360(6384): 28-29.

Ruiz-Vera U M, Siebers M H, Drag D W, et al. 2015. Canopy warming caused photosynthetic acclimation and reduced seed yield in maize grown at ambient and elevated [CO_2]. Global Change Biology, 21 (11): 4237-4249.

Ruppert J C, Holm A, Miehe S, et al. 2012. Meta-analysis of anpp and rain-use efficiency confirms indicative value for degradation and supports non-linear response along precipitation gradients in drylands. Journal of Vegetation Science, 23(6):1035-1050.

Sadras V O, Calvi P A. 2001. Quantification of grain yield response to soil depth in soybean, maize, sunflower, and wheat. Agronomy Journal, 93(3):577-583.

Salen-Picard C, Arlhac D. 2002. Long-term changes in a Mediterranean benthic community: relationships between the polychaete assemblages and hydrological variations of the Rhone River. Estuaries, 25(6A): 1121-1130.

Salen-Picard C, Arlhac D, Alliot E. 2003. Responses of a Mediterranean soft bottom community to short-term (1993-1996) hydrological changes in the Rhone river. Marine Environmental Research, 55(5): 409-427.

Salomons W, Forstner U. 1984. Metals in the Hydrocycle. Berlin: Springer.

Scanlon B R, Reedy R C, Stonestrom D A, et al. 2005. Impact of land use and land cover change on groundwater recharge and quality in the southwestern US. Global Change Biology, 11: 1577-1593.

Schaeffer D J, Herricks E E, Kerster H W. 1988. Ecosystem health: I. measuring ecosystem health. Environmental Management, 12(4): 445-455.

Schilling K E, Jha M K, Zhang Y-K, et al. 2008. Impact of land use and land cover change on the water balance of a large agricultural watershed: historical effects and future directions. Water Resour Res, 44: W00A09.

Schlenker W, Lobell D B. 2010. Robust negative impacts of climate change on African agriculture. Environmental Research Letters, 5: 014010.

Schumann G, Bates P D, Horritt M S, et al. 2009. Progress in integration of remote sensing-derived flood extent and stage data and hydraulic models. Reviews of Geophysics, 47(4): RG4001.

Schuur E A G, Vogel J G, Crummer K G, et al. 2009. The effect of permafrost thaw on old carbon release and net carbon exchange from tundra. Nature, 459:556-559.

Sellers P J, Randall D A, Collatz G J, et al. 1996. A revised land surface parameterization (SiB_2) for atmospheric GCMs. Part I: model formulation. Journal of Climate, 9(4): 676-705.

Shi Z, Thomey M, Mowll W, et al. 2014. Differential effects of extreme drought on production and respiration: synthesis and modeling analysis. Biogeosciences, 11(3): 621-633.

Shur Y L, Jorgenson M T. 2007. Patterns of permafrost formation and degradation in relation to climate and ecosystems. Permafrost and Periglacial Processes, 18(1): 7-19.

Sinclair T R, Shiraiwa T, Hammer G L. 2002. Variation in crop radiation efficiency with increased diffuse radiation. Crop Science, 32: 1281-1284.

Sobek S, Tranvik L J, Cole J J. 2005. Temperature independence of carbon dioxide supersaturation in global lakes. Global Biogeochemical Cycles, 19(2): 99-119.

Solecki W D, Rosenzweig C, Parshall L, et al. 2005. Mitigation of the heat island effect in urban New Jersey. Global Environmental Change Part B: Environmental Hazards, 6(1): 39-49.

Song C Q, Yuan L H, Yang X F, et al. 2017. Ecological-hydrological processes in arid environment: past, present and future. Journal of Geographical Sciences, 27(12): 1577-1594.

Sopper W E, Lull H W. 1967. National Science Foundation (U.S.), Pennsylvania State University, School of Forest Resources, Forest Hydrology; Proceedings of a National Science Foundation Advanced Science Seminar Held at the Pennsylvania State University, University Park, Pennsylvania, August

29-September 10, 1965. Oxford: Symposium Publications Division.

Sousa L P, Sousa A I, Alves F L, et al. 2016. Ecosystem services provided by a complex coastal region: challenges of classification and mapping. Scientific Reports, 6: 22782.

Strauss J, Schirrmeister L, Mangelsdorf K, et al. 2015. Organic-matter quality of deep permafrost carbon-a study from arctic siberia. Biogeosciences, 12: 2227-2245.

Streever B. 2001. Saving Louisiana? The Battle for Coastal Wetlands. Jackson: University Press of Mississippi.

Stuart-Smith R D, Brown C J, Ceccarelli D M, et al. 2018. Ecosystem restructuring along the Great Barrier Reef following mass coral bleaching. Nature, 560: 92-96.

Sturm M, Mcfadden J P, Liston G E, et al. 2001. Snow-shrub interactions in arctic tundra: a hypothesis with climatic implications. Journal of Climate, 14(12):336-344.

Sun G, Amatya D, McNulty S. 2016. Forest hydrology//Chapter 85: Part 7 Systems Hydrology, Handbook of Applied Hydrology, Ed. V.V. Sing.

Sundareshwar P V, Morris J T, Koepfler E K, et al. 2003. Phosphorus limitation of coastal ecosystem processes. Science, 299(5606): 563-565.

Swann A L, Fung I Y, Levis S, et al. 2010. Changes in arctic vegetation amplify high-latitude warming through the greenhouse effect. Proceedings of the National Academy of Sciences of the United States of America, 107(4):1295-1300.

Søndergaard M, Kristensen P, Jeppesen E. 1992. Phosphorus release from resuspended sediment in the shallow and wind-exposed Lake Arresø, Denmark. Hydrobiologia, 228(1): 91-99.

Tai A P, Martin M V, Heald C L. 2014. Threat to future global food security from climate change and ozone air pollution. Nature Climate Change, 4(9): 817-821.

Tang Q, Lettenmaier D P. 2012. 21st century runoff sensitivities of major global river basins. Geophysical Research Letters, 39(6):L06403.

Tans P, Keeling R. 2014. Trends in atmospheric CO_2 at Mauna Loa, Hawaii (Earth System Research Laboratory, National Oceanic and Atmospheric Administration and Scripps Institution of Oceanography, La Jolla, CA). www.esrl.noaa.gov/ gmd/ccgg/trends/.

Tao F, Yokozawa M, Xu Y, et al. 2006. Climate changes and trends in phenology and yields of field crops in China, 1981—2000. Agricultural and Forest Meteorology, 138: 82-92.

Ternes T A, Joss A, Siegrist H. 2004. Scrutinizing pharmaceuticals and personal care products in wastewater treatment. Environmental Science & Technology, 38(20): 392a-399a.

Teshager A D, Gassman P W, Schoof J T, et al. 2016. Assessment of impacts of agricultural and climate change scenarios on watershed water quantity and quality, and crop production. Hydrol Earth Syst Sci, 20:3325-3342.

Tetzlaff D, Buttle J, Carey S K, et al. 2015. Tracer-based assessment of flow paths, storage and runoff generation in northern catchments: a review. Hydrological Processes, 29(16): 3475-3490.

Thomey M L, Collins S L, Vargas R, et al. 2011. Effect of precipitation variability on net primary production and soil respiration in a chihuahuan desert grassland. Global Change Biology, 17(4):1505-1515.

Thompson R D, Perry A H. 1997. Applied Climatology: Principles and Practice. London: Routledge.

Thornton P K, Ericksen P J, Herrero M, et al. 2014. Climate variability and vulnerability to climate change: a review. Global Change Biology, 20(11): 3313-3328.

Todd M J, Muneepeerakul R, Pumo D, et al. 2010. Hydrological drivers of wetland vegetation community distribution within Everglades National Park, Florida. Advances in Water Resources, 33(10): 1279-1289.

Todini E. 2007. Hydrological catchment modelling: past, present and future. Hydrology and Earth System Sciences, 11(1): 468-482.

Tokarczyk P, Leitao J P, Rieckermann J, et al. 2015. High-quality observation of surface imperviousness for urban runoff modelling using UAV imagery. Hydrology and Earth System Sciences, 19(10): 4215-4228.

Tomiyama T N, Komizunai T, Shirase K, et al. 2008. Spatial intertidal distribution of bivalves and polychaetes in relation to environmental conditions in the Natori River estuary, Japan. Estuarine Coastal and Shelf Science, 80(2): 243-250.

Tong C F, Feagin R A, Lu J J. 2007. Ecosystem service values and restoration in the urban Sanyang wetland of Wenzhou, China. Ecological Engineering, 29: 249-258.

Tong S T Y, Sun Y, Ranatunga T, et al. 2012. Predicting plausible impacts of sets of climate and land use change scenarios on water resources. Appl Geogr, 32 (2): 477-489.

Tu J. 2009. Combined impact of climate and land use changes on streamflow and water quality in eastern Massachusetts, USA. J Hydrol, 379: 268-283.

Tuner K G, Anderson S, Gonzales-Chang M, et al. 2016. A review of methods, data, and models to assess changes in the value of ecosystem services from land degradation and restoration. Ecological Modelling, 319(sl): 190-207.

Turner S J, Grant J, Pridmore R D, et al. 1997. Bedload and water-column transport and colonization processes by post-settlement benthic macrofauna: does infaunal density matter?. Journal of Experimental Marine Biology and Ecology, 216: 51-75.

UNESCO. 2015. Water for A Sustainable World. Paris: UNESCO.

UN-Water. 2010. Climate change adaptation: the pivotal role of water. http://www. unwater.org/ downloads/unw_ccpol_web.pdf.

US Environmental Protection Agency. 2015. National Management Measures to Control Nonpoint Source Pollution from Agriculture. Washington：Createspace.

van Auken O W. 2009. Causes and consequences of woody plant encroachment into western North American grasslands. Journal of Environmental Management, 90(10):2931-2942.

van Beek L, Wada Y, Bierkens M F. 2011. Global monthly water stress: 1. water balance and water availability. Water Resources Research, 47(7): 197-203.

van den Bergh J C J M, Barendregt A, Gilbert A J. 2004. Spatial Ecological-Economic Analysis for Wetland Management. Cambridge: Cambridge University Press.

Vandecasteele I, Bianchi A, Batistae S F. et al. 2014. Mapping current and future European public water withdrawals and consumption. Hydrology and Earth System Sciences, 18(2): 407-416.

Vargas C A, Lagos N A, Lardies M A, et al. 2017. Species-specific responses to ocean acidification should account for local adaptation and adaptive plasticity. Nature Ecology & Evolution, 1: 0084.

Vivoni E R, Rango A, Anderson C A, et al. 2014. Ecohydrology with unmanned aerial vehicles. Ecosphere, 5(10): 1-14.

Volk M, Liersch S, Schmidt G. 2009. Towards the implementation of the European water framework directive? Lessons learned from water quality simulations in an agricultural watershed. Land Use Policy, 26 (3): 580-588.

Vose J M, Sun G, Ford C R. 2011. Forest ecohydrological research in the 21st century: what are the critical needs?. Ecohydrology, 4(2): 146-158.

Wagner C, Adrian R. 2011. Consequences of changes in thermal regime for plankton diversity and trait composition in a polymictic lake: a matter of temporal scale. Freshwater Biology, 56(10): 1949-1961.

Walling D E, Owens P N, Waterfall B D, et al. 2000. The particle size characteristics of fluvial suspended sediment in the Humber and Tweed catchments, UK. Science of the Total Environment, 34(1):251-252.

Wang G X, Li S N, Hu H C, et al. 2009. Water regime shifts in the active soil layer of the Qinghai-Tibet plateau permafrost Region, under different levels of vegetation. Geoderma, 149(3): 280-

289.

Wang G X, Liu G S, Li C J. 2012a. Effects of changes in alpine grassland vegetation cover on hillslope hydrological processes in a permafrost watershed. Journal of Hydrology, 444(11):22-33.

Wang G X, Liu G S, Li C J, et al. 2012b. The variability of soil thermal and hydrological dynamics with vegetation cover in a permafrost region. Agricultural and Forest Meteorology, 162(15): 44-57.

Wang H, Zhang Z, Liang D, et al. 2016. Separation of wind's influence on harmful cyanobacterial blooms. Water Research, 98: 280-292.

Wang J, Wang E, Luo Q, et al. 2009. Modelling the sensitivity of wheat growth and water balance to climate change in Southeast Australia. Climatic Change, 96(1-2):79-96.

Wang X P, Li X R, Xiao H L, et al. 2006. Evolutionary characteristics of the artificially revegetated shrub ecosystem in the Tengger Desert, northern China. Ecological Research, 21(3): 415-424.

Wang X P, Young M H, Yu Z, et al. 2007. Long term effects of restoration on soil hydraulic properties in revegetation - stabilized desert ecosystems. Geophysical Research Letters, 34(24):L24S22.

Wang Y, Yu P, Xiong W, et al. 2008. Water-yield reduction after afforestation and related processes in the semiarid Liupan Mountains, Northwest China. Journal of the American Water Resources Association, 44(5): 1086-1097.

Wang Y, Yu P, Feger K, et al. 2011. Annual runoff and evapotranspiration of forestlands and non-forestlands in selected basins of the Loess Plateau of China. Ecohydrology, 4(2): 277-287.

Wang Y, Bonell M, Feger K, et al. 2012. Changing forestry policy by integrating water aspects into forest/vegetation restoration in dryland areas in China. Bulletin of the Chinese Academy of Sciences, 26(1): 59-67.

Wang Y, Xiong W, Gampe S, et al. 2015. A water yield-oriented practical approach for multifunctional forest management and its application in dryland regions of China. Journal of the American Water Resources Association, 51(3): 689-703.

Warwick R M, Uncles R J. 1980. Distribution of benthic macrofauna associations in the Bristol Channel in relation to tidal stress. Marine Ecology Progress Series, 3(2): 97-103.

Wei X, Zhang M. 2010. Quantifying streamflow change caused by forest disturbance at a large spatial scale: a single watershed study. Water Resource Research, 46(12): W12525.

Wheeler T, von Braun J. 2013. Climate change impacts on global food security. Science, 341(6145):508-513.

White J W, Hoogenboom G, Kimball B A, et al. 2011. Methodologies for simulating impacts of climate change on crop production. Field Crops Research, 124(3):357-368.

Williams A P, Allen C D, Miliar C I, et al. 2010. Forest responses to increasing aridity and warmth in the southwestern United States. Proceedings of the national academy of sciences of the United States of America. PNAS, 107(50): 21289-21294.

Wilson C O, Weng Q. 2011. Simulating the impacts of future land use and climate changes on surface water quality in the Des Plaines River watershed, Chicago Metropolitan Statistical Area, Illinois. Sci Total Environ, 409: 4387-4405.

Wittmann A C, Portner H. 2013. Sensitivities of extant animal taxa to ocean acidification. Nature Climate Change, 3: 995-1001.

Wolanski, E. 2019. Estuarine ecohydrology modeling: what works and within what limits?. 10.1016/B978-0-12-814003-1.00029-0.

Wolanski E, Spagnol S. 2003. Dynamics of the turbidity maximum in King Sound, tropical Western Australia. Estuarine, Coastal and Shelf Science, 56: 877-890.

Wolf J, van Oijen M, Kempenaar C. 2002. Analysis of the experimental variability in wheat responses to elevated CO_2 and temperature. Agriculture, Ecosystems and Environment, 93: 227-247.

Wood P J, Hannah D M, Sadler J P. 2007. Hydroecology and Ecohydrology: Past, Present and Future. Hoboken: John Wiley & Sons Ltd.

Wookey P A, Aerts R, Bardgett R D, et al. 2009. Ecosystem feedbacks and cascade processes: understanding their role in the responses of arctic and alpine ecosystems to environmental change. Global Change Biology, 15(5):1153-1172.

World Meteorological Organization. 2009. Guide to Hydrological Practices. 6th ed. Geneva: WMO.

Worm B, Barbier E B, Beaumont N, et al. 2006. Impacts of biodiversity loss on ocean ecosystem services. Science, 314(5800): 787-790.

Wu F, Tong C, Feng H, et al. 2019. Effects of short-term hydrological processes on benthic macroinvertebrates in salt marshes: a case study in Yangtze Estuary, China. Estuarine, Coastal and Shelf Science, 218: 48-58.

Wu Z S, Cai Y J, Liu X, et al. 2013. Temporal and spatial variability of phytoplankton in Lake Poyang: the largest freshwater lake in China. Journal of Great Lakes Research, 39(3): 476-483.

WWAP. 2015. Case Studies and Indicators, Facing the Challenges. Paris: UNESCO.

Xu K, Yang D, Yang H, et al. 2015. Spatio-temporal variation of drought in China during 1961—2012: a climatic perspective. Journal of Hydrology, 526: 253-264.

Yamashiki Y, Matsumoto M, Tezuka T, et al. 2003. Three-dimensional eutrophication model for Lake Biwa and its application to the framework design of transferable discharge permits. Hydrological Processes, 17: 2957-2973.

Yang F L, Zhou G S. 2011. Characteristics and modeling of evapotranspiration over a temperate desert steppe in inner mongolia, China. Journal of Hydrology, 396(1): 139-147.

Yang Y, Endreny T A, Nowak D J. 2011. Itree-hydro: snow hydrology update for the urban forest hydrology model. Journal of the American Water Resources Association, 47(6):1211-1218.

Yao X, Zhang L, Zhang Y, et al. 2016. Denitrification occurring on suspended sediment in a large, shallow, subtropical lake (Poyang Lake, China). Environmental Pollution, 219: 501-511.

Yao X, Zhang L, Zhang Y, et al. 2018. Water diversion projects negatively impact lake metabolism: a case study in Lake Dazong, China. Science of the Total Environment, 613-614: 1460-1468.

Yi S H, Manies K, Harden J, et al. 2009. Characteristics of organic soil in black spruce forests: implications for the application of land surface and ecosystem models in cold regions. Geophysical Research Letters, 36(5): 277-291.

Yin X. 2013. Improving ecophysiological simulation models to predict the impact of elevated atmospheric CO_2 concentration on crop productivity. Annals of Botany, 112(3): 465-475.

Yu G R, Fu Y L, Sun X M, et al. 2006. Recent progress and future directions of Chinaflux. Science in China Series D-Earth Sciences, 49(2):1-23.

Yu P, Krysanova V, Wang Y, et al. 2009. Quantitative estimate of water yield reduction caused by forestation in a water-limited area in Northwest China. Geophysical Research Letters, 36(2): 2406-2411.

Yu Q A, Elser J J, He N P, et al. 2011. Stoichiometric homeostasis of vascular plants in the inner Mongolia grassland. Oecologia, 166(1):1-10.

Zagona E A, Fulp T J, Shane R, et al. 2001. Riverware: a generalized tool for complex reservoir system modeling. JAWRA Journal of the American Water Resources Association, 37(4): 913-929.

Zalewski M. 2000. Ecohydrology—the scientific background to use ecosystem properties as management tools towards sustainability of water resources. Ecological Engineering, 16: 1-8.

Zalewski M. 2002. Ecohydrology-the use of ecological and hydrological processes for sustainable management of water resources. Hydrological Sciences Bulletin, 47: 823-832.

Zalewski M, Wagner I. 2005. Ecohydrology- the use of water and ecosystem processes for healthy urban environments. Ecohydrology & Hydrobioloy, 5(4): 263.

Zalewski M. 2013. Ecohydrology: process-oriented thinking towards sustainable river basins. Ecohydrology & Hydrobiology, 13:(2): 97-103.

Zark M, Riebesell U, Dittmar T. 2015. Effects of ocean acidification on marine dissolved organic matter are not detectable over the succession of phytoplankton blooms. Science Advances, 1(9): e1500531.

Zeppel M, Macinnis-Ng C, Palmer A, et al. 2008. An analysis of the sensitivity of sap flux to soil and plant variables assessed for an Australian woodland using a soil-plant-atmosphere model. Functional Plant Biology, 35(6): 509-520.

Zhang L, Yin J, Jiang Y, et al. 2012. Relationship between the hydrological conditions and the distribution of vegetation communities within the Poyang Lake national nature reserve, China. Ecological Informatics, 11: 65-75.

Zhang M, Wei X, Sun P, et al. 2012. The effect of forest harvesting and climatic variability on runoff in a large watershed: the case study in the Upper Minjiang River of Yangtze River basin. Journal of Hydrology, 464: 1-11.

Zhang L, Podlasly C, Feger K, et al. 2015. Different land management measures and climate change impacts on the runoff-a simple empirical method derived in a mesoscale catchment on the Loess Plateau. Journal of Arid Environments, 120:42-50.

Zhang M Y, Wang K L, Liu H Y, et al. 2015. How ecological restoration alters ecosystem services: an analysis of vegetation carbon sequestration in the karst area of northwest Guangxi China. Environmental Earth Sciences, 74(6): 5307-5317.

Zhang M, Liu N, Harper R, et al. 2017. A global review on hydrological responses to forest change across multiple spatial scale: importance of scale, climate, forest type and hydrological regime. Journal of Hydrology, 546: 44-59.

Zhang Q, Li L, Wang Y G, et al. 2012. Has the three-gorges dam made the Poyang Lake wetlands wetter and drier? Geophysical Research Letters, 39(20): L20402.1-L20402.7.

Zhang Q, Ye X C, Werner A D, et al. 2014. An investigation of enhanced recessions in Poyang Lake: comparison of Yangtze River and local catchment impacts. Journal of Hydrology, 517: 425-434.

Zhang X N, Guo Q P, Shen X X, et al. 2015. Water quality, agriculture and food safety in China: current situation, trends, interdependencies, and management. Journal of Integrative Agriculture, 14(11): 2365-2379.

Zhang Y, Wu Z, Liu M, et al. 2014. Thermal structure and response to long-term climatic changes in Lake Qiandaohu, a deep subtropical reservoir in China. Limnology and Oceanography, 59(4): 1193-1202.

Zhang Y, Shi K, Zhou Y, et al. 2016. Monitoring the river plume induced by heavy rainfall events in large, shallow, Lake Taihu using MODIS 250m imagery. Remote Sensing of Environment, 173: 109-121.

Zhang Y, Jeppesen E, Liu X, et al. 2017. Global loss of aquatic vegetation in lakes. Earth-Science Reviews, 173(Supplement C): 259-265.

Zhang Z Q, Wang S P, Sun G, et al. 2008. Evaluation of the MIKE SHE model for application in the Loess Plateau, China. Jawra Journal of the American Water Resources Association, 44(5):1108-1120.

Zhou G, Wei X, Chen X, et al. 2015. Global pattern for the effect of climate and land cover on water yield. Nature Communications, 6: 5918.

Zhou J, Pomeroy J W, Zhang W, et al. 2014. Simulating cold regions hydrological processes using a modular model in the west of China. Journal of Hydrology, 509:13-24.

Zhu P, Zhang L. 2009. Quantitative study on the urban fresh water consumption since Chinese rapid urbanization. Ecological Economy, 5(2): 195-204.

第五章
中国生态水文学发展战略、
资助机制与政策建议

中国具有独特的生态和水文条件，同时也存在各种复杂的生态水文学问题，为中国生态水文学的多样化和全面化发展带来了挑战和机遇。生态水文学作为当前国际前沿和热点学科，地区学科建设在顺应生态水文学发展浪潮的同时，需要切实结合自身特点和优势，规划和走出一条具有区域特色的学科发展道路（夏军等，2020）。本章通过对前面章节的系统梳理和总结，参考不同分支学科未来的研究热点和优先发展方向，从城市生态水文监测网络构建、缺资料区生态水文发展需求等六个方面对中国生态水文学未来的研究重点领域进行预判。最后，从学科整体视角，结合中国生态水文研究发展的大环境，对中国生态水文学学科的发展布局进行设计，构建了具有中国特色的生态水文学学科发展战略体系框架，围绕该框架提出了系统的、具体的、切实可行的学科发展建议。

第一节　中国生态水文学重点研究领域

中国的生态水文学研究正处于趋于完善的黄金发展时期，学科的分支体系庞大且研究方向繁多。从国家层面来讲，受到人力、精力、财力、需求等的限制，必然需要对生态水文学的研究方向有所侧重，因此生态水文学在未来一段时间的发展必须要围绕几个研究重点来开展。本节基于前面章节关于生态水文学发展态势、发展需求和各分支学科的优先发展方向和建议，从国家发展需求的急迫性考虑，选择了六个方面的研究内容作为重点突破方向，分别为城市生态水文监测网络构建、缺资料区生态水文发展需求、流域生态水文系统健康承载力研究、生态脆弱区生态需水理论与方法体系研究、气候变化对农业生态系统生态水文过程的影响机理、气候变化下大江大河湿地水文功能演变与水资源综合管控研究。各方向的具体内容概括如下。

一、城市生态水文监测网络构建

我国城市区域历史观测资料缺乏、对城市雨洪过程与演变规律的深入研究不足、城市水文计算理论基础薄弱、符合我国国情的城市水文水动力学模型研究不够等问题的存在严重影响了城市水文的发展。监测预报不足，导致近年来我国"城市看海"现象频发。为了应对城市洪涝灾害频发的问题，我国提出了建设自然积存、自然渗透、自然净化的"海绵城市"（徐宗学等，2016）。

海绵城市建设的基础是城市水文学，其也是保障城市水安全的重大举措。城市水安全中普遍存在城市河湖、湿地萎缩，河湖水生态空间被严重挤占，水生态恶化，水灾害加剧等问题。加强城市河湖综合治理，实施水生态修复，是海绵城市建设的重要组成部分，是保障海绵城市建设"渗、滞、蓄、净、用、排"各项措施发挥系统治理效益的重要基础（王芳等，2016）。目前，城市水文学基础研究大体可以分为两大主要方向：①城市化的水文过程及其伴生效应识别与描述；②城市水文过程机理解析与模拟计算。城市水文过程模拟模型研究主要集中在城市产汇流与暴雨内涝过程方面。海绵城市是低影响开发模式（low impact development，LID）的重要途径，也是解决我国城市水问题的重要举措。为此，急需从良性水循环理念的角度，针对城市防洪排涝、面源污染控制及雨洪资源化利用等三大核心问题，以城市雨洪模拟技术和LID优化技术方法为重点，探讨支撑海绵城市实施的关键技术方法，构建具有自主知识产权的城市雨洪模型并进行实证研究（刘昌明等，2016）。

建立城市良性水循环系统，急需加强城市水文监测网络的建设。城市生态水文信息具有监测时间密集、采集数据量大、监测指标复杂等特点（聂乔，2013），需要围绕雨情、蒸发量、城市水文、城市排水、水生态和地下水等方面展开站网优化部署和监测工作，主要包括：①城市防洪监测，根据城市河道汇流情况合理布设雨量、水位和水文站，建设城市防洪水文监测系统，为城市防洪安全提供基础；②城市排涝监测，根据城市雨洪排水和排涝标准、排水区划分、滞涝能力要求、排水系统布局、排水方式和城市范围的地势高程，在城市建成区合理布设雨量站点，建立城区降雨-径流关系和河道水位-蓄量关系，进而研究地表不透水面积的增大引起的径流系数的改变，掌握次暴雨径流量、淹没面积、范围及深度等，为城市排涝调度提供可靠的决策信息；③城市地下水监测，按照地下水储量、分布、补给及动态变化规律，结合地下水开发利用及地面沉陷和地下水水质污染变化情况，合理布局城市地下水监测井网和监测项目，全面掌握地下水资源的变化趋势，为城市地下水管理和保护提供信息支撑；④城市水资源与水生态保护监测，根据城市人口、产业结构、排水设施和城市水域分布情况，按照城市水资源保护和水生态要求，在城区主要入河排污口和水域，特别是进出城区的主要河道断面，结合水文站点的布设，设置水质监测站点，建设城市水资源与水生态保护监测系统；⑤城市水文预报预警，结合城市水文监测站网，建设城市水文自动测报和暴雨内涝模拟预报系统，建立分级预警流程与平台，实现城市洪水、内涝、水质污染等灾害分布区域、范围和强度的预报预警。同时，深入开展城市内涝洪水产汇流和水环境变化规律的分析研究，建立健全可靠的洪水、内涝和水质污染等灾害预报方法与预报机制，为城市水文预报预警提供保障（文宏展，2010）。

遥感技术具有周期短、信息量大和成本低的特点，可以为城市良性水文循环研究与海绵城市建设提供丰富的数据源，已经在降水、蒸散发、水质（地下水质）、径流、洪水过程实时动态监测，水域面积的识别及流域水文模型的构建等多个领域得到了广泛应用。可以充分利用遥感技术采集水文信息、改革水文测验方式、提高应急监测能力，逐步形成驻测、巡测、调查、应急监测和卫星遥感监测相结合的多方式、多层次的水文监测体系（梅安新等，2001）。

总体上，构建海绵城市良性水循环系统是解决"城市看海"、水体黑臭、热岛与雾霾、湖泊水体退化等生态问题的重大举措，需要从下渗、填洼、水体调蓄等水文过程研究入手，生态水文数据是基础。针对目前城市生态水文观测数据严重匮乏的事实，需要从国家层面出发，耦合航天与航空遥感、地面监测站网、地下监测网络，多学科交叉，多手段融合，构建重点城市的生态水文数据监测网络。

二、缺资料区生态水文发展需求

流域生态水文模型是全球变化下流域生态水文响应研究的重要工具，通过定量刻画植被与水文过程的相互作用及全球变化对流域生态水文过程演变的影响机制，为流域水资源管理和生态恢复提供科学支撑，是生态水文学研究的前沿和热点（陈腊娇等，2011）。生态水文过程具有显著的时空异质性和尺度依赖性（黄奕龙等，2003）。生态水文模型中许多变量（尤其是降水、蒸发数据）的时空变化幅度非常大，也极为频繁，即使是在很小的尺度内，也会表现出很大的空间异质性。流域生态水文过程的模拟结果很大程度上依赖于输入数据的质量。长期以来，传统的水文输入数据大多为单点观测数据，如降水、蒸发的数据都来自于气象台站。有限的空间点位上的观测数据并不能真实反映实际的空间分布规律，即单点观测的数据并不能代表流域尺度的面状信息。用这种资料对生态水文过程进行模拟会使得模拟结果的可靠程度受到很大的质疑。这对缺乏地面水文监测站的流/区域生态水文模拟提出了严峻的挑战。

　　遥感技术为生态水文过程的定量模拟提供了大量的数据源，其突出优势体现在能以不同的时空尺度提供多种地表特征信息。作为一种信息源，栅格格式的遥感数据与分布式生态水文模型的数据格式的一致性给概念理解和使用都带来了方便。遥感技术可以直接或间接地获取常规手段无法观测到的水文变量和参数，可以提供长期、动态和连续的大范围资料，极大降低了水文模型中植被生长信息、流域产汇流特性等模型参数的不确定性（吴险峰等，2002）。遥感可以为生态水文模型提供输入数据和关键参数，包括为模型准备输入数据和应用卫星遥感资料推算生态水文过程相关的参数和变量等（陈腊娇等，2012）。但目前遥感卫星的数据应用进程远远滞后于其数据量的增长。一方面是海量遥感数据的积累。未来10年，全球将建造发射1220颗卫星，平均每年发射122颗卫星。根据美国忧思科学家联盟（Union of Concerned Scientists，UCS）数据，截至2019年1月9日，全球在轨正常运行卫星数量为2062颗，较2018年4月记录的1980颗增加了382颗，其中美国拥有卫星数量为901颗，位居世界第一位，中国拥有卫星数量为299颗，位列第二；另一方面是对海量遥感数据的存储处理和深度挖掘技术滞后。随着遥感信息科学技术和计算机互联网络技术的快速发展，遥感数据正在逐步向全球覆盖、多种数据源、多种空间分辨率、多时相空间特征等方向发展，数据量呈现爆炸式增长。在这种情况下，如何实现海量遥感数据快速的分发和共享服务已经成为遥感科学技术领域、遥感应用部门极其关心的问题（杜珍星，2015）。随着航空及航天遥感器的快速发展，大量的遥感影像数据有待利用，海量数据的存储、检索及应用逐渐成为人们所关心的问题，尤其在水文方面的应用值得进一步加强。

总之，数据是制约缺资料地区生态水文学研究的瓶颈，引入新手段、开发新技术是突破这一瓶颈的必经之路。遥感具有监测范围广、尺度大、产品多等优势，但目前对遥感数据的利用程度严重不足。一方面是海量遥感数据的堆积未利用，另一方面是缺资料区生态水文资料的严重匮乏制约了生态水文学的研究。遥感数据与水文应用之间存在大面积空白，急需耦合遥感与地面观测，开展优势互补，探索研究稀缺资料区生态水文机制的新理论、新方法和新技术，构建基于新数据源驱动的生态水文模型，推动稀缺资料区在全球变化下的水资源及生态系统研究。

三、流域生态水文系统健康承载力研究

生态系统在两个不同状态之间的转变可以通过跃迁实现，也可以逐渐过渡实现。生态系统退化的阈值存在生态阈值点和生态阈值带两种主要类型。生态阈值点是一个临界点，它代表着生态系统的特征、结构或功能受到环境的微小变化影响时可以引发整个生态系统发生剧烈的改变。在这个临界点前后呈现的是两个不同的系统状态，而且这种改变即使环境胁迫已经停止也无法使系统恢复到初始状态。生态阈值带指的是生态系统在两种状态之间进行逐渐转换的过程。这个过程不像阈值点那样发生突然的转变。生态阈值带普遍存在于自然界的生态系统中。生态阈值带内的点具有较一致的变化速率，并且这种变化速率明显高于阈值带之外的点。这种现象的产生可能与生态系统弹性有关。生态系统的弹性是指生态系统从干扰中恢复的能力或系统吸收外来干扰并保持其原有状态的能力，即当一个生态系统受到外界的干扰后，其弹性越大，对应的生态阈值带也就越大，其恢复到原始状态的可能性也就越大（李春贵等，2017）。

研究生态系统的生态阈值、定量评价生态系统健康状况、合理评估其承载力，是保护现有生态系统的重要途径。有关生态系统健康研究，是在全球许多自然生态系统（如海洋、湖泊、森林等）的健康状况日趋恶化的严峻形势下兴起的。近年来在可持续发展思想的推动下，生态系统健康研究已经成为国际生态环境领域的热点和联系地球科学、环境科学、生态学、经济学及社会科学等学科的桥梁。但目前生态系统健康评价的定量性研究不足，受评价者主观影响大，区域间健康评价结果比较难，导致大尺度或跨流域（区域）的生态系统比较与分析无法实现，给大尺度、跨流域生态系统健康保护与恢复带来了巨大挑战。

良性发展的生态水文系统是生态系统健康的基础。营造良好的生态水文过

程，维持气候变化和人类活动的强度在生态系统的承载范围之内，是保障生态系统健康的唯一途径，因此针对生态系统健康承载力的研究是基础。生态系统健康承载力，是在一定社会经济条件下维持生态系统服务功能和自身健康的潜在能力。基于生态系统健康的生态承载力不是固定不变的，是相对于某一具体的历史发展阶段和社会经济发展水平而言的，集中体现了自然生态系统对社会经济系统发展强度的承受能力和一定社会经济系统发展强度下自然生态系统健康发生损毁的难易程度。基于生态系统健康的生态承载力由三部分组成：①资源承载力和环境承载力；②生态系统的恢复力；③人类活动潜力，即与承载能力有关的人类影响因子，如资源、能源利用率的提高作用于承载体所带来的生态系统承载能力（杨志峰等，2005）。近年来，随着区域环境承载力、生态环境承载力、资源环境承载力等概念的提出，生态承载力成了区域或流域尺度上评价和预测可持续发展程度的有效方法，是对整个区域或流域的自然生态系统与人类社会经济系统和谐共处的分析（曾晨等，2011）。

当前经济－水文－生态系统中，经济发展是以牺牲生态系统健康为代价的。开荒农垦、围湖造田、填海造田、水利工程修建等剧烈人类活动进一步降低了生态系统的退化阈值，导致生态系统退化加速，如珊瑚白化、红树林消失等生态灾难。以往的生态系统健康评价方法不统一、难定量，造成生态保护不到位，导致问题更加严重。要做到人与自然和谐，急需研究生态系统健康定量评价的理论与方法，辨析生态系统退化中的水文驱动机制及阈值，识别流域生态水文系统健康对人类活动强度的承载能力。

四、生态脆弱区生态需水理论与方法体系研究

我国是世界上生态脆弱区分布面积最大、脆弱生态类型最多、生态脆弱性表现最明显的国家之一。我国生态脆弱区大多位于生态过渡区和植被交错区，处于农牧、林牧、农林等复合交错带，主要类型包括东北林草交错生态脆弱区、北方农牧交错生态脆弱区、西北荒漠绿洲交接生态脆弱区、南方红壤丘陵山地生态脆弱区、西南岩溶山地石漠化生态脆弱区、西南山地农牧交错生态脆弱区、青藏高原复合侵蚀生态脆弱区、沿海水陆交接带生态脆弱区。这些区域不仅是我国目前生态问题突出、经济相对落后和人民生活贫困区，还是我国环境监管的薄弱地区。加强生态脆弱区保护、增强生态环境监管力度、促进生态脆弱区经济发展，有利于维护生态系统的完整性，实现人与自然的和谐发展，

是贯彻落实科学发展观、牢固树立生态文明观念、促进经济社会又好又快发展的必然要求。

　　维持生态脆弱区的生态系统需要维持区域内的正常水文过程。水文过程控制了许多基本生态学格局和生态过程（Rodriguez-Iturbe，2000），特别是控制了基本的植被分布格局（Jackson et al.，2000），是生态系统演替的主要驱动力之一。通过对水文过程的调节、满足生态系统的需水要求，可以恢复或重塑受损的生态系统，维持生态系统健康。其中，生态需水量是指水资源短缺地区为了维系生态系统生物群落基本生存和一定生态环境质量（或生态建设要求）的最小水资源需求量，是维系一定生态系统功能所不能被占用的最小水资源需求量，基础是人类对自然变化和人类活动影响下的流域水循环规律的认识与模拟（郑冬燕等，2002）。国内关于生态需水的研究多照搬国外的研究方法，并没有深入考虑国外方法的研究背景和适用条件，缺少真正从成因机理和水生态实验的角度开展的研究。

　　目前，生态需水计算中常用的方法多为指示生物法。指示生物常作为生态需水计算的保护目标，如长江白鱀豚等重点保护物种或濒危物种。这一概念的提出是由于在食物网中，每个物种所处的位置不同，其重要程度也不相同，从而对生态保护做出的指示性也不同。为了便于对生态系统的健康状况有一个直观的了解，多年来众多学者相继提出了旗舰种、优势种、关键种等概念，以期通过观察生态系统中某一种群或某些种群的生存状况而指示出该生态系统的健康程度。但仅围绕一个或几个指示物种，而不考虑生态系统整体功能的发挥，难以维持生态系统的稳定性、恢复力，生态系统整体功能的发挥会严重受损。为此，需要基于生态系统中物质循环和能量传递，即食物网中各生物群落之间的摄食与被摄食关系，研究能维持生态系统整体功能发挥的功能组，在水文过程调控中要以功能组的维持为目标而非仅保护单一物种。

　　食物网的稳定是生态系统提供服务的基础（Grime，1977；Lokrantz et al.，2009），而关键功能组成员在整个食物网内处于支点位置，关键功能组内生物单位物质对其他生物的能量影响大于非关键功能组的生物，关键功能组的功能就是维持食物网能量流动的稳定，从而为生态系统服务价值的体现奠定基础。因此，通过水文调控实现食物网的稳定和畅通，满足生态系统关键功能组的需水要求，可以最大限度地保证生态系统整体功能的发挥。但是当前高强度的人类活动，如水利工程修建、快速城镇化、高强度农业活动，导致生态系统濒临崩溃。保障生态需水量是恢复生态系统的基础，但国内外常采用的指示生物法不能代表整体生态系统的发展趋势，且多数生态需水计算方法不适用于受到严重人类活动影响的地区/河流。因此急需瞄准我国生态脆弱地区，定量研究这些地区在人类活动影响下生态系统演变的水文学机理，辨析人类活动影响下食物网中能代表生态系统整体发展趋势的关键功能组，发展适用于各生态脆弱区的生态需水理论与方法体系。

五、气候变化对农业生态系统生态水文过程的影响机理

水分和气温是农业粮食生产的关键要素。维持农田 SPAC 系统的良性水文循环，可以最大限度保障粮食安全。围绕作物需水量，从整体和相互反馈的关系上来探讨 SPAC 系统中水分传输问题，从而进行有效的水分调控，是粮食高产的基础，但不同水分灌溉条件下 SPAC 系统之间的相互作用调节机制变得更加复杂，如气孔的调控作用、土壤水气热耦合效应、根系微观调节机制等，从动态变化的角度定量考虑这些相互作用、调节机制对阐明非充分灌溉方式的节水机理，优化解决作物产量与耗水量矛盾进而实现农业水资源高效利用具有重要意义（虞连玉，2016）。

正确认识现代农田水文循环过程、建立数学模型定量模拟农田土壤水循环过程，并以此为依据评价农田水分的有效利用程度对维持农业高产稳产、实现农业高效节水和应对水资源危机具有十分重要的意义。农田水分的迁移转化涉及多个水循环过程，主要包括地表水循环、土壤水循环和地下水循环。其中，土壤水循环是最重要的农田水循环形式之一，是联系地下水和地表水的纽带，是与作物生长关系最密切的水文过程。

随着人类活动对农业生产影响的加剧，农田水文循环过程的模拟变得更加复杂。自然条件下农田系统水分补给的主要形式是降水，人类活动影响加剧后，人工灌溉成为农田系统一个重要的水分来源。同时，人类耕作活动改变农田的微地貌、农田土壤的性质和结构等都影响了土壤的入渗特性和下渗规律，从而改变了农田的水分循环过程。从水分排泄角度看，复杂的种植制度、地表覆盖技术、不同的耕作制度等都会对农田蒸散发产生影响（高学睿，2013）。

总体上，气候变化严重威胁我国的粮食安全，农田 SPAC 系统的良性水文循环是保障我国粮食安全的关键和基础。急需从生态水文角度出发，研究北方、南方典型的农业系统中蒸散、土壤水等水文要素的时空变化机理，揭示水分要素对作物产量的胁迫机制，构建具有中国特色的以农业节水、农田面源污

染防治、农田水文良性循环为核心的农田生态水文模拟理论与方法，以应对气候变化引发的极端气候对农业生态系统造成的不利影响。

六、气候变化下大江大河湿地水文功能演变与水资源综合管控研究

湿地在涵养水源、净化水质、蓄洪抗旱、调节气候和维护生物多样性等方面发挥着重要功能，湿地生态系统对全球变化与人类活动具有高度敏感性和脆弱性，湿地水文过程在湿地的形成、发育、演替直至消亡的全过程中都起着直接而重要的作用。在全球气候变化与人类活动影响的共同作用下，湿地－流域水文过程发生了深刻变化，导致湿地水资源短缺、水质恶化、面积萎缩和功能退化。这些是我国湿地水安全和生态安全面临的重大问题，影响并制约着我国经济社会可持续发展（杨志峰等，2006；章光新，2012）。

湿地生态水文过程是湿地生态水文学研究的核心内容，其主要研究湿地水分和生物之间的关系，目的是揭示湿地水文格局时空演变与湿地生物过程之间的相互作用和反馈机制，并为湿地科学保护和恢复提供理论依据（唐蕴等，2005）。湿地生态水文过程从水分行为角度划分为湿地生态水文物理过程、湿地生态水文化学过程和湿地水文过程的生态效应三部分（黄奕龙等，2003）。

湿地生态水文模型是揭示湿地生态－水文过程相互作用关系及互馈机制、湿地生态需水量精细计算、变化环境下湿地生态水文响应预测及湿地演变趋势评价等研究不可或缺的有效工具。湿地生态水文模型的研发及应用，可以为湿地生态水文调控和水资源管理提供理论依据和技术支持，进而为湿地生态保护与恢复重建提供水文学依据。模型的构建主要包括传统的数理统计法、遥感方法和数值模拟方法。但大多数模型尚未实现湿地生态－水文过程物理机制上的紧密耦合，限制了模型的模拟精度和适用性。

湿地生态水文调控是恢复湿地水文情势的重要途径和手段，包括湿地水文情势恢复的多维调控技术、洪泛平原洪水管理与湿地水文过程恢复技术、湿地－河流水系连通技术、地表水－地下水联合调控技术、水库生态调度技术和生态补水等。由于流域水资源开发利用重视农业、社会经济用水，没有足够重视或考虑湿地生态用水需求，挤占或挪用湿地生态用水，导致湿地面积萎缩和水文调蓄功能下降。因此，急需从流域尺度进行水资源科学调度和综合管理，从而维持合理的流域湿地水文功能，保障湿地生态用水量。同时，流域湿地水资源综合管理是一个涉及面很广的综合性研究课题，国内研究刚刚起步，理论

体系不够完善，具体应用研究相对薄弱，缺乏系统性和完整性。

气候变化加剧全球水文循环过程，深刻改变了湿地生态水文过程和湿地 - 流域水文过程与水量平衡；未来气候变化将进一步影响流域湿地水文情势，加剧水资源供需矛盾，进而影响流域湿地生态格局与演替过程。但目前从流域尺度上研究气候变化对湿地生态水文的影响及反馈作用机制还比较薄弱，需要加强气候变化对湿地生态水文影响的机理及预测评估研究，从而更好地为气候变化情景下的湿地水资源管理和生态保护提供服务，提高流域湿地系统整体应对气候变化的能力。

综上，我国在湿地生态水文模型、流域湿地水资源综合管理、气候变化对湿地生态水文影响的机理及预测评估方面的研究还很薄弱。从国家战略与需求来讲，今后需要首先解决我国大江大河的湿地保护问题，优先开展长江、黄河、松花江等大江大河流域湿地水文功能演变与水资源综合管控研究，定量评估不同类型湿地水文功能的大小、阈值及其差异性，揭示其演变驱动影响因素及机制，回答气候变化与人类活动引起的湿地景观格局、类型、功能等变化如何影响流域水源补给、径流调节、地下水补充等水文功能，揭示水资源开发利用导致流域水文过程的改变如何作用和影响湿地水文情势和水文功能，为流域社会经济可持续发展和生态文明建设提供水资源安全和生态安全保障。

第二节　中国生态水文学学科发展布局

以全书为基础，本节对中国生态水文学发展提出了总体战略布局设计，特别是以问题为导向，以产学研结合、近远期统筹、国内外兼顾的发展理念为主线，提出了五个方面的 29 项具体建议。这对确保搭建生态水文学学科体系，实现具有中国特色的生态水文学健康发展之路奠定了基础，并做出了科学的指引和安排，对生态水文学学科的发展具有重大现实意义和深远的历史意义，具体如下：

一、总体布局设计

学科是一个涉及许多方面的复杂系统，一个学科的发展需要经历很多年的磨炼。任何一门学科的建设和发展都有阶段性问题。在不同的发展阶段，其历史使命和发展重点都有各自的特点，其战略布局和行动策略也有差异（李辽宁，2013），生态水文学学科也不例外。生态水文学在中国经历了 20 多年的稳步发展，特别是 21 世纪后的快速发展阶段，该领域诞生了一批优秀科研人才和队伍，打下了一定的学科建设基础。为了更好地助力生态水文学学科发展，争取生态水文学学科地位，解决生态水文方向人才培养需要与生态水文学学科平台不足之间的矛盾，在上述背景下，可以超前谋划生态水文学学科发展的战略布局，制定可行的行动策略并提出针对性的建议。这对于进一步推动生态水文学学科的发展、提高生态水文专业教育的整体水平、响应新时代对生态水文学学科发展的要求均具有重要意义。本书从生态水文学学科的发展规律和研究特点出发，前瞻性地思考了中国生态水文学学科的整体布局，且在对生态水文学学科发展现状做出系统分析的基础上，对未来生态水文学学科发展方向做出科学判断，对学科近期、远期发展目标及行动路线做出宏观的、有预见的、战略性的构想和安排。

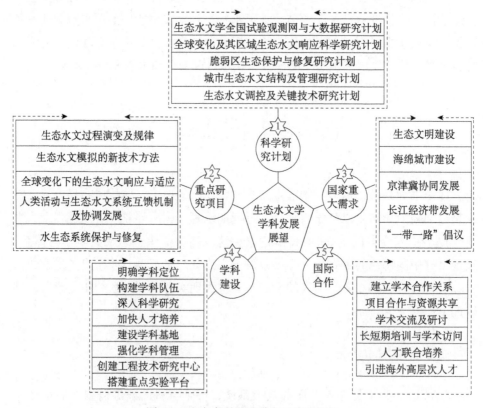

图 5-1　生态水文学学科发展战略框架

根据笔者对生态水文学学科发展的理解和对国际、国内研究动态的了解及掌握，拟从科学研究计划、重点研究项目、国家重大需求、学科建设、国际合作五个方面提出未来我国生态水文学学科发展战略框架（图5-1）。其中，科学研究计划旨在凝炼和确定生态水文学学科的优先发展方向；重点研究项目旨在解决生态水文相关领域面临的重大科学难题和前沿问题；国家重大需求旨在应用生态水文学理论、技术和方法满足国家当前发展的现实需求；学科建设旨在巩固生态水文学学科地位，解决生态水文学学科转型过程中面临的基本矛盾，提高生态水文学学科发展速度及建设质量；国际合作旨在响应国家推动学科建设国际化的号召，按照世界一流学科的发展要求，以国际化发展要求来促进生态水文学学科的不断改革与创新。

二、学科体系建设的基本内容

生态水文学是人类为进一步认识自然，满足经济社会发展新需求而诞生的新时代发展产物。虽然生态水文学自成为一门独立学科以来已经经历了20多年的发展，学科的建设方面也取得了一定的成效，但作为一门新兴学科，其根基尚需进一步夯实。为了使生态水文学上升到更高的学科层次，并逐步形成一级学科体系，必须在学科自身建设方面投入更多的精力。对生态水文学学科建设的加强，能够进一步明确生态水文学学科的定位和发展方向，加快生态水文学下各分支学科及专业学术梯队的建设，提高学科的科研竞争力和学术水平，培养一大批学科相关的优秀人才，建成分地区特色的学科研究基地，形成科学化的学科教管体系，创建具有多种综合性服务的工程技术研究中心，搭建较完备的国家级综合实验平台；不仅能够极大地促进学科自身的发展，还能够将学科的知识应用于生产实践，为国家的发展提供科学技术支撑。由此可以看出，学科的建设对于学科的发展来说显得尤为重要且急迫。针对上述内容，我国生态水文学学科建设的内容如下。

1. 明确学科定位

明晰生态水文学学科在自然、人文、社会科学体系中的位置和意义，完善和确立生态水文学学科知识体系、理论、实践领域、学科方向、发展层次及研究规范，同时要尽快确立生态水文学为一级学科，各分支学科为二级学科的学科体系地位。针对国家需求和区域生态水文特色，考虑学科自身的发展态势，确定优先研究领域和方向，推动建立"结构完整、布局合理、层次分明、机制

"完善"的学科体系，全面促进我国生态水文学科的发展，确立国际学科领先优势。

2. 构建学科队伍

依托国内各高校及科研院所在生态水文学方面的研究基础和优势，按照学科研究内容、区域研究需求、单位研究优势，打破部门和单位间的体制壁垒，建立生态水文学学科创新研究团队，搭建合理优秀的学科梯队，培养学科带头人。依托国家科研项目及研究计划，组建合理的研究群及研究链条，统一部署具体研究计划，实现人才、物力、数据、设备及技术的广泛交流、融合与共享，形成超强的研究能力，开展生态水文学理论－方法－实践相结合的科学研究工作。

3. 深入科学研究

学科的科研成果能否达到国际或国内领先水平是衡量一门学科能否成为重点学科的主要标志，而科研成果是科学研究的产物，因此学科的建设，特别是新兴学科的建设离不开深入的科学研究。生态水文学需要借助学科交叉与融合的显著优势，获得先进的实验室等物质条件和科研环境，形成浓厚的学科建设氛围和良好的学术声誉，在此基础上不断深化生态水文学科学研究，提高科研创新水平，促进国际科研交流，加强科学研究成果总结。

4. 加快人才培养

人才培养是促进学科发展的根本。为加快生态水文学人才培养，首先需要通过增设生态水文学学科点，特别是生态水文学一级学科博士点，适当加大生态水文学专业课程占比，编写高质量的生态水文学课程教材来为人才培养创造条件。其次，要按照一定的比例增强对本科生和研究生的培养，特别是要加强高层次人才的培养和师资队伍建设。再次，要有健全的人才培养教育计划和机制。最后，要做好优秀人才的培养工作，同时做好生态水文学学科的科普和宣传工作。

5. 建设学科基地

学科基地是进行科研和教学、培养人才的重要依托和必要条件。学科基地应该设立在相关人员密集、技术力量强的单位或地区，需要自上而下的通力合作。在组织管理方面，需要强化工作组的职能并对工作进行合理分工，保障生态水文学学科基地各项工作顺利开展；在学科教育方面，要发挥带头示范作用，加强学科的辐射和示范效应，带动其他学科发展，引领学科的建设，同时促进师资队伍的建设并提高教学质量。

6. 强化学科管理

为促进生态水文学学科的健康快速发展，提高生态水文学的学科水平和学科竞争力，需要切实强化生态水文学学科的管理，形成科学的制度化生态水文学学科管理制度，建立和健全学科管理系统；成立生态水文学学科建设领导小组，制定学科发展规划，并按期对生态水文学学科进行考核，做好学科专业的评审与认定工作；制定生态水文学学科带头人的选拔及权利义务管理办法和重点专业享受的优惠政策。

7. 创建工程技术研究中心

根据我国产业政策及国内外市场的发展需要，创建生态水文学工程技术研究中心。组建研究开发部门，开展工程科研项目，研发新型生态水文工程技术；组建工程设计部门，强化科研项目孵化和培育、技术成果转化和推广、工程设计及技术服务，同时培养生态水文学专业技术人才；组建生态水文服务中心，借助生态水文实验和科学研究成果，建设生态水文监测公共服务平台，提供技术与数据服务。

8. 搭建重点实验平台

根据国家及区域生态水文需求，发展优势研究方向，建立野外观测试验站网，完善监测站点的网络布局，提高在野外监测、站点运行、数据采集等方面的技术水平；构建多部门联合的全国性生态水文实验科研平台，采购和引进先进的实验仪器设备，提高室内分析测试能力，形成生态水文学基础研究与应用技术的实验基地。

三、国际合作与学科地位提升

国际合作是提升学科地位的重要推手。学科建设的国际化，是指以科学发展观为指导，按照国家急需和世界一流的要求，瞄准科学前沿和国家发展的重大需要，以学科为基础，以改革为重点，以创新能力提升为突破口，以服务高素质拔尖创新人才培养和提升学科水平为根本目的，以国际化发展战略促进改革，不断完善优化学科发展机制，有效整合国际创新能力和资源，促进学科快速发展（戴华等，2011）。通过国际合作，开展多种形式的学术交流活动，能够为教学和科研培养一批优秀的骨干，引进国外先进的教学思想和内容、教学方式和技术，能够促进学科、重点实验室的建设和学校的全面发展，带来良好的学术效益乃至更多的经济效益和社会效益（刘丽霞，1999）。为了提升我国生态水文学学科地位，响应国家推动学科建设国际化的号召，按照建设世界一流学科的目标，必须紧抓学科国际合作，有计划地落实国际合作交流工作，具体建议如下。

1. 建立学术合作关系

组成生态水文学资深团队，对国际知名院校、研究机构、科研中心及学科相关的部门进行访问，并寻求建立密切的学术合作关系，加强双方之间的学术及学科建设交流，凭借自身优势与世界顶级大学在教学和研究上进行合作。可以牵头组建国际生态水文学协会，推广和发展生态水文学，为解决全球生态水文问题而努力。这样做一方面能够不断强化我国生态水文学相关领域的优势，弥补弱势；另一方面能够全面提升我国生态水文学学科及相关研究在国际社会的影响力和声誉。

2. 项目合作与资源共享

依托生态水文学国家科研项目支持或国际研究计划，与国际一流大学和研究机构的学者联合申请科研项目，共同进行科研工作，合作产出科研成果；在科研数据、资料、信息、设备等方面实现资源共享；同时引进新理论、新技术、新方法，提高创新能力，解决共同面临的生态水文问题及学科前沿问题，携手构建人类命运共同体。

3. 学术交流及研讨

组织和参加国际性的生态水文学相关学科的学术会议及研讨会，探讨生态水文学及相关领域的研究进展，引进国外生态水文学及相关领域的新理念，推动国际合作，加强学术交流；选派年轻科技工作者到世界一流科研机构进修和合作，聘请国际著名学者来中国讲授课程，实现不同学科领域的学术思想与方法的交叉与融合、研究资源与成果的系统集成与整合。

4. 长短期培训与学术访问

组织和开办长短期的生态水文学专业技术培训和进修班及公开课，加强对现有研究人员及野外工作技术人员的跨学科培训，为野外研究台站的高效运行和各种基础数据的收集与分析提供保障；鼓励生态水文专业方向的学者进行长短期的国外学术访问，不断提高我国生态水文学的整体学术水平。

5. 人才联合培养

加强本科生和研究生培养的国际化，选派优秀学生到国外高校进行交流和学习，继续和扩大与国际知名大学和研究机构的联合培养项目；同时还要推动留学生教育教学趋同化管理，保证留学生培养质量，建立中外学生学术交流平台，拓展交流渠道，旨在培养一批生态水文学学科的复合型精英人才及技术骨干。

6. 引进海外高层次人才

针对学科发展战略及国家需要，增加相关研究团队的人员编制，有计划地从国际一流大学、一流研究机构引进人才，招聘博士、博士后壮大青年教师队伍，满足近期学科发展的要求，助力我国生态水文学科的建设，攻克技术难题，缩小我国与国际生态水文学专业顶尖院校、研究机构之间的差距，并实现弯道超车。

四、总体发展规划（时间路线图）

（一）近期目标（2020～2025 年）

1. 在科学研究计划方面

开展大型科学研究计划，布设全国生态水文试验站并投入业务观测；建立全球变化的理论方法体系；全面开展脆弱区生态保护产业示范；基本明确城市生态水文系统结构及功能；基本摸清生态水文过程及机理。

2. 在重点研究项目方面

在 1 个学科前沿方向（生态水文过程演变及规律）启动实施 5 个左右研究任务，显著提高经费投入，重点研究项目数量稳步上升，在生态水文互馈机制、生态水文过程监测、生态水文格局演变及特征等方面取得进一步突破。

3. 在国家重大需求方面

支撑生态文明城市建设取得显著成效；支撑海绵城市建设取得进一步成效（城市建成区 20% 以上的面积达到 70% 的降水就地消纳和利用目标要求）；支撑京津冀协同发展、互利共赢局面初步形成；支撑长江经济带生态环境得到明显改善；支撑黄河流域生态保护初见成效；支撑"一带一路"生态环保合作格局初步形成。

4. 在学科建设方面

明确生态水文学学科重点发展方向；初步搭建学术梯队；提高国内科学研究整体水平；优化人才培养模式；完成学科基地建设规划；制定学科管理制度；规划设计工程技术研究中心；建成省部级重点实验平台。

5. 在国际合作方面

寻求并建立初步国际合作关系；实现短期项目合作与资源共享；扩大学术交流与研讨；长短期培训与学术访问形成初步规模；完善人才联合培养机制；引进紧缺岗位海外高层次人才，国际知名度和影响力初步提高。

（二）中期目标（2026～2030 年）

1. 在科学研究计划方面

建成全国生态水文试验观测网平台并开始运行；基本摸清全球变化的区域生态水文特征；脆弱区生态退化趋势得到有效遏制；城市生态功能退化及水文调节能力下降趋势得到有效遏制；生态水文调控关键技术实现突破。

2. 在重点研究项目方面

在 2 个学科前沿方向（生态水文模拟的新技术方法、全球变化下的生态水文响应与适应）启动实施 10 个左右研究任务，显著提高经费投入，科研成果和课题数量明显增长，在生态水文理论、生态水文模型、多尺度转换方法、全球变化下的生态水文响应、生态水文适应性等方面取得进一步突破。

3. 在国家重大需求方面

支撑生态文明城市建设顺利进行；支撑海绵城市建设取得明显成效（城市建成区 50% 以上的面积达到 70% 的降水就地消纳和利用目标要求）；支撑京津冀协同发展取得显著成效；支撑长江经济带水生态环境质量得到全面改善；支撑黄河流域生态保护得到明显改善；支撑"一带一路"生态环保平台建设获得完善。

4. 在学科建设方面

完善生态水文学学科体系建设；优化学科队伍结构；科学研究达到国际先进水平；显著提高高水平人才培养能力；建成学科基地；建成学科管理平台；建成工程技术研究中心；建成国家级重点实验平台。

5. 在国际合作方面

扩大国际合作关系；实现中长期定向合作与资源共享；合办学术交流及研讨；显著提高长短期培养与学术访问规模；扩大人才联合培养规模；招聘重要岗位海外高层次人才，显著提高国际知名度和影响力。

（三）远期目标（2031～2035 年）

1. 在科学研究计划方面

建成全国生态水文大数据平台；明确生态水文系统对全球变化的响应；脆弱区生态环境实现良性发展；实现城市生态宜居和水文良性循环；建成健康水循环模式和安全生态格局。

2. 在重点研究项目方面

在 2 个学科前沿方向（人类活动与生态水文系统互馈机制及协调发展、水生态系统保护与修复）启动实施 10 个左右研究任务，在人类活动与生态水文系统的互馈机制、生态水文协调发展、水生态系统保护与修复技术等方面取得重要突破。

3. 在国家重大需求方面

保障全国生态文明建设顺利进行；支撑海绵城市建设取得显著成效（城市建成区 80% 以上的面积达到 70% 的降水就地消纳和利用目标要求）；支撑京津冀区域一体化格局基本形成；支撑长江经济带一体化发展格局全面形成；支撑黄河流域生态保护得到显著改善；支撑"一带一路"生态环境实现可持续发展目标。

4. 在学科建设方面

确立生态水文学一级学科地位；形成较为合理的学科梯队；科学研究处于国际领先水平；完善人才培养制度；完善学科基地建设；完善学科管理平台；完善工程技术研究中心布局；建设国际重点实验平台。

5. 在国际合作方面

完善国际合作关系；实现长期项目合作与资源共享；领衔学术交流及研讨；长短期培训与学术访问形成常态；提高高层次人才培养水平；吸引海外高层次人才。

最终我国生态水文学将形成整体特色和优势，发展成为学科完善、管理先进、水平一流、富有活力并可持续发展的集学科建设、科学研究、人才培养、国际交流、社会服务、信息平台为一体的在国际极具影响力的学科。

第三节　基础科学研究计划与重点项目部署

一、国家／国际层面的大型基础科学研究计划

国家／国际层面的大型科学研究计划，是开展生态水文学相关科学研究的一个重要途径，是一个基本的科研工作框架。主要围绕国家／国际重点关注和迫切需求中的重大科学问题，以及对人类认识生态水文学起到重要作用的科学前沿问题，通过加强顶层设计、凝炼科学目标、凝聚优势科研力量，形成具有相对统一目标或方向的研究体系，旨在指引生态水文学学科的发展方向。在实际的科研工作过程中，科学研究计划并不是一成不变的，可以根据对生态水文学新的认识和科研需要不断地进行调整。科学研究计划应该遵循有限目标、稳定支持、集成升华、跨越式发展的基本原则，计划执行的时间一般在 8～10 年。

组织和制定国家/国际层面的大型生态水文学科学研究计划，有助于促进多学科之间的交叉与融合，培养创新性人才和团队，提升国内和国际学科基础研究的原始创新能力，为经济社会的发展和国计民生安全提供持续性的科学支撑和引领。

针对当前生态水文学国际前沿热点问题和国内发展需要，建议从以下几方面来组织国家/国际层面的大型生态水文学科学研究计划。

1. 生态水文全国试验观测网与大数据研究计划

旨在全国布局一定的生态水文试验站，形成全国层面的试验观测网平台，通过试验建设生态水文学研究大数据平台，供科学工作者研究使用。该研究计划可以重点开展以下几方面研究：①生态水文过程观测技术和方法研究，研制更加智能化的监测设备和技术，探索高频、高精数据的获取方法；②宏观尺度陆面特征参数获取技术；③生态水文多源数据融合及利用；④城市的生态水文数据监测网络构建；⑤高精度生态系统水循环观测技术及分析方法；⑥多尺度生态水文观测网络平台建设，集通量观测、河湖生态水文监测、水生植物调查、陆面生态水文监测、稳定同位素为一体的时间域＋空间域动态实时监测、星基－空基－路基实时动态立体化监测；⑦智能化生态水文过程检测设备及高数据精确采集装置；⑧大数据技术在生态水文海量数据处理方面的应用研究。

2. 全球变化及其区域生态水文响应科学研究计划

研究全球变化对生态水文系统的影响及反馈，揭示生态水文系统过去、现在和未来的变化规律及控制这些变化的原因和机制，为生态水文过程的预测和系统的管理提供科学基础和依据。该研究计划可以重点开展以下几方面研究：①变化环境（如气候、大气成分变化和土地利用类型变化等）对生态水文系统的结构、功能和过程的影响及反馈研究，识别环境要素－生态－水文三者间的互馈作用关系；②全球变化对稀缺资料区生态水文系统的影响研究，探索研究稀缺资料区生态水文机制的新理论、新方法和新技术，研制基于新数据源驱动的生态水文模型；③气候变化对生态补给水源、生态需水影响的机理及规律研究；④未来气候变化情景下生态格局演变趋势及其生态需水量预测研究；⑤应对气候变化的水生态安全适应性调控策略研究；⑥变化环境下的区域水循环与生态水文过程模拟研究；⑦生态水文系统对极端气候的响应研究。

3. 脆弱区生态保护与修复研究计划

围绕生态水文脆弱区，开展具有针对性的生态水文保护与修复研究，提出生态保护与修复问题的有效解决途径和方法。该研究计划可以重点开展以下几方面研究：①脆弱区生态需水理论与方法体系研究；②脆弱区生态安全保障及综合治理技术研究；③脆弱区生物多样性保护与功能提升技术研究；④脆弱区生态安全评估及预警技术研究；⑤脆弱区生态水利工程建设及效益评估技术研究；⑥脆弱区珍稀物种保护和管理研究。

4.城市生态水文功能及管理研究计划

针对城市人口密集和人工生态特点，研究其生态水文结构、功能及机理，提出城市可持续发展的管理手段和策略。该研究计划可以重点开展以下几方面研究：①城市水利工程和湿地保护优化管理研究；②城市生态修复成效监测研究；③城市生态水文格局、过程与功能研究；④"水文－生态－社会"系统综合管理研究；⑤城市生态系统服务持续维持及提升途径与对策研究；⑥城市生态水文过程观测技术研究，包括城市蒸散发观测技术、城市生态水文系统的水分收支与水量平衡观测技术、城市生态水文系统的能量收支与能量平衡观测技术、污染物质的收支观测技术等；⑦城市生态水文过程模拟研究；⑧海绵城市建设的生态水文学理论与方法研究；⑨基于城市生态水文机理的海绵城市构建技术体系；⑩城市热岛效应及其生态水文调控机理研究。

5.流域生态水文调控及关键技术研究计划

针对日益严重的生态形势，开展生态水文调控研究并攻克关键技术，科学合理地对生态水文过程及格局进行调控，促进人与自然和谐发展。该研究计划可以重点开展以下几方面研究：①流域生态水资源管理与区域生态恢复的生态水文学范式研究；②不同植被覆盖下大尺度水文系统过程模拟研究；③生态水文过程的调控机制及效应研究；④水资源－经济社会－生态关联机制研究；⑤水质水量水生态联合调度研究；⑥水文－水动力－水质－生态响应综合模型研发；⑦生态水文过程调控决策及风险管理研究；⑧面向生态精准配水的流域多水源优化配置理论方法与调控技术研究；⑨植被－水文的相互作用机制；⑩水文、水力因子对河流生态系统各营养级及整个系统的响应关系研究。

二、专门领域重点项目部署

在基础研究层面部署重点研究项目，是突破生态水文相关重大科学问题的有效途径，是在生态水文学中已有较好基础和积累的重要研究领域或学科生长点开展的较为深入的、系统的创新性研究工作。生态水文学重点研究项目与科学研究计划不同，除了均需要遵循有限的目标原则外，重点研究项目在规模上相对较小，且需要突出重点；研究计划往往侧重的是生态水文学当中的一个研究领域，而重点研究项目往往侧重的是生态水文学当中的一个关键问题；在执行时间上，重点研究项目也相对较短，一般在3～5年。通过围绕国家经济社会发展中亟待解决的重大科学问题，结合国家的现实需要编制重点研究项目的研究方向和项目指南，并作为重点扶持对象列入国家优先发展的研究领域当中，设立专门的基金和项目点，对于正确把握生态水文学科学前沿、促进多学科的交叉和综合性研究具有重要意义。

基于目前我国生态水文学方面的基础研究进展，结合生态水文学发展态势预判，建议从以下几方面来部署生态水文学方面的重点研究项目。

1. 生态水文过程演变及规律

研究不同尺度下生态水文之间的相互作用机理，摸清生态水文现象，探索生态水文过程的演变规律和趋势。该研究项目可以开展以下几方面工作：①不同尺度的生态水文互馈机制研究，探讨多种空间尺度上生态系统对水文变化的敏感性和适应性及其反馈作用，水文过程对生态系统变化的敏感性及其反馈影响；②生态水文过程的同步监测；③生态需水过程的机理研究；④生态水文化学过程和土壤侵蚀过程（径流泥沙关系）研究；⑤植被与水的关系研究，包括植被水分的来源、植被水分的利用效率、植被蒸腾作用等方面；⑥陆面与大气边界层的耦合关联研究；⑦生态水文过程中碳循环和水循环耦合关系研究；⑧生态水文格局演变及特征研究。

2. 生态水文模拟的新技术方法

摸清生态水文过程的机理及各关键要素的相互作用关系，创新生态水文理论、技术与方法，研发高精度生态水文模拟模型。该研究项目可以开展以下几方面工作：①生态系统的界面水－碳－氮耦合循环过程与碳管理研究；②生态－水文响应关系量化方法研究；③多尺度上植被水分的双向耦合机制和相关模型研究；④基于生态最优性原理的流域生态水文模型研究；⑤多尺度融合的陆气和生态水文耦合模型研究；⑥河道流量模型、生态响应模型及流域水文模型的交叉与融合；⑦生态水文过程的尺度转换理论和方法研究；⑧不同时空尺度生态需水评价及差异性研究；⑨多尺度生态水文机理模型的研发，加强对环境因素驱动生态过程的详细刻画，促进对生态过程与水文过程耦合的详细模拟，克服模型模拟的尺度效应限制。

3. 全球变化下的生态水文响应与适应

研究全球变化下的生态水文响应机制与适应性策略，提出生态水文系统的健康和可持续性对策与建议。该研究项目可以开展以下几方面工作：①气候变化对生态水文过程的影响机理及适应性调控研究；②水文生态经济耦合的流域生态水文响应决策支持系统；③大规模人为干扰（如城市化、生态恢复等）和气候变化耦合的生态水文效应研究；④变化环境下植被－水的相互作用关系及其对环境的适应特征研究；⑤变化环境下水资源适应性利用的对策措施和政策建议；⑥气候变化对生态修复的影响及机制研究。

4.人类活动与生态水文系统互馈机制及协调发展

揭示人类活动影响下的生态水文格局演变及结构变化，探索生态水文协调平衡及可持续发展。该研究项目可以开展以下几方面工作：①流域生态水文系统健康承载力研究，研究生态－水文系统健康定量评价的理论与方法，辨析生态系统退化中的水文驱动机制及阈值，识别流域生态水文系统健康对人类活动强度的承载能力；②面向可持续发展的生态需水评价标准研究；③关键带生态过程对水资源可持续利用的影响；④人类活动影响下生态系统演变的水文学机理。

5.水生态系统保护与修复

针对不同水生态类型区域，开展恢复自然生态体制的关键技术、模式和应用研究。该研究项目可以开展以下几方面工作：①河流、湖泊、湿地、城市等不同对象生态修复的理论基础及技术研究，重点开展多因子作用下生态退化机制、生态健康评价、生态修复目标与标准、生态修复理论与技术、生物入侵对生态系统影响等方面的研究工作；②湿地生境恢复技术及应用研究；③大尺度生态修复工程及效益评价；④水生态修复策略及模式研究；⑤面向水生态保护与恢复的流域水资源优化配置与综合管控研究；⑥水系连通性评价及优化网络构建；⑦多水源综合利用的生态补水技术；⑧黄河水沙锐减的生态机理研究；⑨干旱区生态格局演变及生态缺水适应机制研究；⑩黄淮海平原生态系统形成、恢复、重建过程中的水文驱动要素及时空变化研究；⑪维持高寒地区草地碳源的生态水文学机理研究。

第四节　国家发展需求的应用研究与产学研联合

面对不断恶化的国内及全球性的生态环境状况，我国目前已经推出和实施的几项国家重大举措，包括生态文明建设、海绵城市建设、京津冀协同发展、长江经济带发展、黄河流域生态保护和高质量发展、"一带一路"倡议等，无疑对生态和水文的大系统环境提出了更加严峻的考验与要求。在保证不突破生态红线的基础上，改善生态环境和水文状况，助力落实和实现国家发展需求，需要用到生态水文学相关理论、技术与方法。因此，我国的生态水文学研究必须要具有很强的应用导向性，在应用研究层面来支撑国家的重要需求。相反，国家的这种迫切需求同样可以带动生态水文学学科的建设和发展，在应用层面不断促进理论、技术和方法取得新的突破。围绕上述国家重大发展需求，我国生态水文学的发展应该从以下内容来对其进行支撑。

1. 在生态文明建设方面

生态文明建设是十八大以来的重大决策部署，生态文明建设从内容上来看，涉及生态系统的各种类型，例如，水生态文明建设是以水资源高效利用和有效保护为核心的，加强水资源管理，以水资源的可持续利用保障经济社会的可持续发展；森林生态文明建设是以保护建设森林、湿地、荒漠生态系统和维护生物多样性为重点，实施好天然林资源保护、退耕还林、京津风沙源治理、"三北"防护林等重大生态修复工程，完善重大生态工程建设布局，加快构筑国土生态安全屏障；农田生态文明建设是以维持稳定持续的农田生态系统为目标，建立遵循自然规律的农业生产体系；荒漠生态文明建设是以土地治理和生态修复为重点，创新荒漠化土地的利用；城镇生态文明建设以生态文明宜居为目标，促进城镇产业的生态化转型与发展，构建更多绿色宜居生态空间（谷树忠等，2013）。生态文明的重要前提是修复和保护好生态，涉及生态系统的各种类型。从生态文明建设的内容也可以发现，其研究对象与生态水文学的研究对象是一致的，因此在很多方面需要用到生态水文学的相关理论、技术和方法来进行支撑，如需要应用到水热耦合理论、水文过程-生态过程耦合理论、土壤-植物-大气连续体理论、水-社会经济-生态关联理论、生态水文及其伴生过程的模拟技术、生态服务功能评价和生态评估与补偿技术、面向生态的水资源合理配置与调度技术、生态保护与修复技术、生态水文系统监测技术等。

2. 在海绵城市建设方面

海绵城市是城市雨洪管理的新概念，是应对城市化过程中下垫面变化引发的洪涝灾害、面源污染和生态退化等重大水环境问题的重要举措。自这个概念提出以来，海绵城市建设在全国进行了由上而下的推广和部署，并进行了海绵城市建设试点工作，取得了一定成效。在海绵城市的建设中，对海绵城市水文水质效应、生态调控过程的认识与相关技术开发是当前的核心任务，需要探清和解决生态海绵体的过程与响应机理、生态海绵体的技术开发与设计、生态海绵体的水文水质模拟、海绵城市建设综合效应的监测与评估等问题和方法。这些均需要应用到生态水文学的相关知识。海绵城市建设中还有很多问题没有得到有效解决，这些问题同时也是生态水文学发展过程中需要攻克的技术难题，其分支学科城市生态水文学的发展是解决这些问题的关键：①当前有关城市生态水文的理论体系尚未形成，存在诸多未知领域，难以有效支撑海绵城市建设的理论需求；②基于城市生态水文机理的海绵城市构建技术体系，需要开展系统总结、集成与优选，如何使城市总体发展规划与已有构筑物相联系，需要多学科交叉和协同攻关；③缺乏相关生态水文数据基础，目前城市生态水文观测数据严重匮乏，需要从国家层面出发，耦合航天与航空遥感、地面监测站网、地下监测网络，多学科交叉，多手段融合，构建重点城市的生态水文数据监测网络。

3. 在京津冀协同发展方面

京津冀协同发展理念由习近平总书记于 2013 年首次提出（吴健等，2014），目的在于疏解非首都核心功能、解决"大城市病"问题，调整和优化空间发展布局和结构，构建现代化交通网络系统，扩大生态环境空间和容量，是当前我国重要的国家战略之一。京津冀地区包括北京、天津两个直辖市和河北省，是我国最重要的政治和文化中心，是北方最大和发展程度最高的经济核心区，在百余千米的空间范围内更是有着世界罕见的人口均超过 1000 万的两个大城市（薄文广等，2015）。这种特殊的区位优势给京津冀地区的各自和联合发展带来了极大的便利和优势。但是在这种好的发展前景背后，京津冀地区却面临着严峻的生态水文问题，给地区的水安全保障带来巨大挑战。京津冀地区处于海河流域，但地区水资源问题却成为京津冀协同发展的重要桎梏。大部分区域地表水开发利用率甚至达到 100%，地下水超采区总面积和超采量都占全国的 1/3，华北平原形成了七大地下水漏斗，引发了一系列生态与环境问题（曹寅白等，2015）。特别是在最近十几年，京津冀地区的生态环境恶化趋势不断加剧，水资源短缺、生态流量匮乏、水污染突出、地下水超采、干旱严重、土地沙漠化扩大等问题给地区的发展敲响了警钟。那么，扭转当前京津冀地区的生态环境恶化趋势，需要用到生态水文学的相关知识，从地表地下水的形成与转化机理、河流连通性与流域系统完整性、海岸带湿地与抗风险能力等方面开展京津冀地区生态问题的形成、恢复、重建过程中的水文驱动要素及时空变化研究。

4. 在长江经济带发展方面

长江经济带是国务院依托长江黄金水道打造的以城市群为主体形态的中国经济新支撑带，空间范围东起上海、西至云南，涵盖上海、江苏、浙江、安徽、江西、湖北、湖南、重庆、四川、云南和贵州 11 个省份，总面积 205.70 万平方千米，占全国陆地面积的 21.27%，是中国横跨东中西不同类型区域的巨型经济带，也是世界上人口最多、产业规模最大、城市体系最完整的流域经济带，在国家经济发展和新型城镇化发展中发挥着十分重要的战略作用（方创琳等，2015）。加快建设长江经济带，是继"长三角""珠三角"之后中国经济持续发展的又一重要引擎（方大春等，2015）。然而，在经济高度发展的同时，长江经济带也面临着一系列严重的生态水文安全问题。例如，长江中上游森林水文的调节直接影响下游的江河淤积、洪水危害、三峡长期的安全运行及流域的可持续发展；长江整体性生态保护能力弱，水土流失严重，生态系统退化趋势过快；污染物排放量大，湖泊富营养化严重，饮水安全保障压力大，风险隐患高等。因此，围绕长江经济带，响应"共抓大保护、不搞大开发"的号召，研究长江经济带生态保护的对策，尽快开展生态系统保护与恢复的水文学机理研究，以水文循环过程与生态系统互馈作用为基础，重点研究长江经济带河流与湖泊生态系统、森林生态系统、湿地生态系统、滨海海域生态系统等水问题的主要水文驱动要素及其时空变化，揭示影响生态格局改变的关键水文因子，提高水文调节能力和土壤保护服务功能，保障长江生态系统可持续发展，需要生态水文学。

我国地域广阔，江河流域众多。未来流域的治理与管理，除了长江大保护与绿色发展，还有黄河流域高质量发展、西部大开发等面对的水资源安全、生态文明建设与生态保育等课题，亟待开展生态水文学应用基础的研究与实践，服务于国家重大需求。

5. 在"一带一路"倡议方面

"一带一路"①倡议是我国国家领导人主创主推的重大发展举措，是中国新时期全方位扩大开放布局的重要内容。它的提出致力于亚欧非大陆及附近海洋的互联互通，建立和加强沿线各国互联互通伙伴关系，构建全方位、多层次、复合型的互联互通网络，实现沿线各国多元、自主、平衡、可持续的发展（国家发展改革委等，2015）。"一带一路"倡议提出要打造四大丝绸之路，即绿色

———————
① 指"丝绸之路经济带"和"21世纪海上丝绸之路"。

丝绸之路、健康丝绸之路、智力丝绸之路和和平丝绸之路。其中绿色丝绸之路提出要深化环保工作，践行绿色发展理念，加大生态环境保护力度，这与生态水文学致力于解决全球水安全问题、提高变化环境下生态系统的适应和恢复能力不谋而合。但是，"一带一路"沿线一些国家自然灾害频发、缺水少绿、荒漠化等生态环境问题严重。例如，哈萨克斯坦东部森林火灾频发；土库曼斯坦、塔吉克斯坦、乌兹别克斯坦、蒙古等国土地退化严重等。这不仅影响当地民众的健康生活，也制约了丝绸之路经济带的发展，打造绿色丝绸之路蕴含着对加强环境保护、生态文明建设、实现绿色发展等理念的倡导。针对上述问题，可以从生态水文学的角度出发，在政策沟通、设施联通、贸易畅通、资金融通、民心相通、能力建设方面，研究"一带一路"沿线生态水文特征时空演变规律与水文学机理，维持适宜规模的生态长廊和适度的水资源数量质量，协调跨境河流上下游国家间的水事关系，保障"一带一路"沿线生态与水安全。

本章参考文献

薄文广, 陈飞. 2015. 京津冀协同发展：挑战与困境. 南开学报（哲学社会科学版）, (1):110-118.

曹寅白, 韩瑞光. 2015. 京津冀协同发展中的水安全保障. 中国水利, (1):5-6.

陈腊娇, 王力哲. 2012. 遥感在生态水文模型中的应用进展. 气候变化研究快报, 1:106-112.

陈腊娇, 朱阿兴, 秦承志, 等. 2011. 流域生态水文模型研究进展. 地理科学进展, 30(5):535-544.

戴华, 李卫东. 2011-11-10. 关于学校实施国际化战略的几点思考. 中国海洋大学校报：3.

杜珍星. 2015. 面向海量遥感数据的数据库同步技术研究. 开封：河南大学.

方创琳, 周成虎, 王振波. 2015. 长江经济带城市群可持续发展战略问题与分级梯度发展重点. 地理科学进展, 34(11):1398-1408.

方大春, 孙明月. 2015. 长江经济带核心城市影响力研究. 经济地理, 35(1):76-81, 20.

高学睿. 2013. 基于水循环模拟的农田土壤水效用评价方法与应用. 北京：中国水利水电科学研究院.

谷树忠, 胡咏君, 周洪. 2013. 生态文明建设的科学内涵与基本路径. 资源科学, 35(1):2-13.

国家发展改革委, 外交部, 商务部. 2015. 推动共建丝绸之路经济带和 21 世纪海上丝绸之路的愿景与行动. https://www.yidaiyilu.gov.cn/yw/qwfb/604.htm [2018-04-20].

黄奕龙，傅伯杰，陈利顶 . 2003. 生态水文过程研究进展 . 生态学报，23(3): 580-587.

李春贵，袁振 . 2017. 生态阈值研究进展及其应用 . 河北林业科技，(3):54-57.

李辽宁 . 2013. 新时期思想政治教育学科发展的战略布局与行动策略 . 思想教育研究，
　　(8):17-20.

刘昌明，张永勇，王中根，等 . 2016. 维护良性水循环的城镇化 LID 模式：海绵城市规划方
　　法与技术初步探讨 . 自然资源学报，31(5):719-731.

刘丽霞 . 1999. 加强国际合作与交流促进学科与师资队伍建设 . 中国高教研究，(6):64.

刘晓燕，杨胜天，王富贵，等 . 2014. 黄土高原现状梯田和林草植被的减沙作用分析 . 水利学
　　报，45(11):1293-1300.

梅安新，彭望琭，秦其明，等 . 2001. 遥感导论 . 北京：高等教育出版社 .

莫涛，高干，张乐昕，等 . 2013. 西南地区农村工程性缺水成因分析 . 中国水利，(8):25-27.

穆兴民，胡春宏，高鹏，等 . 2017. 黄河输沙量研究的几个关键问题与思考 . 人民黄河，
　　39(8):1-4.

聂乔 . 2013. 基于 Flex 的武夷山生态水文监测模拟 GIS 开发 . 福州：福州大学 .

潘世兵，路京选 . 2010. 西南岩溶地下水开发与干旱应对 . 中国水利，(13):40-42.

覃换勋 . 2016. 喀斯特石漠化地区水利水保措施优化配套与极度干旱应急调控技术示范 . 贵
　　阳：贵州师范大学 .

秦克丽 . 2010. 南水北调工程对区域生态环境的影响 . 河南水利与南水北调，(8): 8-9.

冉大川，张志萍，罗全华，等 . 2011. 大理河流域 1970～2002 年水保措施减洪减沙效益深化
　　分析 . 水土保持研究，18(1):17-23.

邵全琴，樊江文，刘纪远，等 . 2016. 三江源生态保护和建设一期工程生态成效评估 . 地理学
　　报，71(1): 3-34.

宋孝玉，江彩萍，沈冰，等 . 2004. 西北地区生态环境建设与水资源相互关系问题的研究 . 干
　　旱地区农业研究，22(3): 127-131.

唐蕴，王浩，严登华 . 2005. 向海自然保护区湿地生态需水研究 . 资源科学，（5）: 101-106.

陶贞，沈承德，高全洲，等 . 2007. 高寒草甸土壤有机碳储量和 CO_2 通量 . 中国科学：地球科
　　学，37(4):553-563.

王芳，刘小梅 . 2016. 海绵城市建设与河道综合治理模式探讨 . 水利规划与设计，(6): 1-4.

王浩，梅超，刘家宏 . 2017. 海绵城市系统构建模式 . 水利学报，48(9): 1009-1014.

王少剑，方创琳，王洋 . 2015. 京津冀地区城市化与生态环境交互耦合关系定量测度 . 生态学
　　报，35(7): 2244-2254.

王绍令 . 1997. 青藏高原冻土退化的研究 . 地球科学进展，12(2):164-167.

王胜 . 2001. 西南山区生态建设中存在的问题及对策 . 生态经济，(7): 75-76.

王玉玉，徐军，雷光春 . 2013. 食物链长度远因与近因研究进展综述 . 生态学报，33(19): 5990-5996.

文宏展 . 2010. 新时期城市水文事业的发展与思考 . 水利发展研究，10(12):24-26，30.

吴健，昌敦虎，孙嘉轩 . 2014. 京津冀一体化进程中的水环境保护策略 . 环境保护，42(17):34-37.

吴险峰，刘昌明 . 2002. 流域水文模型研究的若干进展 . 地理科学进展，21(4): 341-348.

夏军，丰华丽，谈戈，等 . 2003. 生态水文学概念、框架和体系 . 灌溉排水学报，(1):4-10.

夏军，张永勇，穆兴民，等 . 2020 . 中国生态水文学发展趋势与重点方向 . 地理学报，75(3): 445-457.

夏军，张永勇，张印，等 . 2017. 中国海绵城市建设的水问题研究与展望 . 人民长江，48(20): 1-5.

肖建红，施国庆，毛春梅，等 . 2006. 三峡工程对河流生态系统服务功能影响预评价 . 自然资源学报，21(3): 424-431.

许炯心 . 2000. 黄土高原生态环境建设的若干问题与研究需求 . 水土保持研究，7(2): 10-13.

许炯心 . 2010. 黄河中游多沙粗沙区 1997～2007 年的水沙变化趋势及其成因 . 水土保持学报，24(1):1-7.

徐宗学，赵刚，程涛 . 2016. "城市看海"：城市水文学面临的挑战与机遇 . 中国防汛抗旱，26(05):54-55，57.

严立冬，岳德军，孟慧君 . 2007. 城市化进程中的水生态安全问题探讨 . 中国地质大学学报（社会科学版），7(1): 57-62.

杨爱民，唐克旺，王浩，等 . 2008. 中国生态水文分区 . 水利学报，(3): 332-338.

杨少林，孟菁玲 . 2004. 浅谈生态修复的含义及其实施配套措施 . 中国水土保持，10: 7-9.

杨胜天，周旭，刘晓燕，等 . 2014. 黄河中游多沙粗沙区（渭河段）土地利用对植被盖度的影响 . 地理学报，69(1): 31-41.

杨志峰，隋欣 . 2005. 基于生态系统健康的生态承载力评价 . 环境科学学报，(5):586-594.

杨志峰，崔保山，黄国和，等 . 2006. 黄淮海地区湿地水生态过程、水环境效应及生态安全调控 . 地球科学进展，（11）: 1119-1126.

杨忠山，窦艳兵，王志强 . 2010. 北京市地下水水位下降严重原因分析及对策研究 . 中国水利，(19): 52-54.

易雨君，王兆印 . 2009. 大坝对长江流域洄游鱼类的影响 . 水利水电技术，40(1): 29-33.

俞孔坚，李迪华，袁弘 . 2015. "海绵城市"理论与实践 . 城市规划，39(6): 26-36.

虞连玉 . 2016. 不同水分供应条件下夏玉米农田 SPAC 系统水热传输模拟 . 咸阳：西北农林科技大学 .

岳春芳，侍克斌，曹伟 . 2014. 新疆水资源开发方式的利弊分析 . 节水灌溉，(7): 60-62.

岳晓丽 . 2016. 黄河中游径流及输沙格局变化与影响因素研究 . 咸阳：西北农林科技大学 .

曾晨，刘艳芳，张万顺，等 . 2011. 流域水生态承载力研究的起源和发展 . 长江流域资源与环境，20(2):203-210.

张建云，王小军 . 2014. 关于水生态文明建设的认识和思考 . 中国水利，7(1): 4.

张建云，王银堂，胡庆芳，等 . 2016. 海绵城市建设有关问题讨论 . 水科学进展，27(6): 793-799.

张力小 . 2011. 关于重大生态建设工程系统整合的思考 . 中国人口·资源与环境，(S2): 73-77.

张伟，蒋洪强，王金南 . 2017. 京津冀协同发展的生态环境保护战略研究 . 中国环境管理，9(3): 41-45.

张宪洲，王小丹，高清竹，等 . 2016. 开展高寒退化生态系统恢复与重建技术研究，助力西藏生态安全屏障保护与建设 . 生态学报，36(22): 7083-7087.

张雪靓，孔祥斌，等 . 2014. 黄淮海平原地下水危机下的耕地资源可持续利用 . 中国土地科学，28(5):90-96.

张远，赵长森，杨胜天 . 2017. 基于 Ecopath 的小清河河流生态系统关键功能组分析 . 南水北调与水利科技，(6):66-73.

章光新，2012. 东北粮食主产区水安全与湿地生态安全保障的对策 . 中国水利，（15）：9-11.

赵长森，刘昌明，夏军，等，2008. 闸坝河流河道内生态需水研究——以淮河为例 . 自然资源学报，23(3): 400-411.

赵宏利，陈修文，霍修顺，等 . 2007. 三江源自然保护区生态环境保护问题探讨 . 茂名学院学报，17(1): 21-24.

赵旭东 . 2014. 封育对三江源区高寒草甸土壤及有机碳库的影响 . 兰州：甘肃农业大学 .

赵志轩 . 2012. 白洋淀湿地生态水文过程耦合作用机制及综合调控研究 . 天津：天津大学 .

郑度 . 2007. 中国西北干旱区土地退化与生态建设问题 . 自然杂志，29(1):7-11.

郑冬燕，夏军，黄友波 . 2002. 生态需水量估算问题的初步探讨 . 水电能源科学 . (3): 3-6.

钟祥浩，刘淑珍，王小丹，等 . 2006. 西藏高原国家生态安全屏障保护与建设 . 山地学报，24(2): 129-136.

祝尔娟 . 2014. 推进京津冀区域协同发展的思路与重点 . 经济与管理，28(3):10-12.

朱永芬 . 2010. 关于西北地区生态建设水资源问题的思考 . 现代农业科技，(9): 315.

左其亭 . 2013. 水生态文明建设几个关键问题探讨 . 中国水利，(4): 1-3.

左其亭，罗增良，赵钟楠 . 2014. 水生态文明建设的发展思路研究框架 . 人民黄河，36(9): 4-7.

Fahimipour A K,Hein A M.2014. The dynamics of assembling food webs. Ecology Letters,17(5): 606-613.

Grime J. 1997. Evidence for existence of three primary strategies in plants and its relevance to ecological and evolutionary theory. American Naturalist, 111: 1169-1194.

Jackson R B, Schenk H J, Jobbagy E G, et al. 2000. Belowground consequences of vegetation change and their treatment in models. Ecological Applications, 10(2): 470-483.

Liu W C, Chen H W, Tsai T H, et al. 2012. A fish tank model for assembling food webs. Ecological Modelling, 245: 166-175.

Lokrantz J, Nyström M, Norström A V, et al. 2009. Impacts of artisanal fishing on key functional groups and the potential vulnerability of coral reefs. Environmental Conservation, 36(4): 327-337.

Ringler C, Bryan E, Biswas A, et al. 2010. Water and food security under global change //Global Change: Impacts on Water and Food Security. Berlin: Springer.

Rodriguez - Iturbe I. 2000. Ecohydrology: a hydrologic perspective of climate-soil-vegetation dynamies. Water Resources Research, 36(1): 3-9.

Sanders D, Jones C G, Thébault E, et al. 2014. Integrating ecosystem engineering and food webs. Oikos, 123(5): 513-524.

Wolkovich E M, Allesina S, Cottingham K L, et al. 2014. Linking the green and brown worlds: the prevalence and effect of multichannel feeding in food webs. Ecology, 95(12): 3376-3386.

关键词索引